天基预警系统顶层设计与规划技术

熊 伟 简 平 刘德生 张 睿 刘 东 著
孙立远 刘呈祥 张 颖 郭 琳

国防工业出版社

·北京·

内容简介

本书主要阐述本书的研究背景和意义；介绍国外天基预警系统的发展情况、天基预警系统研究所需要的物理基础知识、天基预警系统的体系结构设计技术、天基预警系统的组网和优化设计技术、天基低轨预警系统初始任务规划和资源调度技术、天基低轨预警系统动态任务规划和资源调度技术、天基预警系统的定位与预报技术、天基预警系统的等效模拟系统设计与实现等。

本书可作为信息与通信工程宇航科学与技术、系统科学等学科的硕士和博士研究生的教材和参考书，也可作为科研院所相关专业工程技术人员的参考资料。

图书在版编目(CIP)数据

天基预警系统顶层设计与规划技术/熊伟等著.—北京：国防工业出版社，2018.2
ISBN 978-7-118-11461-4

Ⅰ.①天… Ⅱ.①熊… Ⅲ.①导弹预警卫星 Ⅳ.①TJ861

中国版本图书馆 CIP 数据核字(2018)第 006489 号

※

国防工业出版社出版发行
(北京市海淀区紫竹院南路 23 号　邮政编码 100048)
腾飞印务有限公司印刷
新华书店经售

*

开本 710×1000　1/16　印张 16¾　字数 301 千字
2018 年 2 月第 1 版第 1 次印刷　印数 1—2000 册　定价 88.00 元

(本书如有印装错误，我社负责调换)

国防书店：(010)88540777　　　发行邮购：(010)88540776
发行传真：(010)88540755　　　发行业务：(010)88540717

前　言

随着弹道导弹技术的发展,以及现代国土防御对弹道导弹预警需求的不断提高,天基预警系统成为国家安全和国家战略资源的重要组成部分,是当今航天军事强国争夺信息优势的关键领域和重要支撑。天基预警系统主要由预警卫星网、地面控制站、地面接收站、信息传输系统、用户终端等组成,它能够利用其空间位置高远、探测覆盖面广、目标发现及时、全时段探测跟踪的优势,担负着快速获取战略、战术导弹等高价值目标的发射点、目标落点、飞行弹道、拦截时间等信息,提供武器单元所必需的支援信息军事任务,极大地提高了军事信息系统对战略和战术目标的预警探测能力,提高了武器单元对导弹等高价值目标的拦截和打击效率,从而大大提升了基于信息系统的体系作战的效能。

天基预警系统的建设和发展涉及工程、技术、机械、制造、研究等方面,是一个复杂的体系工程,它充分体现了国家的科学技术水平和军事综合实力。单从技术层面上讲,它包含了航天、信息、装备等技术领域,其发展是一个不断深入、完善、迭代的过程。在天基预警系统所涉及的众多技术领域中,顶层设计与规划技术显得尤为重要。

天基预警系统的顶层设计与规划技术研究主要指以红外探测器为卫星载荷,研究天基低轨预警系统体系结构、星座系统优化设计和面向导弹跟踪的任务规划等技术。与国外相比,我国在这些技术方面都存在不少差距,因此顶层设计技术的研究可以为设计我军的天基预警系统提供理论和方法基础。任务规划调度方法和技术的研究可以实现对天基预警资源和导弹目标跟踪任务的最优化匹配,能够有效地满足对目标的探测和跟踪需求,提高预警系统工作效率,从而增强导弹预警和跟踪能力,为我军天基预警系统支援下的反导作战应用提供高效的信息保障。

本书主要围绕天基预警系统体系结构、任务规划、定位与预报、等效模拟等技术问题展开研究。分析总结了国外天基预警系统的研究现状和技术特点,介绍了涉及天基预警系统的物理基础知识,系统阐述了天基预警系统的顶层设计技术、组网与优化技术、任务规划与调度技术、弹道导弹定位与预报技术,设计并实现了天基预警系统的等效模拟系统,为研究论证天基预警系统提供了技术手段。

  本书共分为9章。其中第1章由熊伟研究员编写;第2章由张睿助理研究员、郭琳助理馆员编写;第3章由熊伟、张颖编写;第4、5章由简平博士编写;第6章由孙立远工程师、简平博士编写;第7章由刘德生博士、刘东博士编写;第8章由熊伟博士编写;第9章由刘德生博士、刘呈祥博士编写。熊伟研究员对全书进行了统稿。在编写过程中,得到了吴玲达研究员、贾鑫教授的大力支持,在此表示表示诚挚的感谢。

  本书得到了国防科技重点实验室基金课题的资助,对此表示感谢。由于作者理论、实践和技术水平有限,书中不足之处在所难免,敬请广大读者批评指正。

作者
2017年10月

目 录

第1章 概论 ··· 1
第2章 天基预警系统概述 ·· 4
  2.1 美国天基预警系统 ·· 4
    2.1.1 国防支援计划 ·· 4
    2.1.2 天基红外系统 ·· 8
    2.1.3 太空跟踪与监视系统 ··· 11
  2.2 俄罗斯/苏联天基预警系统 ··· 14
    2.2.1 第一代天基预警卫星系统："眼睛"系列卫量 ············ 14
    2.2.2 第二代天基预警卫星系统："预报"卫量 ·················· 18
    2.2.3 第三代"统一空间系统" ··· 21
  参考文献 ·· 22
第3章 天基预警系统的物理基础 ··· 24
  3.1 弹道导弹预警的基本要求 ··· 24
    3.1.1 总体要求 ·· 24
    3.1.2 助推段的要求 ··· 25
    3.1.3 自由段的要求 ··· 26
    3.1.4 再入段的要求 ··· 26
  3.2 导弹飞行的环境模型 ··· 26
    3.2.1 空气动力及其力矩 ··· 26
    3.2.2 地球引力和扰动引力 ··· 44
  3.3 导弹飞行的动力学运动模型 ··· 50
    3.3.1 弹道导弹动力学运动模型 ······································ 50
    3.3.2 无约束机动目标运动模型 ······································ 52

3.3.3 导弹姿态控制 ········ 53
3.4 坐标系及其转换 ········ 57
  3.4.1 坐标系系统 ········ 57
  3.4.2 坐标系转换 ········ 62
参考文献 ········ 67

第4章 面向服务的天基预警系统体系结构设计技术 ········ 68
4.1 面向服务的系统设计思想 ········ 68
4.2 面向服务的体系结构设计技术 ········ 69
  4.2.1 基于DoDAF的体系结构设计基础 ········ 69
  4.2.2 面向服务的体系结构设计方法 ········ 77
  4.2.3 天基预警系统作战视图模型 ········ 82
  4.2.4 天基预警系统体系视图模型 ········ 95
  4.2.5 天基预警系统服务视图模型 ········ 103
4.3 基于IDEF3的流程描述与验证技术 ········ 111
  4.3.1 基于IDEF3的流程建模与分析方法 ········ 111
  4.3.2 天基预警服务流程验证实例 ········ 114
参考文献 ········ 121

第5章 天基预警系统的组网及优化设计 ········ 123
5.1 天基预警系统组网及星座设计约束 ········ 123
  5.1.1 目标可见性约束 ········ 123
  5.1.2 传感器覆盖建模 ········ 126
  5.1.3 定位精度模型 ········ 134
5.2 基于selfGDE3的低轨预警星座系统优化设计 ········ 136
  5.2.1 低轨预警系统星座构型分析 ········ 136
  5.2.2 基于自适应通用差异演化算法的优化设计方法 ········ 137
  5.2.3 星座优化设计及验证 ········ 141
参考文献 ········ 153

第6章 天基低轨预警系统初始任务规划和资源调度技术 ········ 155
6.1 任务规划和资源调度问题分析 ········ 155
  6.1.1 低轨预警系统任务规划调度概念模型 ········ 155

	6.1.2 规划调度问题形式化描述	158
	6.1.3 低轨预警系统任务规划调度输入和输出	162
	6.1.4 低轨预警系统任务规划调度求解过程	164
6.2	基于补偿跟踪机制的初始任务规划调度建模	165
	6.2.1 补偿跟踪机制	165
	6.2.2 初始任务规划调度模型	168
6.3	初始规划调度模型求解	173
	6.3.1 任务分解	173
	6.3.2 基于动态优先级的启发式算法	175
6.4	算例与分析	182
	6.4.1 仿真想定	182
	6.4.2 资源冗余条件下的初始调度实例	183
	6.4.3 资源无冗余条件下的初始调度实例	188
参考文献		195

第7章 天基低轨预警系统动态任务规划和资源调度技术 196

- 7.1 低轨预警系统动态任务规划分析 196
  - 7.1.1 动态扰动因素分析和动态任务规划需求 196
  - 7.1.2 动态任务规划原则 197
  - 7.1.3 动态重规划调度模式和策略 198
- 7.2 动态规划和调度问题建模 202
  - 7.2.1 基本假设 202
  - 7.2.2 基于冲突集的动态重调度问题模型 202
- 7.3 动态规划和调度模型求解 206
  - 7.3.1 模型求解预处理 206
  - 7.3.2 基于冲突消除的启发式算法 208
- 7.4 算例与分析 211
- 参考文献 217

第8章 天基预警系统的定位与预报技术 218

- 8.1 通用目标观测和定位模型 218
  - 8.1.1 观测模型 218

          8.1.2 定位模型 ………………………………………………… 219
    8.2 高轨预警卫星对主动段目标的定位技术 ………………………… 220
          8.2.1 双静止轨道卫星对目标定位 …………………………… 221
          8.2.2 双大椭圆轨道卫星对目标定位 ………………………… 222
          8.2.3 高轨与低轨卫星联合的目标定位 ……………………… 223
    8.3 低轨预警卫星对自由段目标的定位技术 ………………………… 224
          8.3.1 基于EKF的目标跟踪算法 ……………………………… 225
          8.3.2 多星联合定位及目标定位平滑 ………………………… 228
    8.4 关机点估计和落点预报 …………………………………………… 232
          8.4.1 关机点估计 ……………………………………………… 232
          8.4.2 落点预报 ………………………………………………… 235
    参考文献 ………………………………………………………………… 238

第9章 天基预警系统的等效模拟系统设计 240
    9.1 总体设计 …………………………………………………………… 240
          9.1.1 系统的主要功能 ………………………………………… 240
          9.1.2 系统的主要组成 ………………………………………… 241
          9.1.3 系统的总体框架 ………………………………………… 242
    9.2 各分系统功能设计 ………………………………………………… 245
          9.2.1 仿真任务管理分系统 …………………………………… 245
          9.2.2 导弹模拟分系统 ………………………………………… 246
          9.2.3 预警卫星仿真分系统 …………………………………… 251
          9.2.4 数据处理分系统 ………………………………………… 253
          9.2.5 信息传输仿真分系统 …………………………………… 254
          9.2.6 数据库分系统 …………………………………………… 255
          9.2.7 视景仿真分系统 ………………………………………… 257

第1章 概　　论

　　天基预警系统作为战略预警系统的重要组成部分,其主要作用是利用空间探测优势,发现、识别、跟踪和监视敌方弹道导弹,通过测量来袭导弹相关参数,推断出导弹的落点、发射点、导弹来袭时间、飞行弹道、威胁程度、可拦截性等信息,提供拦截和反击所需要的各种支援信息。系统预警能力的高与低、提供预警时间的多与少,是导弹拦截成功与否的关键。天基预警系统的主体是外空间预警卫星网,通常采用高、低轨卫星组网、红外双探测器体制工作模式,其系统优势是地面和空间覆盖面积广,不受地面曲率的影响,仅需有限的卫星即可实现全球覆盖。

　　由于天基预警系统本身及其应用需求在系统建设和运行期间都存在着不可预见的变化,这种复杂的动态性要求天基预警系统应用必须也要具有灵活的动态特征以适应系统本身和应用需求的不断变化,这对于系统的顶层设计和资源规划提出了新的要求。因此,搞好天基预警系统的顶层设计与规划对整个战略预警系统的建设具有重要意义。

　　体系结构、星座构型、预报与定位能力是影响天基预警系统有效运行、发挥效能的重要因素,也是天基预警系统顶层设计的基本内容;任务规划是提高现有天基预警系统工作效率、增强导弹预警和跟踪能力的关键技术;模拟仿真是实现对天基预警系统中的关键技术、工作流程、军事应用等多方面验证的主要手段。本书围绕以上天基预警系统的顶层设计内容和关键技术手段展开了深入研究和详细论述。

　　(1) 研究并提出了适合于天基预警系统的体系结构建模方法,构建天基预警系统体系结构模型,模型内容主要包括:作战任务等关键作战要素,以及系统构成、接口和功能,系统所提供服务的各种要素,描述服务内部及其与作战活动、系统间的关系等内容。

　　(2) 根据天基预警系统应用模式和特点,从重点区域探测和空间多重覆盖、定位精度、轨道参数优选和卫星配置等方面提出满足导弹防御需求的天基预警星座系统设计方法和过程,并设计出典型的星座系统方案。星座系统优化设计研究的目的是提高预警系统本身的服务能力,为应用单元提供更多的服务。

(3) 针对天基低轨预警系统任务特点,描述天基低轨预警系统任务规划内容、规划约束和规划过程等要素,建立了基于补偿跟踪机制的初始任务规划调度建模,设计并实现求解任务规划模型的启发式算法。

(4) 在初始任务规划研究的基础上,研究天基低轨预警系统动态规划模式和策略,建立系统动态规划模型,设计并实现求解动态规划模型的智能算法,并进行实例分析。

(5) 针对天基预警系统的定位与预报技术,研究了高轨预警卫星对主动段目标的定位技术和低轨预警卫星对自由段目标的定位技术,建立了导弹目标的关机点估计和落点预报模型。

(6) 基于 HLA+DDS 技术设计了天基预警系统的等效模拟系统,实现仿真任务管理分系统、导弹模拟分系统、预警卫星模拟分系统、数据处理模拟分系统、通信传输模拟分系统、视景仿真分系统、数据库分系统和评估分析分系统等功能模块,具备集中调度管理的异构分布式并行仿真能力。

本书的研究方法和成果对于开展我国天基预警系统顶层设计和作战应用研究,以及系统的建设和发展具有一定的理论意义和参考价值,对于开展天基预警系统的仿真、模拟、评估和性能预测有着重要意义。

(1) 为设计我国的天基预警系统提供理论和方法基础。

与国外相比,我国在天基预警系统设计理论和关键技术方面都存在不少差距,本书在研究中应用了体系结构理论、星座设计理论、多目标优化理论、智能优化算法等知识,研究适合于天基预警系统的体系结构描述和建模方法、低轨预警星座系统优化设计方法和过程,对天基预警系统顶层设计研究具有方法论的指导意义,同时为我军预警探测系统、反导体系的顶层设计和建设发展提供理论支持。

(2) 为有效满足天基低轨预警系统的作战应用需求提供基础和技术途径。

从体系结构层面对天基预警系统的作战应用需求和模式进行统一描述,建立天基预警系统、地面预警系统、指挥控制系统和导弹拦截系统间的横向联系,有效地描述系统作战流程和机理,实现决策人员、作战人员、系统设计人员和系统实现人员等不同层次人员对系统本身及作战应用形成一致的理解和认识；在现有传感器技术的基础上，从卫星数量、轨道参数等方面优化低轨预警系统的空间布局，能在较大程度上提高系统本身的作战能力；另外，研究多个导弹目标预警跟踪的任务规划调度方法和技术，实现对天基预警资源和导弹目标跟踪任务的最优化匹配，能够有效地满足对目标的探测和跟踪需求，提高预警系统工作效率，从而增强导弹预警和跟踪能力，为天基预警系统支援下的作战应用提供高效的信息保障。

（3）为先期开展天基预警系统的关键技术演示与验证提供试验环境。

天基预警系统的建设涉及的关键技术多、系统复杂、建设成本高，建设的风险高。为了保障系统建设的高效率和系统应用的科学性，除了做好天基预警系统的顶层设计工作，还必须做好地面的仿真与验证工作。因此，针对天基预警系统的需求，基于复杂大系统的仿真理论与方法，运用大规模分布交互式仿真技术，通过建立天基预警系统各个子系统的多分辨率模型，合理设计各子系统之间的信息交互关系，经过迭代仿真试验和多层次的评估，来实现对天基预警系统中的关键技术、工作流程、军事应用等多方面的验证，从而为我国在轨天基预警卫星的建设提供重要的支撑。

第 2 章 天基预警系统概述

2.1 美国天基预警系统

美国从20世纪50年代开始研制天基预警卫星系统,先后研制了"导弹探测预警卫星"(MIDAS)和"弹道导弹预警系统"(BMEWS)试验型预警卫星,部署了"国防支援计划"(DSP)、"天基红外系统"(SBIRS)、"太空跟踪与监视系统"(STSS)等多种型号的天基预警卫星系统。目前,美国已形成了高低轨道相结合,预警、跟踪和识别功能复合的天基预警卫星网络。天基预警卫星系统可以为国家领导、作战指挥官、情报机构以及其他关键决策人员提供及时、可靠、准确的导弹预警与红外检测信息,使美国在全球导弹发射探测、弹道导弹防御、技术情报搜集及战时态势感知等方面具有领先优势。

截至2017年7月,美国在轨运行的天基预警卫星主要包括4颗DSP卫星、3颗"天基红外系统"大椭圆轨道(SBIRS-High)卫星、3颗"天基红外系统"地球同步轨道卫星(SBIRS-GEO)和2颗"太空跟踪与监视系统"(STSS)低轨卫星。

2.1.1 国防支援计划

2.1.1.1 发展现状

DSP卫星系统是美国部署的第一种实用型预警卫星系统,部署在静止轨道。美国国防部赋予DSP卫星两个作战使命:①探测并报告洲际弹道导弹和海上发射的弹道导弹对美国及其联盟国家的袭击;②监测导弹的空间发射和违反《全面禁止核试验条约》的核爆炸。

DSP卫星系统自1970年11月6日发射第1颗卫星以来,先后部署了五代(5个阶段),共23颗卫星(表2-1)。目前,DSP卫星仅有4颗卫星在轨服役,均为第五代。

表 2-1　各个阶段 DSP 卫星主要性能

参数＼阶段	阶段 1	阶段 2	阶段 3	阶段 4	阶段 5
卫星发射年份/年	1970—1974	1975—1978	1979—1984	1984—1988	1989—2007
卫星发射数目/颗	4	3	4	2	10
卫星失败数目/颗	1	0	0	0	2
飞行序号	1~4	5~7	8~11	12~13	14~23
设计寿命/年	1.25	2.0	3.0	3.0	3.0
平均工作寿命/年	7	9	12.8	11.5	>15
质量/kg	900	1040	1170	1670	2380
功率/W	400	480	500	680	1275
探测器波段/μm	2.7	2.7	2.7	2.7/4.3	2.7/4.3
探测陈列数	硫化铅 1×2000	硫化铅 2×2000	硫化铅 2×2000	硫化铅 4×6000/碲镉汞 4×6000	硫化铅 4×6000/碲镉汞 4×6000
有效载荷	施密特望远镜、硫化铅红外传感器、RADEC 1 代核辐射传感器	施密特望远镜、硫化铅红外传感器、RADEC 2 代核辐射传感器	施密特望远镜、硫化铅红外传感器、RADEC 2 代核辐射传感器	施密特望远镜、双色红外传感器、先进 RADEC 1 代核辐射传感器	施密特望远镜、双色红外传感器、先进 RADEC 2 代核辐射传感器
姿态	自旋稳定	三轴稳定	三轴稳定	三轴稳定	三轴稳定

2.1.1.2　系统组成

1. 空间段

DSP 卫星预警星座设计上由 5 颗卫星组成,其中 3 颗为工作星、2 颗为备用星,运行在地球同步轨道上。3 颗工作卫星的典型定点位置是:第 1 颗卫星在印度洋上空(69°E),用于监视苏联/俄罗斯和中国的洲际弹道导弹发射场;第 2 颗卫星在巴西上空(70°W),用于探测美国东海岸以东海域核潜艇的导弹发射,第 3 颗卫星在太平洋上空(134°W),用于探测美国西海岸以西海域核潜艇的导弹发射。

以下按照 DSP 系列的发展过程,分阶段介绍卫星系统的组成。

第一阶段从 1970 年 11 月 6 日到 1973 年 6 月 12 日,共发射了 4 颗 DSP 卫星。这 4 颗 DSP 卫星中,除了第 1 颗卫星发射后没有正常入轨外,后续 3 颗卫星都发射成功并正常服役,形成了第一个 DSP 星座。每颗卫星质量约 900kg,电源功率为 400W,设计寿命为 1.25 年。其电源由粘贴在卫星圆柱体表面的太阳能电池和尾部4片可展开的太阳能电池板提供。配备一个有1×2000个单元阵列的扫描红外传感器(硫化铅)，传感器工作在2.7μm的近红外波段。

第二阶段从1975年12月24日到1977年2月6日，共发射了3颗DSP卫星。这3颗DSP卫星都发射成功并正常服役，形成了第二个DSP星座。每颗卫星质量约1040kg，电源功率为480W，设计寿命为2年。其基本配置与第一阶段的产品相似，配备一个2×2000个单元阵列的扫描红外传感器，但是增添了一些电子模块。

第三阶段从1979年6月10日到1984年4月14日，共发射了4颗卫星。这4颗卫星都发射成功并正常服役，形成了第三个DSP星座。1975—1985年，苏联军事力量产生的威胁具有多样性和不确定性。这些不断增长和变化的威胁包括：数量不断增加的潜艇携带的远距离潜射导弹、多次再入运载工具和多次独立再入运载工具、移动发射的洲际导弹，以及类似于轨道拦截器、地基激光武器和粒子流武器等反卫星系统。为了应对这种军事局势，DSP系统发展了多轨卫星(MOS/PIM)。这种具有多轨能力的卫星能够运行在地球静止轨道(GEO)上，也能够运行于大椭圆轨道(HEO)上，后者是为了覆盖北极，以防该地区潜射弹道导弹的发射。但是在实际应用中，这些卫星从来没有在大椭圆轨道上运行过。由于这些卫星增加了额外的用来防止激光致盲、增强生存能力的外部电子模块；另外还增加了姿态控制系统的燃料以延长卫星在轨工作寿命，使其质量增加到1170kg，输出功率为500W，设计寿命为3年。配备一个2×2000个单元阵列的扫描红外传感器。

第四阶段从1984年12月22日到1987年12月29日，共发射了2颗卫星，这2颗卫星都发射成功并正常服役。这2颗卫星按发射顺序是第11、13颗卫星，按生产顺序是第5、第6颗卫星。在研制第二阶段的DSP卫星时，按生产顺序的第5颗卫星和第6颗卫星在生产完成后被保存下来，因为前期的DSP卫星在轨工作寿命超出预期，此后，第三阶段的卫星已经开始生产，2颗卫星就保留下来没有发射。这2颗卫星后来重新进行翻新，其性能在第三阶段产品的基础上进一步改进，其中包括增加了辐射探测传感器和新的红外主传感器。卫星的性能改善表现在分辨率的提高和两极覆盖性能的改善。新的红外主传感器就是DSP项目传感器进化发展计划(SED)的产物。一种碲镉汞(HgCdTe)探测器首次装备到这个阶段的卫星上，进行中波红外波段的探测能力试验。红外传感器的单元阵列数增加到 4×6000 个,提供了在地平线之上(ATH)的探测能力。因此第四阶段的卫星开始具备双色探测能力。在增加了大量的探测器和进行数据处理的相关电子设备之后,卫星的质量增加到 1670kg,同时太阳能电池板的供电功率相应地提高到 680W,但是设计寿命还保持为 3 年。这个阶段的卫星与第三阶段的卫星可以通过其传感器部分的形状和大小来区别,此外这个阶段卫星的太阳能电池板具有独特的三角形特征。

第五阶段的卫星也称为"改进 DSP 卫星"(DSP-Improved,DSP-I)。这一阶段从 1989 年 6 月 14 日到 2007 年 11 月 11 日,共发射 10 颗卫星,其中有 8 颗卫星发射成功并正常服役,有 1 颗卫星(DSP-19)发射失败,有 1 颗卫星(DSP-23)工作了 9 个月后失效。根据原来的计划,这个阶段的最后一颗卫星应该是 DSP-25 卫星,由于 SBIRS 项目的展开和 DSP 卫星寿命的延长,最终 DSP-24 卫星和 DSP-25 卫星被取消。每颗卫星质量约 2360kg,输出功率为 1275W,设计寿命 5 年。最新的几颗 DSP 卫星配备由 4×6000 个碲镉汞探测器组成的单元阵列,在原有短波红外探测的基础上,增加了中波红外的探测能力,从而提高了对中近程等低能量级别导弹的预警能力和抗干扰能力。如果探测器在 $2.7\mu m$ 探测波长上受到激光干扰,就可以使用 $4.3\mu m$ 探测信号。DSP-I 卫星的有效载荷,除红外望远镜子系统外,还有双重功能的空间粒子探测器子系统,用于监测在大气层中或空间的核爆炸产生的中子流、γ 射线和 X 射线。DSP-23 卫星还额外载有 24kg 的空间大气爆炸报告系统(SABRS),它也将用于 SBIRS-GEO 卫星上。为了提高自身的生存能力,DSP-I 卫星还采取了防核效应和防激光致盲的加固、保护措施。

2. 地面段

DSP 系统最早设置了 3 个固定地面站、一个移动站和一套保障设备。其中一个固定地面站设在澳大利亚伍麦拉附近的纳朗格,称为 DSP 海外地面站,于 1971 年首先投入运行;另一个设在美国科罗拉多州丹佛,称为 DSP 本土地面站,于 1972 年投入使用,这两个地面站是大型数据处理站;第三个固定地面站是欧洲地面站,于 20 世纪 80 年代投入运行,并于 1990 年在原有设备基础上进行了改进。

由于 DSP 系统在 1990 年海湾战争中的成功应用,美国航天司令部命令再建立一个固定 DSP 站处理战术数据。1995 年,美国空军成功研制了"战区空袭和发射预报"(ALERT)系统,ALERT系统是地基接收处理站,它接收DSP卫星以及其他卫星系统的红外数据来探测、识别和跟踪导弹发射,使DSP卫星又具备了战术导弹预警能力。通常,DSP卫星可对洲际导弹、战术导弹分别给出20~30min和1.5~2min的预警时间。

2001年11月,由洛克希德·马丁公司建造、耗资2.5亿美元的新任务控制站(Mission Control Station, MCS)启用,承担了DSP卫星的运行控制,负责所有导弹预警卫星的数据处理和指挥控制。它能够同时处理来自2颗卫星的数据,给出更精确的图像,工作效率大大提高,并使运行成本降低25%,操作人员减少58%。

2.1.2 天基红外系统

2.1.2.1 发展现状

由于导弹技术的发展(如诱饵、中段机动、多目标等技术),以及原有的DSP系统存在的诸多问题(如不能跟踪中段飞行的导弹、对国外设站的依赖性以及虚警问题始终未得到根本解决),1994年12月美国国防部最终决定由空军负责建造一个由多种轨道的卫星组成的SBIRS逐步取代DSP系统。起初论证的SBIRS由地球同步轨道卫星、低轨道卫星以及大椭圆轨道卫星组成复合型星座,可对弹道导弹的主动段、飞行中段和再入段进行全程探测。

2002年,美国国防部对SBIRS项目进行了调整,将低轨道卫星系统从项目中分离,作为在轨技术演示验证项目,交由当时新成立的导弹防御局发展,并更名为"太空跟踪与监视系统"(S7SS)。地球同步轨道卫星和大椭圆轨道的有效载荷仍由美国空军负责,名称沿用SBIRS。SBIRS用来执行四项任务:导弹预警、导弹防御、技术情报与作战空间特征描述(战场军事活动观测与报告)。该系统是目前为止技术上最先进的军事红外探测卫星,大大增强了美军的全球导弹早期预警能力和情报收集能力,为地面部队提供实时的战场态势感知信息等。

目前,SBIRS卫星共有3颗地球同步轨道卫星、3颗大椭圆轨道卫星在轨运行(表2-2)。

第2章 天基预警系统概述

表 2-2　SBIRS 卫星研制和发射情况

卫　星	发射时间	目前状态
GEO-1	2011 年 5 月	在轨运行,预警能力已验证
GEO-2	2013 年 3 月	在轨运行,预警能力已验证
GEO-3	2017 年 1 月	在轨运行,预警能力已验证
GEO-4	2017 年 11 月(预计)	正在进行装配、集成和测试
GEO-5	2021 年(预计)	研制中,作为 GEO-1 后继星部署
GEO-6	2022 年(预计)	研制中,作为 GEO-2 后继星部署
HEO-1	2006 年 6 月	在轨运行
HEO-2	2008 年 3 月	在轨运行
HEO-3	2014 年	搭载机密卫星发射,现已完成在轨校验
HEO-4	未知	研制完成

因为 SBIRS 计划一直存在问题,2006 年美国国防部开始实施一套并行计划,即"替代性红外卫星系统"(AIRSS)。这个计划旨在即使 SBIRS 研制失败,仍能确保美国拥有可靠的导弹预警与防御能力,也可作为廉价的 SBIRS 高轨卫星系统替代品。

2.1.2.2　系统组成

SBIRS 由 4 颗静止轨道卫星,搭载到 2 颗大椭圆轨道卫星以及一个地面任务控制站(MCS)和一些地面中继站组成。4 颗静止轨道卫星基本上采用 DSP 卫星的星座分布;2 颗大椭圆轨道卫星采用北极附近为极点的大椭圆轨道。地球同步轨道卫星和大椭圆轨道卫星均采用双传感器模式,每颗卫星都装有高速扫描传感器和交互配对的凝视型传感器。高速扫描传感器采用一维阵列,扫描南北半球以发现导弹最初的发射;凝视型传感器在前者的基础上采用二维阵列对目标进行固定观测,以获得更多细节,两者的扫描频率和灵敏度都是 DSP 卫星的 10 倍以上。

SBIRS 的前 4 颗 GEO 卫星均采用了洛克希德·马丁公司的 A2100 卫星平台,并针对军事应用对 A2100 卫星平台进行了加固和改进。A2100 卫星平台研制于 20 世纪 90 年代,在 1996 年完成首次飞行验证。在模块化和通用化思想的指导下,A2100 卫星平台可根据载荷情况对平台配置进行剪裁。SBIRS 卫星采用 A2100 卫星平台,可使载荷和卫星平台间的相关性显著降低,设计、制造、测试等工序均可以并行进行,在提高效率的同时还可大幅度降低成本。

2015年6月9日,美国空军宣布,将启用由洛克希德·马丁公司研制的升级版A2100卫星平台作为第5颗和第6颗SBIRS地球同步轨道卫星,即GEO-5、GEO-6卫星。A2100卫星平台的升级工作将作为SBIRS项目"技术更新"计划的一部分,利用主承包商洛克希德·马丁公司内部的研究与发展基金,不花费政府资金。"技术革新"计划一方面使载荷和平台成为两个相互独立的模块;另一方面将对软件和指挥控制系统进行更新,以便增加新型载荷,如"商业搭载红外载荷"(CHIRP)任务试验的2000像元×2000像元凝视面阵探测器。升级版A2100卫星平台通过使用通用部件和精简化的制造过程,进一步增加经济可承受性,大幅缩减成本和项目周期,从而可将有限资金集中用于有效载荷研制工作。此外,新的设计将使卫星能够兼容"德尔它"-4或者"猎鹰"-9等新型运载火箭,从而增加运载工具的可选择性,便于卫星发射和降低发射成本。

SBIRS-GEO卫星主要用于探测和发现处于助推段的弹道导弹。SBIRS卫星最大的改进是采用了双探测器方案,每颗卫星载有一台高速扫描型探测器和与之互补的高分辨率凝视型探测器。大椭圆轨道有效载荷也装有高速扫描型探测器和高分辨率凝视型探测器,其主要任务在于对北极地区的探测预警,将SBIRS的预警能力扩展到两极地区,使其侦察范围扩大了2~4倍。卫星工作时,扫描型探测器先对地球的北半球和南半球进行快速扫描,然后将探测到的数据提供给凝视型探测器。紧接着,凝视型探测器将目标画面拉近放大,获取详细信息,进而确定是否发生弹道导弹发射活动。双探测器协调工作,共同完成任务,有效增强了SBIRS探测战术弹道导弹的能力。

SBIRS-HEO高轨卫星主要用于探测和跟踪助推段的弹道导弹,利用红外传感器探测战略、战区导弹的尾焰辐射和蒙皮辐射,提供导弹的发射及主动段的非成像红外数据并预测导弹落区。SBIRS-HEO卫星的关键技术和特点是采用双波段双传感器方案,即每颗卫星上装有双色($2.7\mu m$和$4.3\mu m$)高速扫描型探测器和与之互补的高分辨率凝视传感器(4×6000个碲镉汞凝视焦平面阵列)。扫描型探测器的扫描速度比DSP快10倍,它同高分辨率凝视型探测器相结合,信息处理速度、空间分辨率等性能显著提高,灵敏度比DSP高10倍以上。这些改进再加上能穿透大气层和几乎在导弹刚一点火时就能探测到其发射的能力,将使SBIRS卫星对较小导弹发射的探测能力比DSP卫星强得多。又由于增加了2颗大椭圆轨道卫星,弥补了DSP的极地盲区。

SBIRS-HEO卫星的工作过程是扫描型探测器用一维线阵扫描地球北半球和南半球,进行初探。然后将探测信息提供给凝视探测器,后者用一个精细的二维面阵将发射画面拉近放大,紧盯目标,进行跟踪,获取详细信息,并在10~20s内将预警信息传给预警指挥控制中心。高轨卫星间不通信,但可和低轨卫星进行通信以做到接力跟踪。

SBIRS地面设施包括美国本土任务控制站(MCS)、备份任务控制站(MCSB)、紧急任务控制站(SMCS)、海外中继地面站、多任务移动处理系统(Multi-Mission Mobile Processors,M3P)、相关的通信链路,以及培训、发射和支持性基础设施。地面设施通过3个阶段来完成:第一阶段将ALERT地面站作为一个美国本土的任务控制站,并使用DSP卫星数据;第二阶段改进第一阶段的软件和硬件,以满足高轨SBIRS卫星以及保留的DSP卫星所要求的功能,此外,多任务移动处理系统将取代战区内陆军联合战术地面站并满足SBIRS战略处理的要求;第三阶段将为SBIRS低轨卫星提供所需的功能。2015年12月,美国空军完成了SBIRS"增量"-2新型地面系统的全星座测试,这标志着系统能力评估阶段结束,新型地面系统可由研发状态进入正式试验阶段。

2.1.3 太空跟踪与监视系统

2.1.3.1 发展现状

20世纪80年代,在美国战略防御局的支持下提出了名为"慧眼"(Brilliant Eyes)的多颗近地轨道卫星星座概念。1994年,美国国防部就如何才能最好地满足国家预警需求的问题进行了一番研究之后,"慧眼"计划被移交给空军,由空军负责建造一个由多种轨道的卫星组成的综合SBIRS。"慧眼"重新命名为SMTS,并成为SBIRS的低轨部分。后来,SMTS更名为SBIRS-Low。2001年,SBIRS-Low又被重新划归导弹防御局(MDA)主管,采取这一行为旨在强调SBIRS-Low的主要目的是支持弹道导弹防御。2002年,导弹防御局重构了该项目并改名为STSS。

1999年,光谱宇航公司/诺斯罗普•格鲁门公司和TRW公司/雷声公司两个工业团队被选定做项目方案论证和风险降低(PDRR)工作。当时预计,国防部将在2002年年中选定其中一个团队做下一阶段的工作,卫星于2006—2010年发射。在2002年4月进行的调整中,国防部将这两个团队合二为一。诺斯罗普·格鲁门航天技术公司(前 TRW 航天与电子公司)成为主承包商,光谱宇航公司(后来被通用动力公司收购)是主要分包商,二者合作制造卫星。

2002年4月15日,一个调整方案被提交国会。该方案设想系统由 20~30 颗卫星组成,2006年进行首次发射。这一调整方案要求完成 1999 年方案已部分造好的 2 颗"半截子"验证卫星,并在 2006 年和 2007 年发射;还要求在未来的卫星中引入新技术,并在 2010 年开始发射 2 颗新验证卫星。2002 年 8 月,国防部授予诺斯罗普·格鲁门航天技术公司一份价值 8.69 亿美元的合同,要求它完成 2 颗"半截子"卫星,研制一个地面系统,对新验证卫星进行初步工程分析,并准备制造 8 颗工作卫星。STSS 系统的经费被削减后,导弹防御局于 2002 年后期对该项计划进行了修改,审计总署在 2003 年 5 月的报告中对这些修改提出了建议。

2009 年 5 月 5 日,导弹防御局发射了"太空跟踪与监视系统—先进技术风险降低"(STSS-ATRR)卫星,9 月 25 日发射了 2 颗"太空跟踪与监视"演示验证卫星(STSS Demo Satellites)见表 2-3,从 2010 年 11 月完成所有载荷校正与测试,至 2011 年 4 月,MDA 用这 2 颗卫星已成功进行了空间目标立体跟踪成像、对近程弹道导弹飞行全过程的跟踪、对中程和洲际弹道导弹飞行中段的探测跟踪、与弹道导弹防御系统(Ballistic Missile Defense System,BMDS)的通信交联等多项技术验证与演示任务。还与 SBIRS-High 进行了协同跟踪导弹目标、实时驱动生成反导拦截作战方案等更复杂的演示验证试验。"空间跟踪与监视"演示验证卫星最初预计在轨验证时间为 2~4 年,美国导弹防御局称这 2 颗卫星至少可以工作到 2017 年。

表 2-3 目前在轨 STSS 卫星的主要参数

卫星名称	STSS ATRR (USA205)	STSS Demo-1 (USA208)	STSS Demo-2 (USA209)
轨道类型	LEO	LEO	LEO
近地点/km	867	1334	1331
远地点/km	878	1356	1359
轨道倾角/(°)	98.9	58	58
发射时间	2009.05.05	2009.09.25	2009.09.25
质量/kg	≈2000	≈1000	≈1000
有效载荷		高速处理器的功率为 175W,可同时探测并跟踪 100 个目标	
设计寿命/年	1	2~4	2~4

在美国大幅压缩军费开支的整体环境下,STSS 项目由于受到经费和技术原因的限制,后续计划尚未成为美军正式采办项目。2017 财年导弹防御局为 STSS 卫星的运行和维护申请 3200 万美元。未来 STSS 卫星将继续参与导弹防御试验,进行数据采集,为作战人员提供作战态势感知和技术情报支持。

2.1.3.2 系统组成

STSS 项目最初设想由 24 颗卫星组成,轨道高度约 1600km,设计寿命为 10 年。卫星之间利用 60GHz 的星间链路传递弹道导弹飞行中段的跟踪信息,实现对弹道导弹在外层空间飞行全过程的持续跟踪。目前,2 颗在轨运行的 STSS 卫星均装有一台宽视场捕获传感器和一台窄视场凝视型多波段跟踪传感器,其地面系统与 SBIRS 卫星相同。

STSS 卫星的宽视场捕获传感器采用波长为 $0.7\sim3\mu m$ 的短波红外传感器(SWIR)。宽视场捕获传感器以地球为背景,可以捕获助推段弹道导弹的尾焰。STSS 卫星的窄视场凝视型多波段跟踪传感器设计 3 种波长的传感器。其中,波长为 $3\sim8\mu m$ 的中波红外(MWIR)传感器以地球为背景进行工作,可以实现对助推段末期的弹道导弹进行跟踪;波长为 $8\sim12\mu m$ 的中长波红外(MLWIR)传感器以及波长为 $12\sim16\mu m$ 的长波红外(LWIR)传感器以空间为背景进行工作,可以实现对弹道导弹飞行中段的持续跟踪。中长波红外传感器和长波红外传感器在导弹助推段关机后仍能继续跟踪导弹飞行,而且还能够继续跟踪弹头的分离,并具备识别诱饵的能力。

STSS 卫星的工作过程是宽视场扫描捕获探测器按先地平线以下、后地平线以上的顺序进行扫描探测,以捕获和跟踪导弹目标的尾焰及弹体、助推级后的尾焰和弹体以及最后的再入弹头。一旦发现目标,信息便立即转交给高轨卫星对目标进行跟踪,窄视场多光谱探测器具有中长波和可见光探测能力,能锁定目标并对整个弹道中段和再入段进行跟踪。通过 4 颗 STSS 卫星同时探测并跟踪,实现对弹道导弹弹头的精确定位。通过 SBIRS 卫星和 STSS 卫星的配合探测,可实现对远程和洲际弹道导弹的全程探测与跟踪;通过精确定位为拦截导弹提供坐标,在来袭导弹进入陆基、海基雷达探测范围前发射拦截弹,实现多层拦截,提高拦截成功率。其技术特点是在 3 个不同平面轨道上成对工作,以提供立体探测和监视;轨道高度较低,因而分辨率高,能更好地识别目标,还能提供导弹发射场的特征参数和其他技术情报。探测搜索区域比 DSP 扩大了 2~4

倍,将为助推段拦截弹道导弹提供更大的作战空间,使早期拦截弹道导弹成为可能。通过中段跟踪和对弹头与其他物体的辨别,卫星还能为地面防御系统提供指示性信息。利用极为灵敏的多光谱探测器,STSS 卫星可以实现对目标的探测,具有分辨弹头、弹头母舱、轻重光学雷达诱饵的能力。

2.2 俄罗斯/苏联天基预警系统

俄罗斯/苏联天基预警系统的发展可追溯到 1965 年。当时的苏联防空司令部要求第一设计局(即后来的第 41 特种设计局)开展天基导弹预警系统的体系架构研究,要求建设一套多层导弹防御体系,可对美国的单枚或多枚弹道导弹攻击提供每天 24h 一年 365 天的预警能力,并提供导弹发射时间、发射点坐标、弹道轨迹、发射数量等参数,这与当时美国同步开展的 DSP 预警卫星计划类似。但 DSP 卫星工作于地球同步轨道,而苏联的天基预警卫星则运行在地球同步轨道和大椭圆轨道的两种不同轨道。

自 1972 年第 1 颗预警卫星升空以来,俄罗斯/苏联共发射了 103 颗预警卫星。天基预警卫星系统可分为三代,其中第一代包括 US-K 大椭圆轨道卫星和 US-KS 地球同步轨道卫星,共发射 90 颗预警卫星;第二代为 US-KMO 地球同步轨道卫星,共发射 11 颗预警卫星;第三代为"苔原"地球同步轨道卫星,目前已发射 2 颗预警卫星。截至 2017 年 7 月,俄罗斯共 4 颗预警卫星在役,包括 2 颗 73D6 型"眼睛"大椭圆轨道卫星和 2 颗"苔原"卫星。

2.2.1 第一代天基预警卫星系统:"眼睛"系列卫星

2.2.1.1 发展现状

"眼睛"系列卫星是苏联于 1967 年开始研制的第一个红外探测洲际弹道导弹发射的卫星星座,是俄罗斯/苏联第一代预警卫星。项目主承包商是"彗星"中央科研所,制造商是拉沃奇金设计局。"眼睛"系列卫星分为大椭圆轨道卫星部分(US-K)和地球同步轨道卫星部分(US-KS),从 1972 年至 2014 年共发射 90 颗卫星,其中包括 86 颗 US-K 卫星和 4 颗 US-KS 卫星。

US-K 卫星的发展可分为 3 个阶段,其中 1972—1975 年为试验期,共发射"宇宙"-520、"宇宙"-606、"宇宙"-665 和"宇宙"-706 等 4 颗卫星。1976—

1980年为有限作战能力阶段,共发射14颗卫星。从1981年起,US-K卫星正式进入作战值班状态,共计发射72颗卫星。最后一颗"宇宙"-2469卫星于2010年升空。

"眼睛"地球同步轨道预警卫星称为US-KS卫星(S表示地球同步轨道),共发射4颗卫星。在地球同步轨道预警卫星技术方面,苏联一直落后于美国。美国在1963年2月发射了"辛康-1"试验型地球同步轨道卫星,而苏联在1974年7月才发射第1颗同步轨道试验卫星"闪电"-1S。而直到1975年10月,第1颗"宇宙"-775地球同步轨道试验型预警卫星才发射上天。"宇宙"-775卫星实际上就是发射到地球同步轨道上、未经任何改装的US-K卫星。

由于星载遥感器件质量方面的问题,同步轨道预警卫星的发射计划中断了近10年,直到1984年3月才发射了该系列的第1颗作战型预警卫星,即"宇宙"-1546卫星。该卫星的成功入轨,标志着大椭圆轨道卫星和地球同步轨道卫星组成的双层预警卫星体系正式形成。该卫星运行在西经24°的地球同步轨道,对美国本土发射的导弹的观测视角与大椭圆轨道卫星相同。此外,地球同步轨道卫星无需改变相对地球的位置,因此可提供对导弹发射的持续监视。即使所有的大椭圆轨道预警卫星全部失效,天基预警系统依然可保持作战能力,只是覆盖范围和探测可靠性有所损失。因此,地球同步轨道预警卫星的出现极大提高了苏联的天基预警能力。

1985年和1987年又相继发射了"宇宙"-1629卫星和"宇宙"-1894卫星,这些预警卫星同属第一代地球同步轨道预警卫星。由于探测器分辨率和电源系统设计上的缺陷等问题,不能符合苏联的预警需求,因此决定研制开发第二代地球同步轨道预警卫星。

"眼睛"预警卫星存在很严重的可靠性问题。卫星的设计寿命2~4年,但1972—1979年发射的首批13颗卫星中,只有7颗卫星的工作时间超过100天。在90次卫星发射中,5次发射失败,剩下的85颗卫星虽成功进入轨道,但根据卫星工作寿命,可将其分为3个梯队。第一梯队,卫星寿命小于1年,远低于预警卫星的平均工作寿命,提前结束使命的原因在于发生重大故障。这一梯队共20颗卫星,主要是1985年前发射的卫星。第二梯队,卫星寿命为1~4年,共42颗卫星,主要集中在1985—1990年发射,这些卫星的平均工作寿命约20个月。第三梯队,卫星寿命在48个月以上,共23颗卫星,其平均工作寿命是第二梯队的2倍,达40个月。这些卫星主要集中在1991年以后发射。

2013年2月至3月,"眼睛"系列卫星中发射的最后一颗卫星"宇宙"-2469卫星因未能完成例行的定轨机动,导致轨道偏移,最终无法正常工作。目前,"眼睛"系列卫星中仅剩下"宇宙-"2422卫星和"宇宙"-2446大椭圆轨道预警卫星。

2.2.1.2 系统组成

"眼睛"预警卫星系统的大椭圆轨道部分称为US-K,包含部署在大椭圆轨道的预警卫星星座和位于莫斯科的地面控制站。该系列共发射86颗卫星,包括3种星体设计,分别为38颗5V95型卫星、42颗73D6型卫星、6颗72Kh6型卫星,近地点在南半球的轨道高度为600km,远地点在北半球北纬35°的轨道高度40000km,轨道倾角63°,轨道周期约12h(718min),每天可完成两次回访,负责探测美洲大陆的洲际弹道导弹发射情况。1972年9月19日,第一颗US-K试验卫星发射升空,卫星编号"宇宙"-520。

在卫星传感器载荷方面,苏联曾评估了多种不同类型的载荷方案,如类似美国"米达斯"预警卫星的电视照相机,也曾考虑雷达载荷方案,最终改为采用类似DSP预警卫星的红外载荷,其线阵或面阵式固态红外传感器质量350kg,镜面直径约50cm,遮光罩展开后长4m,指向地球方向,可探测导弹升空喷出的尾焰。不过,在20世纪70年代,苏联卫星缺乏获取俯视能力所必需的红外探测器和数据处理能力。美国当时的首批DSP预警卫星已达到1000像素量级,可从地球同步轨道扫描地球的整个表面,并将其分割成多个边长1km的正方形,因此卫星只需在$1km^2$的空域内从云层、冰雪背景中分辨出导弹尾焰即可。与此相比,苏联试验预警卫星采用的固态红外传感器分辨率仅为50像素,要想观测整个地球表面,需从$14000km^2$空域内分辨出导弹尾焰,这显然难度过大。

"眼睛"卫星的初选轨道定为大椭圆轨道,其传感器的技术研发难度固然是重要原因之一,但并不仅限于此。①苏联认为潜射导弹对自身的威胁度并不严重,②地球同步轨道预警卫星固然可监控美国本土,但苏联本土的地面控制站无法监控这些卫星,而且苏联也不想在其他国家部署卫星地面站。③实现全球覆盖所需的大椭圆轨道卫星数量要多于地球同步轨道卫星,但同步轨道卫星的性价比较低,因为苏联早期的预警卫星工作寿命普遍较短(平均2年左右,后期卫星的平均寿命3~4年)。

为此,第一代预警卫星部署在大椭圆轨道,且选用技术复杂度相对较低的

第2章 天基预警系统概述

传感器,在远地点采用掠射角观测(以太空为背景,监控地球上空的导弹目标),可探测太空背景下的导弹发动机喷射的尾焰,但无法从地球表面背景中检测出导弹目标。进入作战值班后,预警卫星红外传感器的分辨率达 277 像素,观测视场约 $1.7°×6.5°$,分辨率接近 4km;此外,卫星还装备了几种小型的紫外/可见光传感器,可实现对地球的广域观测,作为卫星系统的辅助观测手段。该卫星可将传感器生成的图像直接实时地传送至位于莫斯科西南 70km 的"谢尔霍普"-15(Serpukhov-15)地面控制站,后者完成数据存储和处理工作。

每颗"眼睛"卫星每天只能提供 4~6h 的导弹探测能力,因此实现对美国本土的全境覆盖理论上只需 4 颗卫星。但第一代预警卫星星座原计划采用 9 星组网模式,且每颗卫星运行在不同的轨道面,轨道面间隔 $40°$,这样每隔 80min 就会有 1 颗卫星经过远地点,且多颗卫星可同时监测同一区域,避免因太阳直射或云层反射而造成虚警或漏警,提高预警可靠性。

"眼睛"卫星只能以低仰斜角进行观测,且不具备在地表背景下发现导弹发射活动的能力。卫星主要由 3 个分系统组成,即发动机舱、设备舱和光学舱,所有分系统都安装在一个长 2m、直径 1.7m 的圆筒形骨架上。卫星在发射时的总质量约 2400kg,净重 1250~1900kg。卫星的发动机舱装有燃料罐和氧化剂罐、4 台轨道修正用液体燃料发动机以及 16 台定向和稳定用液体燃料发动机,后者提供望远镜定向所需的主动三轴姿态控制。

"眼睛"卫星星载光学系统包括 1 台望远镜,其反射镜直径约 0.5m。探测系统包括 1 台线阵或面阵红外波段固态探测器,用于探测导弹尾焰的红外辐射。除此之外,卫星还载有几台较小的望远镜,它们作为辅助的观测手段,多半以光谱的红外部分和可见光部分提供广角对地观测。卫星将其各台望远镜所拍摄的图像直接实时传给地面控制站。

20 世纪 70 年代末,苏联实现了 9 颗大椭圆轨道预警卫星组网,成为苏联第一代"导弹攻击预警系统"(SPRN)的重要组成部分,可在导弹助推升空后不久捕捉到导弹红外特征信息,向地面指挥中心发出导弹预警信息,并提供导弹发射点估计、导弹落点预报、发射时间、发射数量、弹道轨迹等导弹参数信息。当运行到北半球太平洋上空的远地点附近时,飞行速度极其缓慢,可在 20~30s 内监测到美国洲际弹道导弹发射场和常规运载火箭发射,并同时将数据传回苏联境内的地面数据中转站进行处理分析,可提供 25~30min 的预警时间并大致确定导弹的发射区。

不过,第一代预警卫星的试验卫星只能显示黑白图像,清晰度较差,对低纬度地区的监视能力较差。此外,"眼睛"系列卫星的探测区域存在空白,只能探测从美国大陆发射的导弹,而无法探测海基或其他区域发射的导弹,因此无法实现全球覆盖。"眼睛"系列卫星原计划采用9颗卫星组网工作,实现24h覆盖,但现役仅存的2颗预警卫星无法全天时覆盖北半球大部分国家和地区,每天对美国洲际弹道导弹基地的覆盖时间最多为8~12h(4~6h/每颗)。

2.2.2 第二代天基预警卫星系统:"预报"卫星

2.2.2.1 发展现状

由于卫星设计技术的进步,加上"眼睛"地球同步轨道试验卫星的发射成功,苏联从1981年开始研制第二代地球同步轨道预警卫星US-KMO,共发射11颗,包括5颗71Kh6型卫星和6颗74Kh6型卫星。因其轨道位置被命名为"预报"(Prognoz),故该系列卫星也被称为"预报"地球同步轨道预警卫星,作为"眼睛"系列卫星的补充,共同构成双层天基预警体系。1991年,首颗"预报"卫星——"宇宙"-2133升空。

"预报"系列卫星星座原计划包括7颗地球同步轨道卫星。这些卫星均具备从地球背景和云层背景下监测导弹发射的能力。1981年,苏联曾注册7个地球同步轨道卫星轨道点,分别称为"预报"-1~"预报"-7卫星。其中,位于"预报"-1~"预报"-4轨道的卫星可覆盖美国本土、北大西洋、欧洲和中国,这些卫星可使用莫斯科附近的"谢尔霍普"-15地面控制站。而覆盖太平洋的"预报"-5~"预报"-7卫星无法与"谢尔霍普"-15地面控制站实现通信,因此必须在远东地区建设一个卫星控制站。

位于阿穆尔共青城的俄罗斯/苏联空天防御部队的天基预警系统东区指挥中心曾在1981年就开始建设,并在1991年进入试运行,2002年10月投入试验性作战值班。东区指挥中心旨在为位于3个轨道位置的US-KMO地球同步轨道卫星提供服务,分别为东经130°、东经166°和西经159°。在2012年前,因东区指挥中心尚未正式运行,且并无卫星发射至这3个轨道点,因此当部署在大椭圆轨道的预警卫星处于远地点,西区指挥中心无法监控卫星时,东区指挥中心可暂代西区指挥中心职责。

第2章 天基预警系统概述

与"眼睛"系列卫星一样,"预报"系列卫星同样存在运行寿命远低卫星预期的问题。"预报"系列卫星的设计寿命可达 5~7 年,但从 1991~2012 年发射的 8 颗卫星生存状态来看,只有"宇宙"-2224 卫星和"宇宙"-2379 卫星的寿命超过了 5 年,而"宇宙"-2133 卫星和"宇宙"-2209 卫星的运行时间分别为 56 个月和 47 个月,接近卫星的设计寿命,因此这 4 颗卫星可归入第一梯队。其中,"宇宙"-2379 卫星是运行时间最长的预警卫星,达到 8 年,次之的"宇宙"-2224 卫星也工作了 6.5 年。

第二梯队中,"宇宙"-2155 卫星在轨 28 个月,而"宇宙"-2282 卫星和"宇宙"-2240 卫星因故障问题,在入轨 17 个月和 16 个月后分别停止工作。

第三梯队的卫星寿命仅为几个月,包括"宇宙"-2350 卫星、"宇宙"-2397 卫星和"宇宙"-2479 卫星。其中,"宇宙"-2350 卫星于 1998 年 4 月发射,定点于东经 80°。同年 6 月,卫星星体压力降低,并漂离定点位置。与此类似,"宇宙"-2397 卫星在入轨仅 2 个月后,就停止了任何机动变轨。

最后一颗"宇宙"-2479 卫星原预计可工作到 2017—2019 年,但自 2012 年发射升空后就出现了一些性能问题。2014 年 3 月至 4 月,"宇宙"-2479 卫星因"外国提供的蓄电池"发射故障,无法执行定期在轨机动,4 月停止向地面站发送信号,相关方面曾试图修复但最终失败,因此俄罗斯国防部在 2014 年 4 月正式宣布"宇宙"-2479 卫星无法运行,并将该卫星从战斗序列中删除。

"宇宙"-2479 卫星的无法工作,不仅标志着俄罗斯丧失了唯一的地球同步轨道预警卫星,也标志着俄罗斯自 1991 年苏联解体以来发射的全部 8 颗地球同步轨道预警卫星中,只有"宇宙"-2224 卫星和"宇宙"-2379 卫星达到了预期的使用寿命。接二连三的失效,说明"预报"系列预警卫星的卫星舱体可能存在设计问题。例如,1997 年发射的 Kupon-1 通信卫星采用与"预报"卫星相同的舱体,该星在到达其指定的东经 55°地球同步轨道定点位置之后,随即因电子部件发生故障而报废,无法正常工作。

随着"宇宙"-2479 卫星的报废,俄罗斯仅剩下"宇宙"-2422 卫星和"宇宙"-2446 卫星。由于这 2 颗卫星均采用 63°的轨道倾角,对北半球的覆盖能力好于南半球,尤其适合监控美国北部、北大西洋、欧洲西南部等地的导弹发射。不过,这两颗卫星均已超龄服役,其中"宇宙"-2422 卫星已运行整整 8 年,"宇宙"-2446 卫星在轨近 6 年。根据"眼睛"系列卫星的设计寿命和整体运行情况来看,这两颗卫星已没有太多的剩余在轨时间,随时可能出现在轨机动故障,导致卫星报废退役。

2.2.2.2 系统组成

与第一代预警卫星相比,"预报"卫星的最明显技术特征是首次具备了下视能力,这些卫星部署在地球同步轨道,可以对大部分海洋进行监视,能探测海上潜艇发射的弹道导弹,而"眼睛"卫星星座则只能探测从美国本土基地发射的洲际弹道导弹。

"预报"卫星由一个直径2m的主仪器舱和2块大型太阳能电池板及一个内置的大型望远镜筒组成,质量约3t,大型望远镜筒内装有多个光学成套设备(红外/可见光),其硫化铅电荷耦合器件(CCD)线阵式红外探测器直径1m,展开式遮光罩的长度达4.5m,约12000像素,传感器视场为$5°×10°$,分辨率约0.7km,达到美国DSP预警卫星的水平,可从云层后面探测地球上的导弹发射,覆盖有导弹袭击危险的方向区域,可每7min对地球表面扫描一次;但卫星探测可靠性不高,工作时间短,只能探测美国本土发射的洲际弹道导弹,不能对美、英、法等国的潜射导弹实施预警,设计寿命5~7年。

该卫星采用4星组网工作模式,主要监测来自美国东部和欧洲大陆的陆基导弹,以及来自大西洋的潜射导弹威胁。4星组网模式可形成横跨美国东海岸至中国东部的导弹发射预警带,对洲际弹道导弹能提供约25min的预警时间,并提供弹道导弹发射场的相关信息。此外,该卫星还可探测高速飞行的飞机。据称科索沃战争中,US-KMO卫星曾探测到正在飞向科索沃准备轰炸中国大使馆的B-2隐身轰炸机。

要想对敌人的导弹发射进行昼夜24h不间断观测,总共需要9颗"眼睛"卫星和"预报"卫星在轨道上共同工作(要覆盖美国本土仅需4颗卫星)。但实际上,这个数量似乎从未达到过。通常,苏联在地球同步轨道西经24°的位置上总是保持1颗"预报"卫星在工作,备用卫星则储备在东经80°或东经12°,当需要时便转移到西经24°。苏联解体后,俄罗斯通常在西经24°保持有1颗工作卫星,在东经12°也有1颗工作卫星。定点于地球同步轨道西经24°位置的卫星,能够以与大椭圆轨道卫星完全相同的角度观测从美国领土发射的导弹。此外,地球同步轨道卫星还具有不会改变与地球的相对位置的优点,因此1颗同步轨道卫星即可连续观测美国本土基地的导弹发射,作为大椭圆轨道星座的备份。

2.2.3 第三代"统一空间系统"

2.2.3.1 发展现状

大椭圆轨道的"眼睛"系列预警卫星和地球同步轨道上的"预报"卫星可互为补充,但随着最后一颗"宇宙"-2479卫星发生故障,俄罗斯的天基预警网络出现很多预警盲点,已不能满足战略预警需求,严重威胁着俄罗斯的战略安全。为了改进现有的天基预警系统,俄罗斯曾提出"俄美监视卫星"(RAMOS)预警卫星国际合作计划,试图建立一个全球预警系统监视网。该预警网将由18颗7000~8000km 中/高轨道卫星组成,轨道倾角为51°。卫星分布在6个轨道面上,每个轨道面有3颗卫星。这种立体三角形状布置能够确保每个轨道面上至少有2颗卫星不间断地监视地球的任何一个地方,并准确预报导弹发射情况。

不过 RAMOS 计划始终只停留在纸面上。1999—2000年,俄罗斯开始独立研制"苔原"预警卫星,积极构建以"苔原"卫星为主的第三代"统一空间系统"(EKS),从而实现全球监视和跟踪弹道导弹发射及飞行轨迹的能力。

2015年11月,俄罗斯首颗"苔原"预警卫星成功发射,其编号为"宇宙"-2510,运行在大椭圆轨道,类似于"眼睛"卫星的轨道,但运行的周期是后者的2倍,其轨道倾角63.4°,近地点约1000km,远地点70580km。2017年5月25日,俄罗斯发射第2颗预警卫星,编号为"宇宙"-2518。2017—2021年,俄罗斯军队将用"联盟"-2运载火箭从俄西北部的普列谢茨克发射场发射8颗预警卫星,从而使导弹预警系统的太空梯队完成建设。

2.2.3.2 系统组成

该系统将集成探测、指挥控制能力,由4颗地球同步轨道卫星和6颗大椭圆轨道卫星组成。在新型"沃罗涅日"地基预警雷达的配合下,EKS系统的部署将大幅增加俄罗斯对导弹发射的探测和预警时间,且通过持续的跟踪和信息传输能力,使俄罗斯反导或战略武装力量具备快速响应能力。

与前两代预警卫星相比,EKS 具有多重先进技术特征。导弹预警时间更短,对陆射/潜射导弹的预警时间从第一代的20~30s提升至3~5s。此外,与前两代预警卫星相比 EKS 的探测目标不仅包括洲际弹道导弹,还包括100km和300km射程的战术导弹。

更重要的是,EKS 卫星可能携带长波/中波/短波的多波段红外传感器载荷。目前,俄罗斯预警卫星上采用的传感器主要是以中短波红外传感器为主,这种传感器不仅虚警率高,且只能检测到导弹助推段尾焰的红外辐射信号,而导弹助推时间大概在90~240s,当导弹助推完毕进入自由飞行时,弹体温度急剧下降,弹体所发出的辐射信号波长超出了俄罗斯现有预警卫星的监测范围。为改变这一状况,EKS向美国SBIRS/STSS预警卫星系统的发展方向靠拢,从单一波段转向多波段结合,在弹道导弹助推段飞行时,仍以比较成熟的中短波宽视场红外传感器载荷为主,其观测视场较前两代卫星具有质的飞跃,单颗卫星具有更广的覆盖范围。到了助推末段和爬升飞行时,则改用长波窄视场传感器,对目标区域进行重点监控,实现目标跟踪,计算导弹发射点、预计落点、导弹轨迹和飞行参数,降低虚警率。因此,这些卫星可弥补"沃罗涅日"系列超远程预警雷达对导弹助推段的预警能力不足,并为A-135/A-235莫斯科反导系统提供目标指示信息。

第一个新型系统的早期预报站是在阿尔泰边疆区建立的,该站已经通过了所有国家试验。同样,也将在列宁格勒州、伊尔库茨克州、加里宁格勒州及克拉斯诺尔达边疆区建立类似的监测站。

参 考 文 献

[1] 张保庆. 美国弹道导弹防御的天眼—天基导弹预警卫星[EB/OL].[2016-07-13]. https://mp.weixin.qq.com/s?src=3&timestamp=1501587053&ver=1.&signature=o*kyELKD-MuLIVl2Cz-qNbcijDQE6lD4Bf033JdxPOQ YYfwzXCPVkDHBItbSxrEIGt6LbEJ*G-sJvyw-YW9f6hA*XHJvVL4BF1erhx2 YEafgoRaEZzvJkq-65icn1kj6ImyFh5xk7QhmxMnl9OiU1-df7Z4n-BdEphLhMux*uKM-mk=.

[2] UCS. UCS Satellite Database.[2016-12-31]. http://www.ucsusa.org/nuclear-weapons/space-weapons/satellite-database#.WYBnRexQVlY.

[3] 蒋跃,邓磊,臧鹏. 美国天基红外预警系统的发展现状和技术特点[J]. 空军雷达学院学报,2011(2).

[4] 尹志忠,等. 世界军事航天发展概论[M]. 北京:国防工业出版社,2015.

[5] 陈建光. 美第三颗"天基红外系统"卫星成功发射[EB/OL]. http://3g.163.com/news/article/CBCH43SV000187VE.html?clickfrom=baidu_adapt.

[6] 熊瑛,等. 美俄导弹预警卫星发展及其作战使用研究[J]. 现代军事,2017(1).

[7] 邴启军. 美STSS的功能特性及薄弱环节研究[J]. 装备指挥技术学院学报, 2012, 23(1).

[8] 邓大松. 俄罗斯天基预警系统能力概述[J]. 电子工程信息, 2014(4).

[9] 邓大松. 俄发射新一代导弹预警卫星[J]. 现代雷达, 2015, 37(11).

[10] 魏庆. 俄5年内将发射9颗预警卫星组成"冻原"监测网[EB/OL]. [2017-06-28]. http://3g.china.com/act/569_30853153_2.html.

[11] 环球网. 俄将发射新导弹预警卫星[EB/OL]. [2016-01-09]. http://m.huanqiu.com/r/MV8wXzgzNDY5NDNfmjJfMTQ1MjMwMTM4MA==.

第3章 天基预警系统的物理基础

3.1 弹道导弹预警的基本要求

3.1.1 总体要求

天基预警系统平时监视敌方导弹试验和航天发射情况，为战略防御计划的制定提供依据；战时搜索、发现、跟踪并识别来袭的弹道导弹等目标，准确测定其运动特性（位置、方位角、速度和加速度）、辐射特性等，综合处理有关信息并判断目标的真伪和相关参数，为反导系统提供目标的落点预报信息和目标的作战企图以及兵力构成，以便能及时做出战争决策，确保己方战斗力量的安全。反导作战对天基预警探测的需求主要有足够的预警时间、来袭导弹的方位、目标诸元、目标识别信息。

(1) 预警时间。包含有两个条件：首先对弹道导弹的发射必须要有预警，否则反导部队不知道有弹道导弹进袭，拦截作战就无从谈起；其次，预警时间必须要大于反导作战部队的作战准备时间，因此预警时间必须是足够的。要获得必要的预警时间，有效的天基信息支援是必需的。这里的天基信息主要指导弹预警卫星对弹道导弹的发射发出及时的预警信息以及对弹道的初始预测。

(2) 来袭方位。反导武器系统的搜索雷达在搜索弹道目标时有一个搜索范围，如果弹道导弹没有落入这个搜索范围，则雷达将无法发现。提供来袭导弹的方位信息主要是保证反导火力单元能够以较高概率和在短时间内发现跟踪目标。导弹预警卫星通过初始段跟踪数据进行弹道预测可以判断出弹道导弹的攻击方向，也就可以为反导武器提供来袭方位信息。

(3) 落点预报。根据初始的预警信息，通过数据处理系统对弹道导弹来袭方位、目标位置、速度和关机点参数进行估计，并对目标进行定位跟踪，估计预测导弹目标的弹道参数，预测弹道导弹的可能落点，为反导和防御作战提供基础。

(4) 目标诸元。目标诸元包括弹道导弹来袭数量及相对于反导武器平台的方位、距离、高度、速度、发射距离、目标再入点位置、再入角度数等参数。这些信息可以由地基雷达预警系统来提供,也可以通过天基信息支援来完成。目前,美军正在研制的 SBIRS 就具有全过程跟踪弹道导弹的能力。

(5) 目标识别。指区分弹头和诱饵以及弹头和弹体。海湾战争时使用的"飞毛腿"弹道导弹主要采用头体一体式的结构设计,没有采用假目标或其他诱饵、诱骗措施,对拦截方来讲目标相对比较简单。但是纵观弹道导弹的发展趋势,当今弹道导弹多为头体分离式结构,一些先进的弹道导弹更是使用了真假弹头、诱饵欺骗等多种突防手段来增加拦截方分析、判断上的难度,使弹道导弹更加难以对抗。目前,目标识别主要由地基雷达承担,如美国导弹防御系统中的 X 波段雷达。但今后发展的中低轨道预警卫星网可以替代地基雷达完成这一任务。

综上所述,天基预警探测应能提供来袭报警、较精确的落点预报及弹道参数和目标实时的位置速度信息,以及目标的识别信息。通常来讲,一般把弹道导弹的飞行过程划分为3个阶段,即助推段(也称为主动段)、自由段(也称为无动力飞行段)和再入段。在不同的飞行阶段,对预警探测系统有以下不同的要求。

3.1.2 助推段的要求

由于弹道导弹在动力系统关机点处的位置及速度矢量决定了大部分的弹道参数,因此对反导系统来说,这一段时间内天基预警系统能否捕捉目标,关系着反导系统是否能及时做好战斗准备进行拦截。

在弹道导弹助推段,天基预警首先应该提供弹道导弹的早期预警,其次才是助推段拦截的目标信息。早期预警需要提供的信息有弹道导弹发射的地理位置、弹道平面(方位)、预测落点、弹道导弹类型、弹道导弹初始跟踪数据等信息。在助推段,弹道导弹速度很快,其尾焰的温度很高,对于射程超过 1000km 的导弹,其尾焰长度一般在 200m 以上。考虑到大气中的水与二氧化碳(CO_2)影响,需要利用短波红外或中波红外探测器进行探测。

3.1.3 自由段的要求

在自由飞行段,天基预警探测应具备监视覆盖、精确跟踪、分辨真假弹头的能力。具体来讲,在早期预警的基础上,要求能够实现对目标的连续稳定跟踪,监视弹头母舱和突防装置的攻击过程,准确确定弹道导弹的姿态、特性和攻击位置。同时,由于弹道导弹在自由飞行段中实现弹体分离并抛散大量诱饵及假目标,形成包括弹头、弹体碎片、各种诱饵和假目标的威胁目标群,并在真空中以相同速度和轨迹惯性飞行。因此,天基预警探测系统在自由飞行段还应具备识别弹道导弹与诱饵的能力,确定进行攻击的弹道导弹目标;天基预警探测系统装载的有效载荷还应能够获得导弹弹头的精确位置、速度和加速度等数据。

在自由飞行段,由于没有显著区别于背景干扰的导弹尾焰,且存在大量诱饵及假目标,依靠单一波长探测器进行跟踪与识别,会带来非常大的困难,就需要利用多种波长探测器进行联合探测,最大限度地跟踪与识别目标,减少虚警率与漏警率。

3.1.4 再入段的要求

在弹道导弹再入段,这时弹道导弹已经再入大气层,由于大气摩擦产生气动加热,弹体表面温度迅速升高,可利用短波红外探测器继续跟踪与识别。同时,目标距离被打击目标很近,可以依靠地面探测系统对弹道导弹进行跟踪,并引导地基武器对目标进行拦截。

3.2 导弹飞行的环境模型

3.2.1 空气动力及其力矩

弹道式导弹的助推段和再入段都是在地球大气层中飞行,因而受到空气动力的作用。因此对大气的成分、结构、物理性质以及标准大气等问题要有较深的理解。

3.2.1.1 地球大气

1. 大气结构

整个大气层内的结构是非常复杂的。由于地球形状与太阳辐射的影响,大气温度沿海平面高度上的分布特性极为复杂,而由于温度沿高度分布的复杂性,又导致了其他大气参数与物理特性沿高度分布的复杂性。

在地心引力的作用下,大气主要集中在地面附近。根据多年来人们对大气探测的结果,大气沿高度的结构模型已基本清楚,国际气象组织经过研究规定,将大气层沿高度分为五层。

1) 对流层

大气的低层是对流层,其距海平面的高度约为 11km。本层大气集中了整个大气质量的 75%。根据测定,在对流层中,大气平均地面温度 $t_0 = 288.15K$,地面密度 $\rho_0 = 1.225 kg/m^3$,地面压强 $p_0 = 101325Pa$;在高度 5km 处,大气温度约为 255.65K,而密度比 $\rho/\rho_0 \approx 6 \times 10^{-1}$,相对压强比 $p/p_0 \approx 5.3 \times 10^{-1}$;在对流层上限 11km 处,大气温度约为 216.65K,密度比 $\rho/\rho_0 \approx 2.2 \times 10^{-1}$,压强比 $p/p_0 \approx 3 \times 10^{-1}$。

2) 同温层

对流层的上层是同温层,其高度约为 11~25km。同温层的特点是,大气温度几乎保持不变。大气温度 $t_0 \approx 216.65K$,密度比 $\rho/\rho_0 \approx 3.2 \times 10^{-2}$,压强比 $p/p_0 \approx 2.5 \times 10^{-2}$。显然,与对流层相比,同温层的大气稀薄度已降低了 1 个数量级。

3) 中间层

同温层的上层是中间层,其高度约为 25~90km。中间层的特点是,气温随高度变化急剧回升。在高度 47km 处,大气温度约为 270.65K,温度梯度 $\partial T/\partial H \approx 2.45 K/km$;随后高度在 51km 处,气温又将降低,高度约到 85km 处,大气温度又随着高度的增加而增加;在中间层的上层,大气已很稀薄。据测定,在 60km 处密度比约为 2.4×10^{-4},而压强比约为 2.0×10^{-4};在 80km 处密度比约为 1.3×10^{-5},而压强比约为 8.9×10^{-6};在 90km 处密度比降为 2.1×10^{-6},而压强比降为 1.4×10^{-6}。显然,高度在 80km 以上,大气的存在已对各类飞行器的影响失去意义,因而在此高度以上可以忽略大气的存在而当做真空来处理。

4）电离层

中间层之上是电离层，其高度约为 90~500km。该层的特点是空气极度的稀薄和气压异常的低下，在太阳光的强烈辐射下，气温随高度的增加而迅速升高，可高达 999.64K，因而导致众多的空气分子的分解和电离，形成大量带电的正负离子，导电性强，可较好地反射无线电波。

5）外大气层

电离层之上是外大气层，其高度从 500km 延伸至 3000km。这是一层向星际空间过渡的区域，无明显的边界。在该层中，由于太阳光强烈辐射，大气温度可高达 1000K；由于离地面太远，空气分子所受地心引力也很小，空气分子能够向星际空间逃逸，故该层也称为逃逸层。

综上所述，大气沿高度的分布特性是极为复杂的，各层之间也并非有一明显的界限，而是彼此间存在一个较薄的过渡区域。地球大气沿高度的分布特性如图 3-1 所示。

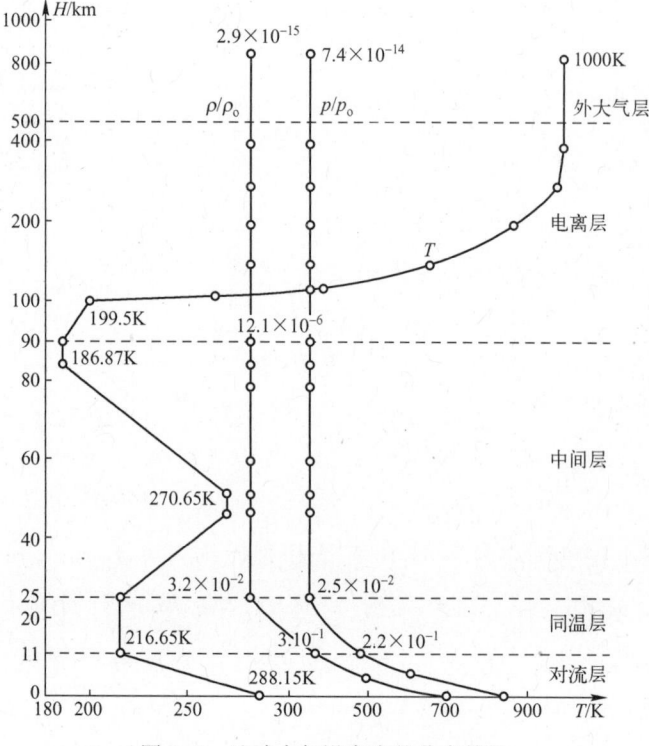

图 3-1　地球大气沿高度的分布特性

第3章 天基预警系统的物理基础

2. 国际标准大气

当飞行器在大气层中飞行或当气体(燃气)在发动机中流动时,气体的流动规律、空气对飞行器的作用力以及气体对发动机性能参数的影响均与大气的压强p、密度ρ和温度T等状态参数密切相关,而大气的状态参数p、ρ、T不仅与距地面的高度有关,并且也受到地区、季节和昼夜等因素的影响。为了便于分析、计算和比较飞行器或发动机的性能,国际上需要制定一种大气参数的统一规范。这种共同协商制定的大气参数规范,称为国际标准大气。

国际标准大气因专业实践应用的不同以及对大气探测结果的不同而略有差异。目前在我国导弹系统中正在使用的标准大气是1976年美国国家航空航天局所制定的美国标准大气,即《美国标准大气》(1976)。

根据多年来对大气探测的结果,已知大气温度T是从平均海平面起算的几何高度H的函数,即有函数关系式

$$T = T(H) \tag{3-1}$$

温度T随几何高度H的变化规律如图3-1所示。

为求得大气压强p和几何高度H的关系,我们引入"大气铅直平衡"假设,截取距平均海平面为高度H上的一段dH微气柱,如图3-2所示。如果dH的横截面积为S,且其下表面作用有大气压强p时,则其上表面就作用有$p+dp$的大气压强。这样微气柱处于静止的平衡状态,因而有力学原理的平衡方程

$$dp = -\rho g dH \tag{3-2}$$

显然,大气压强是由大气质量产生的,这和水中某处的压强是该处上面的水柱质量产生的道理是完全相同的。

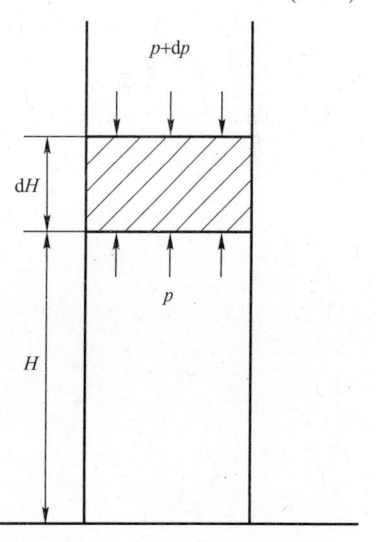

图3-2 大气铅直平衡示意图

由完全气体的状态方程$p = \rho RT$,将式(3-1)和式(3-2)由平均海平面积分到几何高度H时,就可得出大气压强随几何高度H而变化的关系式,即

$$p = p_0 e^{-\frac{g}{R}\int_0^H \frac{dH}{T}} = p(H) \tag{3-3}$$

式中,p_0为平均海平面($H=0$)上的大气压强。

如果将大气温度 T 随高度 H 的变化规律引入时,则不难得出大气压强在各层沿高度 H 的具体变化规律,即

$$p = p_* e^{-\frac{g}{R}\int_{H_*}^{H}\frac{dH}{T}} = p(H) \tag{3-4}$$

式中,p_*、H_* 分别为计算起点(各层起始边界)的压强、高度。

3.2.1.2 大气运动的基本规律

1. 连续性介质假设

在流体力学(包括气体力学)中,由于是研究流体的运动规律及其与流经物体间的相互作用的宏观问题,因而完全可以不考虑实际流体的微观结构。欧拉提出了"流经物体的流体是由一种补给分子结构、连续分布于流场的众多点(流体微团)所组成"的连续性假设,较好地解决了流体运动规律及其流经物体间的相互作用的问题。

尽管流体,特别是气体具有不连续的分子结构,但从宏观上处理工程实际问题时仍将其当成连续介质处理,这不仅便于反映流体所具有的宏观物理特性(压强、温度、密度以及速度等状态参数),而且在数学上可将流体流经物体的运动参数表示成连续函数,从而广泛地应用以连续函数为基础的数学工具来研讨流体的运动规律以及流体与其流经物体之间相互作用的问题。

在研究大气的特征中,一般在大气的低层可以认为大气是连续分布于其所在空间的,从而其状态参数可表示成连续函数而加以处理;但当在大气极度稀薄的高空,大气就不再是连续介质了。

总之,在研究流体运动时,一般来说均可应用连续性介质假设,但也不应忽视其不能应用的特殊情况,否则将得出与实际不相符的结论。在实际工作中如何正确应用连续性介质假设,需根据具体情况分析而定。

2. 流体分类

依据流体或气体在压力或温度的作用下体积改变的程度不同,可将流体分为不可压缩流体和可压缩流体。流体中的水就是一种不可压缩流体,因为即使在 100atm(1atm=0.1MPa)力作用下,其体积也仅改变 0.5%。在解决许多实际工程问题时,可近似地将空气当作是不可压缩的流体。但是,实践证明,当空气的运动速度较高(大于 0.3 倍的声速(Ma3))时,就必须考虑其压缩性。

在解决空气动力学的许多问题中,考虑黏性会引起许多数学处理上的困

难,但在许多场合下,流体的黏性并不起决定性的作用,从而可以忽略不计。

由此看来,流体除分为不可压缩流体和可压缩流体外,在研究和解决实际问题时,还可将流体分为真实流体(黏性流体)和理想流体(非黏性流体)加以讨论。在空气动力学的研究中,为方便起见,通常是从理想流体开始的。

3. 流体运动的研究方法

流体运动学中,研究流体运动的问题,在于确定任意瞬时运动流体中每一点的速度。知道了流体运动速度的分布,就可以找出其相应的压力分布,而根据流场中的压力分布,则可以确定流体中的作用力。

在流体运动学中,研究流体运动的方法通常有两种:一种是"拉格朗日法",这种方法是研究分布在流场中的各个流体质点(微团)的运动,换言之就是研究在不同瞬时流场中各个流体质点的运动情况。

研究流体运动的另一种方法是"欧拉法",这种方法是研究流体质点通过空间点时的运动情况。欧拉法所固定的是坐标系(x、y、z)的空间点,可以说是研究任意瞬时流过坐标系的空间点的流体质点的速度、加速度、密度以及压力等参数的变化规律。当考虑到流体介质的连续性假设和其运动的连续性情况时,可以认为这些参数是坐标与时间的单值连续可导的函数。这样,流体质点的参数为

$$\begin{cases} V_x = V_x(x,y,z,t) \\ V_y = V_y(x,y,z,t) \\ V_z = V_z(x,y,z,t) \end{cases} \quad (3-5)$$

$$\begin{cases} a_x = \dfrac{dV_x}{dt} = \dfrac{\partial V_x}{\partial t} + V_x \dfrac{\partial V_x}{\partial x} + V_y \dfrac{\partial V_x}{\partial y} + V_z \dfrac{\partial V_x}{\partial z} \\ a_y = \dfrac{dV_y}{dt} = \dfrac{\partial V_y}{\partial t} + V_x \dfrac{\partial V_y}{\partial x} + V_y \dfrac{\partial V_y}{\partial y} + V_z \dfrac{\partial V_y}{\partial z} \\ a_z = \dfrac{dV_z}{dt} = \dfrac{\partial V_z}{\partial t} + V_x \dfrac{\partial V_z}{\partial x} + V_y \dfrac{\partial V_z}{\partial y} + V_z \dfrac{\partial V_z}{\partial z} \end{cases} \quad (3-6)$$

$$\begin{cases} \rho = \rho(x,y,z,t) \\ p = p(x,y,z,t) \\ T = T(x,y,z,t) \end{cases} \quad (3-7)$$

在应用拉格朗日法研究流体的运动时,必须确定出充满流场的各个流体质

点的运动规律,这是个比较复杂的问题。因此在空气动力学中,研究流体的运动规律广泛地采用了较为简便的欧拉研究方法。

4. 流线、轨线和流管

流线是指流场中某一瞬时 t 流体质点所占据的一条空间曲线,曲线上每个切线方向与该瞬时在此空间点上的流体质点的运动速度方向相重合,即流线上不同的流体质点在同一瞬时的运动方向就是曲面上各点的切线方向,如图3-3所示。

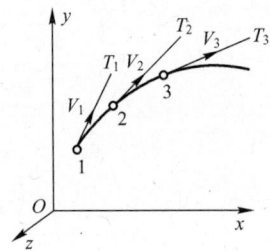

图3-3 流线上不同的流体质点的运动方向示意图

轨线是流体质点运动在流场中描绘出的曲线,在此曲线不同点处的切线方向就表示该流体质点在不同时间处于这些点时的速度方向。容易理解,在非定常流动下,两者才能相互重合。依据流线和轨线的几何意义,当流线上截取 ds 微段时,很容易得出流线的矢量方程,即

$$\boldsymbol{V} \times \mathrm{d}\boldsymbol{s} = 0 \qquad (3-8)$$

当将矢量式表示为笛卡儿坐标的行列式时,有

$$\begin{vmatrix} i & j & k \\ V_x & V_y & V_z \\ \mathrm{d}x & \mathrm{d}y & \mathrm{d}z \end{vmatrix} = 0 \qquad (3-9)$$

由此得出流线的标量方程

$$\begin{cases} V_y \mathrm{d}z - V_z \mathrm{d}y = 0 \\ V_z \mathrm{d}x - V_x \mathrm{d}z = 0 \\ V_x \mathrm{d}y - V_y \mathrm{d}x = 0 \end{cases} \qquad (3-10)$$

而流体质点的轨线方程则为

第3章 天基预警系统的物理基础

$$\begin{cases} dx = V_x dt \\ dy = V_y dt \\ dz = V_z dt \end{cases} \tag{3-11}$$

通过上面分析,不难看出流线的一些重要特征:流线是描绘流场中各点速度分布的瞬时图线,而在非定常流动下,两者完全不同;在定常流动下,流线形状恒定不变,此时流线犹如不可跨越的线,因此可用与流线相吻合的壁面代替流线而不会引起流场的任何变化;流线是一条光滑的曲线,在其上不会有"折点",同时各流线也不可能"相交",否则将在折点或交点上同时出现两个流动速度。

如果流场中画出一条不是流线的封闭曲线 C,并过此封闭曲线上的各点画出流线,那么这些流线就组成一个管,这个管称为流管(图3-4)。与流线一样,在定常流动下流管形状不定,而在非定常流动下流管将随时间变化。

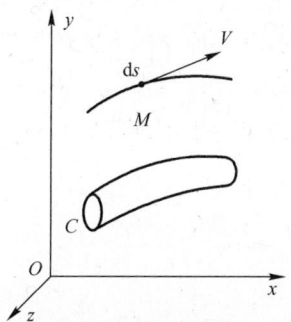

图3-4 流管示意图

5. 声速

声速是指微弱扰动波在流动介质中的传播速度,它对于确定可压缩流的特性和规律起着重要作用。在图3-5(a)中,设微弱扰动波在半无限长圆管中的传播速度为 a;波扫过的流体的压强、密度和温度都有一个微小增量,分别为 $p+dp$、$\rho+d\rho$ 和 $T+dT$,并以微小速度 dV 向右运动。波前方的流动未受扰动,其压强、密度和温度依然静止不动。

为使分析简单起见,选用与扰动波一起运动的相对坐标系。于是,在相对坐标系中,上述流动便转化为定常流。如图3-5(b)所示,扰动波静止不动,而压强为 p,密度为 ρ,温度为 T 的气体以声速 a 向扰动波流来,当气体经

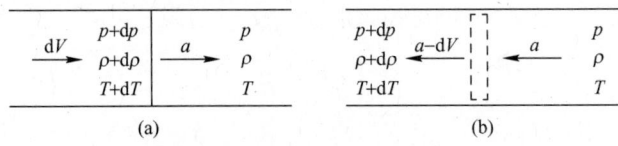

图 3-5 微弱扰动波在流动介质中的传播示意图

过扰动波后,速度降为 $a-\mathrm{d}V$,而压强、密度和温度分别增大到 $p+\mathrm{d}p$、$\rho+\mathrm{d}\rho$、$T+\mathrm{d}T$。声速为

$$a=\sqrt{\frac{\mathrm{d}p}{\mathrm{d}\rho}} \tag{3-12}$$

由式(3-12)可见,声速是流体可压缩性的标志。需要指出的是,按式(3-12)计算气体的声速之前,还必须知道在微弱扰动的传播过程中压强 p 和密度 ρ 之间的函数关系。由于在微弱扰动的传播过程中,气体的压强、密度和温度的变化都是无限小量,若忽略黏性作用,整个过程接近于可逆过程;而且过程进行得相当迅速,来不及与外界进行热交换,故该过程接近于绝热过程。因而微弱扰动的传播可以认为是一个可逆的绝热过程,即等熵过程。

对于完全气体而言,在等熵过程中压强 p 与密度 ρ 之间的关系为

$$\frac{\mathrm{d}p}{\mathrm{d}\rho}=k\frac{p}{\rho}=kRT \tag{3-13}$$

对于空气,$k=1.4$,$R=287.06 \mathrm{J/(kg \cdot K)}$,则

$$a=20.05\sqrt{T} \tag{3-14}$$

应当指出,以上声速公式均是根据圆管中平面微弱扰动压缩波的传播推导出来的。但是对于微弱扰动膨胀波的传播,或对于直线扰源传播出去的柱面波以及由点扰源传播出去的球面波,也可得到同样的结果。

从声速公式可见,声速的大小与扰动过程中压强变化与密度变化的比值,即流体的压缩性有关。流动的可压缩性越大,相应的声速就越小;反之越大。另外,声速与介质的性质 k 有关,不同介质中的声速不同;即使在同一种气体中,声速随着气体温度的升高而增大,且与气体的热力学温度 T 的平方根成正比。声速是一个点函数,因此所说声速是指某时某点的声速。

6. 相对运动原理

当导弹以一定的速度 V 在空气中运动时,在导弹上所发生的一切物理现象

与导弹不动而空气以同样速度反向流经导弹时所发生的物理现象是等价的,这就是空气动力学中的相对运动原理。

相对运动原理的引入,使我们完全避开研究导弹在空气中运动的一切复杂的物理现象,从而借助于理论和实验的手段专门研究空气流经导弹时所发生的物理现象,这对问题的研究带来了极大的方便。

7. 一元定常流动基本方程

通过在流场中研究某一流管的流动情况,可推导出连续方程的数学表达式。流管是指气体质点无法穿越的一种无形管路(图3-6)。设流管微段 dL 左右两截面积为 S 和 $S+dS$,单位时间流过横截面的气体流量应为 V、$V+dV$ 和 ρ、$\rho+d\rho$。按质量守恒定律可得关系式,有

$$\frac{\partial(\rho S)}{\partial t}dL = -\frac{\partial(\rho VS)}{\partial L}dL \tag{3-15}$$

这是一个密度为变量而运动参数又随时间变化的连续方程,即一元非定常可压缩连续性方程。对于定常流动,$\partial(\rho S)/\partial t = 0$,因而有

$$\rho VS = C \tag{3-16}$$

式(3-16)是一个一元定常可压缩连续性方程,其中 C 为积分常量。该式说明流管单位横截面上通过的质量流量与通流截面积成反比。

当流动是不可压缩时,$\rho = C'$,因而有

$$vS = C/C' = 常量$$

即不可压缩流动时,其流动速度与通流截面积成反比。当空气流动速度较大时,应考虑空气的压缩性。

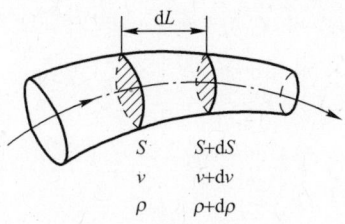

图 3-6 流管示意图

连续方程表示了流速与流动空间的关系,而动量方程表达了压强与流速之间的关系,从而使压强、流速与流动空间构成一个统一体。如图3-7所示,微段

流管左横截面 1 半径为 r，其压强、密度和流速为 p、ρ、V，经过 dt 时间到达右横截面 2，半径为 $r+dr$ 时，其压强、密度和流速为 $p+dp$、$\rho+d\rho$、$V+dV$。

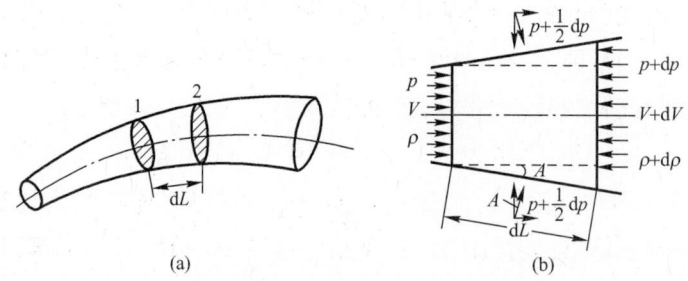

图 3-7 微段流管示意图

假设气流是无黏性的理想气流时，则由动量定律可得动量与冲量的关系式，即

$$\rho \pi r^2 dL(V+dV-V)$$
$$= [p\pi r^2+(p+dp/2)\pi(2r+dr)dL\sin A-(p+dp)\cdot\pi(r+dr)^2]dt \quad (3-17)$$

式(3-17)中，$\sin A = dr/dL$。左端为动量的增量，右端为压力差产生的冲量。展开式(3-17)，得

$$VdV = -dp/\rho \quad (3-18)$$

式(3-18)为一元定常理想流体动力学方程(欧拉动力学方程)。对式(3-18)进行积分可得伯努利方程，即

$$\frac{V^2}{2} + \int \frac{dp}{p} = C \quad (3-19)$$

由式(3-19)可知，当不可压缩气体的动能增加时，则其压力能将相应减小，即气体流速增大时，则其压强相应降低。

为导出能量方程，利用关系式 $p/\rho^k = C$，并由气体状态方程 $p/\rho = RT$，伯努利方程变成

$$\frac{V^2}{2} + \frac{p}{\rho} + \frac{1}{k-1}RT = C \quad (3-20)$$

式(3-20)是单位质量理想气体的能量方程，其中第一项为动能，第二项为压强势能，第三项为内能，它符合能量守恒定律。当气流动能增加时，其压强势能及内能将减少，因而压强和温度均将下降；反之，当动能减小时，压强和温度

均将升高。

8. 马赫数与高速气流可压缩性

对于流动的气体,就不能仅仅由声速的大小表征气体的可压缩程度了,需要用到气流的马赫数。流场中某点处的气流速度 V 与当地声速 a 之比称为该点处气流的马赫数 Ma,即

$$Ma = V/a \tag{3-21}$$

当气流速度增大至接近声速和高于声速时,空气表现出强烈的可压缩性和膨胀现象。其压力、密度、温度发生显著变化,气流特性与低速流动有质的差别。飞行马赫数的大小标志着空气的可压缩程度。为了便于研究空气压缩性对导弹飞行性能的影响,常用马赫数 Ma 将导弹的飞行速度划分为下列几个区域:

$Ma \leq 0.3$,为低亚声速区;

$0.3 < Ma \leq 0.8$,为高亚声速区;

$0.8 < Ma \leq 1.3$,为跨声速区;

$1.3 < Ma \leq 5$,为超声速区;

$Ma > 5$,为高超声速区。

马赫数不同,作用在导弹上的空气动力也不同,但是当 $Ma < 0.3$ 时,则完全可以不考虑压缩性的影响。

3.2.1.3 空气动力

1. 空气动力产生的机理

上面已介绍了气体运动的基本规律及特性,其中包括相对运动原理、连续方程、动量方程、能量方程、流速与通流截面之间的关系以及高速流的主要特征,现根据这些运动规律和特性分析导弹在大气层中飞行时,作用于其上的空气动力产生的物理实质。

当物体静止地放置于理想的大气中时,作用于其外表面上的大气压强可认为是处处相等的,因而大气压强的合作用力为 0。但如果物体与理想空气又相对运动时,作用在物体上的大气压强就不再处处相等,从而出现了不平衡的大气压强之合作用力,即空气动力。下面就具体地通过气流流经翼剖面的流线图,说明空气动力产生的物理实质(图 3-8)。

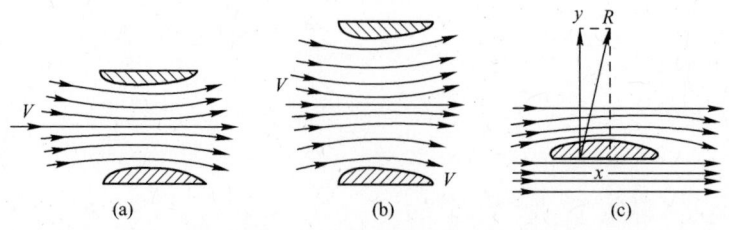

图 3-8　空气动力产生的物理实质

首先,当空气定常地流过如图 3-8(a)所示的一个表面平直而内表面呈圆拱形的管道时,气体质点微团将形成疏密程度不同的流线,这种流线束称为流线谱。流线谱的疏密程度与通流面积的大小有关。事实上,由连续方程可知,在管道的狭窄处,由于通流界面小,流速增大流线就密集,反之亦然。其次,根据动量方程,在流速增大的地方,其压强必然减小。由此可知,流线谱的疏密程度不仅反映了流速的大小,而且也指明了压强的高低。这一客观规律,从质量守恒观点看是始终存在着的,即使将管道加粗,如图 3-8(b)所示,也由于管道内表面弯曲处是收缩的,因而这里的流速仍然较大,而压强仍然较小,甚至把管道无限加粗,即把两个剖面间的距离增加到无限大,已知认为只剩下如图 3-8(c)所示的剖面情况时,此时气流流经它的流动规律也仍然是上表面流速大、压强小,而下表面流速小、压强大。空气动力是物体外表面压强的合作用力,通常以符号 R 表示。

对于飞行导弹来说,作用于其上的空气动力的产生机理与翼剖面完全一样,只不过在通常具有飞行迎角 α 和侧滑角 β 的情况下,作用其上的空气动力 R 是一空间矢量而已。

空气动力的大小与物体表面上的压强分布有关,通常用下式计算:

$$R = \frac{1}{2} C_R \rho V^2 S_m = C_R q S_m \tag{3-22}$$

式中,C_R 为无因次的总空气动力系数;ρ 为空气的密度;V 为飞行器的飞行速度;S_m 为飞行器特征面积;$q = \frac{1}{2} \rho V^2$ 称为速度头。

空气动力的作用点称为压力中心(压心),通常以符号 O_y 表示。由于导弹外形是轴对称的,通常压心 O_y 并不与导弹的质心相重合。为获得一定的静稳定度,常人为地使压心落在质心之后。

实际应用中,由于空气动力的实际测量是以物体基准线(如导弹轴对称线)与来流成一定迎角或侧滑角的情况下进行的,因而人们将总的空气动力 R 在速度坐标系的各轴上进行分解,并将 R 在 x_c 轴的负向(来流速度方向)之分量称为空气阻力,用 X 表示,而将 R 在 y_c 轴和 z_c 轴上之分量分别称为空气升力和侧力,各用 Y 和 Z 表示(图3-9)。于是有

$$\begin{cases} X = C_x q S_m \\ Y = C_y q S_m \\ Z = C_z q S_m \end{cases} \tag{3-23}$$

式中,C_x、C_y、C_z 分别为无因次的空气阻力、升力和侧力系数。

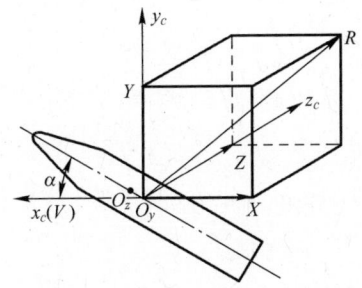

图3-9 空气阻力方向示意图

在导弹相对大气运动时,如何确定作用在导弹上的空气动力是一个颇为复杂的问题,很难通过理论计算准确确定。目前是用空气动力学理论进行计算与空气动力实验校正相结合的方法。空气动力实验是在可产生一定马赫数的均匀气流的风洞中进行。

在导弹研制过程中,由研究空气动力学的专门人员根据导弹外形,利用上面介绍的方法,给出该型号导弹的空气动力计算时所必需的图表、曲线等。正确地使用这些材料,即可确定作用在导弹上的气动力和气动力矩。

2. 影响空气动力系数的因素

影响空气动力系数的因素很多,但主要的因素则是导弹的外部形状、飞行姿态、飞行速度以及高速飞行时出现的激波。

1) 导弹外形对 C_x、C_y、C_z 的影响

首先导弹的外部形状,尤其是头部形状,对空气动力影响较大;其次是长细

比 λ(弹体长度与弹体最大直径之比)。另外,导弹外部表面的光滑程度对空气动力系数也有影响,即表面越光滑以及凸起物越少,则导弹表面摩擦力就越小,因而阻力越小。

2) 迎角 α、侧滑角 β 对 C_x、C_y、C_z 的影响

当迎角 α 增大时,气流在头部下方的阻滞增大,因而气流速度慢,压力增大;而在导弹头部上方则由于其流动截面相对变小,因而速度增大,压力降低。这样将使升力和阻力进一步增加,因而其升力系数 C_y 和阻力系数 C_x 也将进一步增大(图 3-10)。同样,当侧滑角增大时,也将使侧力和侧力系数进一步增大。

由 $C_y = C_y(\alpha)$ 曲线可知,在小迎角 α 范围内近似成线性关系,即

$$C_y = C_y^\alpha \cdot \alpha \tag{3-24}$$

式中, $C_y^\alpha = \partial C_y / \partial \alpha$ 为升力系数对迎角的偏导数,简称升力系数梯度,它始终为一个正值。随着迎角的继续增大, C_y 与 α 不再是线性关系,且当 C_y 达到最大值 $C_{y\max}$ 时,如果 α 继续增大,还会引起 C_y 的下降,这是由于气流严重离体而造成的。

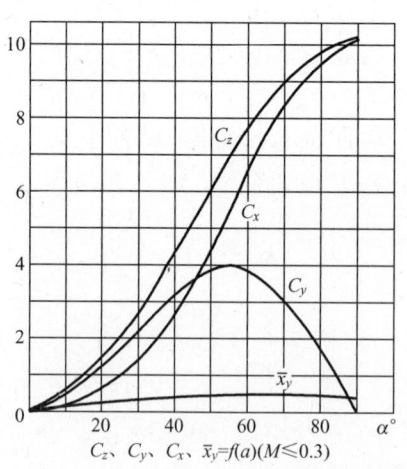

图 3-10 升力、阻力、侧力随迎角变化关系图

此外,导弹的外形是轴对称的,因此其侧力系数 C_z 与侧滑角 β 的关系类似于 $C_y(\alpha)$ 的关系。但由侧滑角的定义可知,正的 β 将产生负的侧力,因而 C_z 可表示为

$$C_z = C_z^\beta \cdot \beta \qquad (3-25)$$

式中,C_z^β 为侧力系数对侧滑角 β 的偏导数,简称侧力系数梯度,其值恒为负。

如果 β 与 α 的数值相等时,则作用于导弹上的侧力系数与升力系数也必然相同,因而比较式(3-24)、式(3-25)可得

$$C_y^\alpha = -C_z^\beta \qquad (3-26)$$

同样,C_x 随 β 的变化规律也类似于 C_x 随 α 的变化规律,即 C_x 随 α、β 的增大而增大。

3) 激波与马赫数对 C_x、C_y、C_z 的影响

从前面高速气流特性中知道,当导弹作跨声速或超声速飞行时,就在导弹的头部或屋面上产生激波。从实质上说,激波就是被强烈压缩了的一层极薄的气体层,且由于激波层的气体速度急剧降低,使一部分动能转变为不可逆的热能,并改变了外表面的压强分布,从而既加大了飞行阻力,同时也影响了导弹的飞行稳定性能。

4) 飞行高度 H 对 C_x、C_y、C_z 的影响

由于空气动力系数与大气密度、压力、温度以及气体黏性等因素有关,而这些因素又是随着飞行高度变化的,故空气动力及其系数也随高度 H 的不同而有所变化。

阻力系数 C_x 通常表示为

$$C_x = C_{x0}(Ma, H) + C_{xi}(\alpha, \beta) \qquad (3-27)$$

式中,C_{x0} 为 $\alpha = \beta = 0°$ 时的阻力系数。

气体流过飞行器表面时由于表面凹凸不平使气流分子受到阻滞,加上气体有一定的黏性,从而形成摩擦阻力 X_{1f}。该力除与气体黏度 μ 及导弹最大截面 S_m 有关外,还与 V/L(V 为气体速度,L 为导弹特征长度)成正比,即

$$X_{1f} \propto \mu \frac{V}{L} S_m \qquad (3-28)$$

而摩擦阻力系数为

$$C_{x1f} = \frac{X_{1f}}{qS_m} \propto \frac{\mu}{\rho VL} \qquad (3-29)$$

由式(3-29)可见,在一定的马赫数下,随着高度增加气体密度 ρ 在减小,而 C_{x1f} 增加,这就增大了摩擦阻力在总空气动力中所占的比重,故阻力系数随高度

增加而增加。

C_{xi}为诱导阻力系数,通常只需对法向力和横向力在阻力方向的分量作一修正即可,故计算时用

$$C_{xi} = KC_{y1}^{\alpha}(\alpha^2 + \beta^2) \qquad (3-30)$$

式中,K 为与导弹形状有关的系数。

对于升力系数及其梯度来说,由于高空密度急剧降低导致物体表面压强分布的变化而使升力急剧减小,因而升力系数及其梯度也减小。

3. 轴向力、法向力和侧向力系数

前面已将空气动力 **R** 投影在速度坐标轴的三轴上,并分别称为气动阻力 X、气动升力 Y 和气动侧力 Z,这样的投影不仅符合空气动力产生的原理,而且也便于直接测量。但为了计算空气的力矩,还需要用类似的方法将空气动力 **R** 投影于弹体坐标系的三轴上,并将其在 x_1 轴上的投影取负值,则有(图 3-11)

$$\begin{cases} X_1 = C_{x_1} q S_m \\ Y_1 = C_{y_1} q S_m \\ Z_1 = C_{z_1} q S_m \end{cases} \qquad (3-31)$$

式中,X_1、Y_1、Z_1 分别为轴向力、法向力和侧向力;C_{x_1}、C_{y_1}、C_{z_1} 分别为轴向力、法向力和侧向力系数。

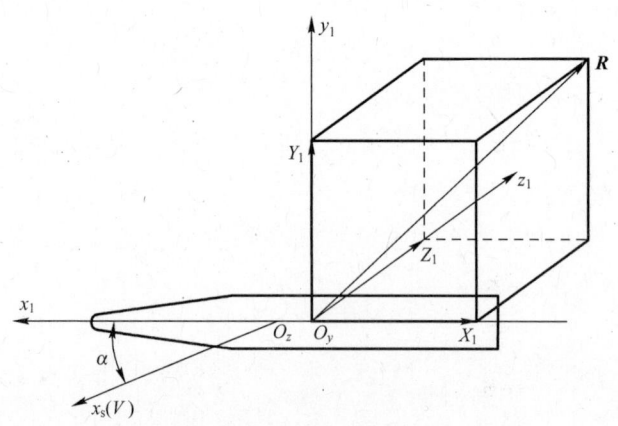

图 3-11 轴向力、法向力和侧向力示意图

根据弹体坐标系与速度坐标系的方向余弦关系,有

$$\begin{cases} -C_{x_1} = -C_x + C_y^\alpha (\alpha^2 + \beta^2) \\ C_n^\alpha = C_x + C_y^\alpha (1-\beta^2) \\ C_{z_1}^\beta = -C_x - C_y^\alpha \end{cases} \quad (3\text{-}32)$$

3.2.1.4 空气动力矩

一般情况下,导弹在飞行过程中,空气动力的作用点(压心)并不与其质心 O_z 相重合,那么空气动力 R 必将对质心形成转动力矩,这种力矩称为气动稳定力矩,记为 M_t。

根据定义,气动稳定力矩可表示为

$$M_t = r \times R \quad (3\text{-}33)$$

式中,r 为压心对质心的矢径。

力对导弹质心的力矩常以弹体坐标系三轴的力矩表示,即轴向力 X_1、法向力 Y_1 和侧向力 Z_1 对弹体坐标系三轴的力矩。

当将气动力矩 M_t 在弹体坐标系各轴上分解时,则可得到气动力 R 各分量对 x_1、y_1、z_1 三轴的分力矩。由于轴向力 X_1 落在弹轴上并通过质心,故其对质心无力矩,即 $M_{x_1t}=0$;而法向力 Y_1 及侧向力 Z_1 作用于压心,并不通过质心,故它们分别对导弹质心将产生俯仰稳定力矩 M_{z_1t} 和偏航稳定力 M_{y_1t}。于是由图 3-12 得空气动力 R 对弹体坐标系各轴的分力矩:

$$\begin{cases} M_{x_1t} = 0 \\ M_{y_1t} = Z_1(x_y - x_z) \\ M_{z_1t} = -Y_1(x_y - x_z) \end{cases} \quad (3\text{-}34)$$

式中,x_z、x_y 分别为导弹质心和压心到理论尖端的距离。

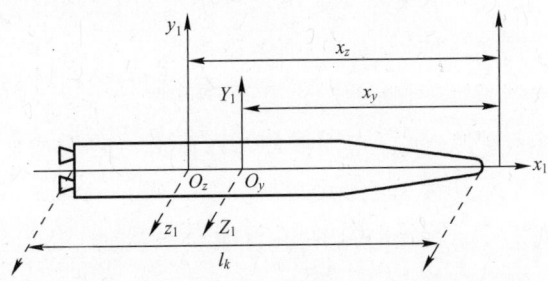

图 3-12 空气动力 R 对弹体坐标系各轴的分力矩

将关系式

$$\begin{cases} Y_1 = C_{y_1}^\alpha \alpha q S_m = C_n^\alpha \alpha q S_m \\ Z_1 = C_{z_1}^\alpha \alpha q S_m = -C_n^\alpha \alpha q S_m \end{cases} \quad (3-35)$$

代入式(3-34),得偏航及俯仰力矩表达式:

$$\begin{cases} M_{y_1 t} = -C_n^\alpha (\bar{x}_y - \bar{x}_z) q S_m l_k \beta = m_{y_1}^\beta q S_m l_k \beta \\ M_{z_1 t} = -C_n^\alpha (\bar{x}_y - \bar{x}_z) q S_m l_k \alpha = m_{z_1}^\alpha q S_m l_k \alpha \end{cases} \quad (3-36)$$

式中, $m_{y_1}^\beta = -C_n^\alpha(\bar{x}_y - \bar{x}_z) = m_{z_1}^\alpha$, $\bar{x}_y = x_y/l_k$, $\bar{x}_z = x_z/l_k$。

$m_{z_1}^\alpha$ 和 $m_{y_1}^\beta$ 分别称为俯仰和偏航力矩系数导数(或梯度),且由于法向力系数导数 C_n^α 总是大于 0,所以 $m_{z_1}^\alpha$ 的符号完全取决于压心和质心的相对位置 $\bar{x}_y$ 和 $\bar{x}_z$ 的数值。无量纲量 $(\bar{x}_z - \bar{x}_y)$ 称为稳定裕度,该值为负且绝对值较大时,对导弹稳定性有好处,但也会导致结构上有较大的弯矩,这对于大型运载火箭是不允许的。实际上,对于静不稳定导弹(即不满足空气动力静稳定性),只要控制系统设计得当,导弹在控制力作用下,仍可稳定飞行。因此,不要将导弹的固有空气动力静稳定性与控制系统作用下的操作稳定性相混淆。压心的位置是通过启动计算和风洞试验确定的,而质心的位置则可通过具体导弹的质量分布和剩余燃料的质量位置计算得到。

3.2.2 地球引力和扰动引力

3.2.2.1 地球引力

地球是一个表面起伏不平而内部质量分布不均匀的球体,要精确计算和确定如此复杂的真实地球对其外部任意点的引力大小和方向是相当困难甚至是不可能的。在弹道学中,为计算方便,且又能满足预先给定的要求,常把地球近似认为质量分布均匀的圆球体或正常地球椭球体。

确定正常椭球体外部任意单位质量质点引力位的方法很多,其中最常用的方法就是球谐函数展开法。应用该方法计算引力的基本思路在于:将真实地球引力位函数 U 展成球谐函数级数,并取其展式中的前 3 项作为正常椭球体对应的正常引力位,然后应用位函数性质求出地球为正常椭球体时的引力。

很显然,正常引力位虽然不完全是真实地球引力位,但两者的差别也仅仅是由于球谐函数展开式中高阶项而引起的。因此,正常椭球体引力位不仅能够比较精确地反映真实地球引力位,而且其数学模型也比较简单。

应用球谐函数表示的地球外部任意单位质量质点 $P(r、\varphi_S、\lambda_S)$ 的引力位为(图 3-13)

$$U = \sum_{n=0}^{\infty} U_n = \sum_{n=0}^{\infty} \frac{1}{r^{n+1}} \left[A_n P_n(\sin\varphi_S) + \sum_{m=1}^{n} (A_{nm}\cos m\lambda_S + B_{nm}\sin m\lambda_S) P_{nm}(\sin\varphi_S) \right] \quad (3-37)$$

式中:$r、\varphi_S、\lambda_S$ 分别为地球外部任意单位质量质点的地心距离、地心纬度和地心经度;$A_n、A_{nm}、B_{nm}$ 为球谐函数系数;$P_n(\sin\varphi_S) = P_n(\cos\theta) = \dfrac{\mathrm{d}^n(\cos^2\theta-1)^n}{\mathrm{d}(\cos\theta)^n} \dfrac{1}{2^n n!}$ 为勒让德主球谐函数系数;$P_{nm}(\sin\varphi_S) = P_{nm}(\cos\theta) = \dfrac{\mathrm{d}P_n^m(\cos\theta)}{\mathrm{d}(\cos\theta)^m}\sin^m\theta$ 为缔合勒让德函数;$m、n$ 分别为勒让德函数的阶数和级数;$\theta = \dfrac{\pi}{2} - \varphi_S$ 为 r 与地球自转轴间的极角。

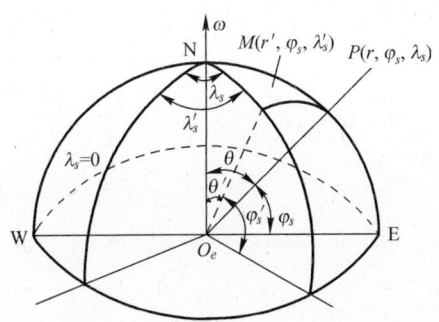

图 3-13 球谐函数表示的地球外部任意单位质量质点

在引力位函数展开式中,选取项数的多少直接反映出其计算精度的高低。选取项数越多,引力位的计算精度越高;相反,选取项数较少时,不能精确地反映地球引力位的客观实际。

根据引力位函数特性,很容易求出地球引力。为计算方便,先计算出引力在北东坐标系各轴上的分量和在 ω 及 r 方向上的分量,然后再求出引力在发射坐标系各轴上的分量。

由于"引力位对任意方向的偏导数等于引力在该方向的分量",故正常引力在北东坐标系各轴上的分量为

$$\begin{cases} g_r = \dfrac{\partial \bar{U}}{\partial r} \\ g_n = \dfrac{1}{r}\dfrac{\partial \bar{U}}{\partial \varphi_S} \end{cases} \quad (3-38)$$

若令 g 与导弹质心的地心矢径间的夹角为 μ_1,则由图3-14不难得出引力与其地心矢径的夹角和引力的大小:

$$\begin{cases} \mu_1 = J\left(\dfrac{a}{r}\right)^2 \sin 2\varphi_S \\ g \approx g_r = -\dfrac{fM}{r^2}\left[1 - J\left(\dfrac{a}{r}\right)^2 (3\sin^2\varphi_S - 1)\right] \end{cases} \quad (3-39)$$

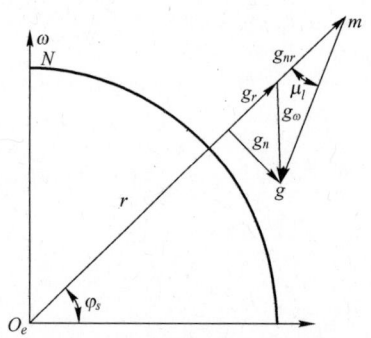

图3-14 引力与其地心矢径关系图

在实际计算中,常常应用沿径向 r 和地球自转轴 ω 方向上的引力分量,因此将 g_r 和 g_n 沿 r 及 ω 方向进行分解。由图3-14可知,g_r 沿 r 方向,g_n 垂直于 r。根据矢量合成定理,有

$$\begin{cases} g_r = -\dfrac{fM}{r^2} + \dfrac{\mu}{r^4}(1 - 5\sin^2\varphi_S) \\ g_\omega = -2\dfrac{\mu}{r^4}\sin\varphi_S \end{cases} \quad (3-40)$$

式中,$\mu = fMa^2 J = 26.33281 \times 10^{24}$。

这里需要介绍地球重力的概念。重力除含有地球引力外,还包括由于地球旋转而产生的离心惯性力,因此,重力即为地球引力和离心惯性力矢量和,如图 3-15 所示。

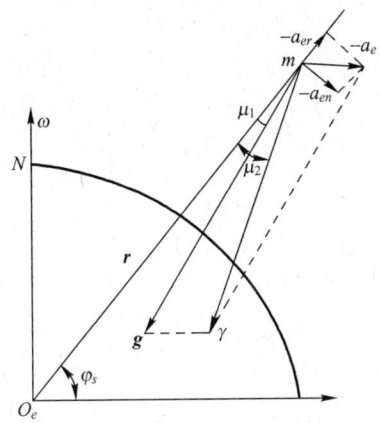

图 3-15 重力与地球引力和离心惯性力关系图

应用类似于上述的推导方法,地面重力大小和地面点的地心距离分别为

$$\begin{cases} \gamma_0 = \dfrac{fM}{R^2}\left[1+J\left(\dfrac{a}{R}\right)^2(1-3\sin^2\varphi_S)-q\left(\dfrac{R}{a}\right)^3\cos^2\varphi_S\right] \\ R = a(1-\tilde{\alpha})\sqrt{\dfrac{1}{\sin^2\varphi_S+(1-\tilde{\alpha})^2\cos^2\varphi_S}} \end{cases} \quad (3-41)$$

3.2.2.2 扰动引力计算

在 3.2.2.1 小节中已经分别讨论了地球为正常椭球体时的引力位及引力的计算方法。这种传统的计算方法适用于射程不大和射击精度要求不高的中近程弹道导弹的弹道计算。随着导弹射程的增加和射击精度的不断提高,对地球引力计算精度的要求也越来越高,因此必须考虑真实地球形状与正常椭球体形状不完全一致以及真实地球质量分布不均匀所造成的实际引力与正常引力间的差别,即扰动引力。

设地球外部空间任意单位质量质点的实际引力为 g、引力位为 U、重力位为 W、离心力位为 Q,而同一点的正常引力为 $\bar{g}$、引力位为 $\bar{U}$、重力位为 $\bar{W}$、离心力位为 $\bar{Q}$ 以及该点的扰动引力位和扰动引力分别为 T 及 δg 时,则由扰动引力概念可得各参数间的关系为

$$\begin{cases} U = \overline{U} + T \\ \overline{W} = \overline{U} + \overline{Q} \\ W = U + Q \\ g = \overline{g} + \delta g \end{cases} \quad (3-42)$$

相对引力位而言,由于考虑到实际引力场本身就很接近于正常引力场,所以离心力位是个小量,而且可近似认为同一点处的实际离心力位与正常离心力位相等。这样上式(3-42)可表示为

$$\begin{cases} \delta g = g - \overline{g} \\ T = W - \overline{W} = U - \overline{U} \end{cases} \quad (3-43)$$

即扰动重力位等于扰动引力位,扰动引力等于实际引力与正常引力之差。

根据引力位函数特征,若引力在任意笛卡儿坐标系 $Oxyz$ 各轴上的投影为

$$\begin{cases} g_i = \dfrac{\partial U}{\partial i} \\ \overline{g}_i = \dfrac{\partial \overline{U}}{\partial i} \end{cases} \quad (i = x, y, z) \quad (3-44)$$

则扰动引力 δg 在同一坐标系对应轴上的投影即为

$$\delta g = \frac{\partial T}{\partial i} \quad (i = x, y, z) \quad (3-45)$$

由此得出结论:扰动引力位对坐标系任一坐标轴方向的偏导数等于扰动引力同一坐标系相应坐标方向上的分量。

研究地球外部空间扰动引力的方法很多。根据近年来国内外对"地球形状及引力场研究"工作的开展情况及可能提供的重力、天文等资料,目前常采用的计算方法梯度法、斯托克斯积分法、球谐函数展开法和点质量法。本小节对球谐函数展开法进行讨论。

因为地球引力位函数和扰动引力位函数均为调和函数,而调和函数必然满足拉普拉斯方程 $\Delta U = 0$(U 为拉普拉斯方程的解),因此应用球谐函数展开法计算地球外部空间任一单位质量质点的扰动引力的问题,就归结为求解以球坐标表示的拉普拉斯方程,从而得到以球谐函数表示的地球引力位函数和扰动引力位函数,并根据位函数特性求取地球扰动引力的问题。

1. 扰动引力位

用完全正常化的球谐函数 $\overline{P}(\sin\varphi_S)$ 表示的地球扰动引力位函数为

$$T = \frac{f}{M} \sum_{n=2}^{N} \left(\frac{a}{r}\right)^n \sum_{m=0}^{n} (C_{nm}\cos m\lambda_S + S_{nm}\sin m\lambda_S)\overline{P}_{nm}(\sin\varphi_S) \quad (3-46)$$

式中,N 为完全正常化勒让德函数的最高阶级;C_{nm}、S_{nm} 为完全正常化勒让德函数系数,可由数表查得

$$\begin{cases} C_{nm} = \sqrt{\dfrac{(n+m)!}{(2n+1)(n-m)!}} \dfrac{1}{k} \dfrac{A_{nm}}{fMa^n} \\ S_{nm} = \sqrt{\dfrac{(n+m)!}{(2n+1)(n-m)!}} \dfrac{1}{k} \dfrac{B_{nm}}{fMa^n} \end{cases} \quad (3-47)$$

k 为常数,当 $m=0$ 时,$k=1$;$m\neq 0$ 时,$k=2$;则

$$\overline{P}_{nm}(\sin\varphi_S) = \sqrt{\frac{(2n+1)(n-m)!}{(n+m)!}} k P_{nm}(\sin\varphi_S) \quad (3-48)$$

2. 扰动引力

根据位函数特性,可得以北东坐标系表示的扰动引力各分量为

$$\begin{cases} \delta g_r = -\dfrac{fM}{r^2} \sum_{n=2}^{N} (n+1)\left(\dfrac{a}{r}\right)^n \sum_{m=0}^{n} (C_{nm}\cos m\lambda_S + S_{nm}\sin m\lambda_S)\overline{P}_{nm}(\sin\varphi_S) \\ \delta g_n = -\dfrac{fM}{r^2\cos\varphi_S} \sum_{n=2}^{N} \left(\dfrac{a}{r}\right)^n \sum_{m=0}^{n} m(C_{nm}\sin m\lambda_S - S_{nm}\cos m\lambda_S)\overline{P}_{nm}(\sin\varphi_S) \\ \delta g_e = \dfrac{fM}{r^2} \sum_{n=2}^{N} \left(\dfrac{a}{r}\right)^n \sum_{m=0}^{n} (C_{nm}\cos m\lambda_S + S_{nm}\sin m\lambda_S)\dfrac{\mathrm{d}}{\mathrm{d}\varphi_S}\overline{P}_{nm}(\sin\varphi_S) \end{cases}$$

$$(3-49)$$

为便于在发射坐标系中建立弹道导弹运动方程,需要将用北东坐标系描述的扰动引力分量转换到发射坐标系中,而这两坐标系间的方向余弦关系式为

$$\begin{bmatrix} x \\ y \\ z \end{bmatrix} = A_g^N \begin{bmatrix} n \\ r \\ e \end{bmatrix} \quad (3-50)$$

式中

$$A_g^N = \begin{bmatrix} d_{11} & d_{21} & d_{31} \\ d_{12} & d_{22} & d_{32} \\ d_{13} & d_{23} & d_{33} \end{bmatrix} \begin{bmatrix} -\sin\varphi_S\cos\lambda_S & \cos\varphi_S\cos\lambda_S & -\sin\lambda_S \\ -\sin\varphi_S\sin\lambda_S & \cos\varphi_S\sin\lambda_S & \cos\lambda_S \\ \cos\varphi_S & \sin\varphi_S & 0 \end{bmatrix}$$

应用式(3-49),便可求得扰动引力在坐标系各轴上的分量为

$$[\delta g_x] = A_g^n [\delta g_n] \qquad (3-51)$$

从以上讨论可知,计算扰动引力的球谐函数展开法的计算精度和计算工作量与球谐函数阶数的取值有关。阶数 n 取值越大,扰动引力计算精度越高,但计算项数则随着 n 值的增大以平方$(n+1)^2$的规律增加,因而计算工作量也增加。

目前,已有的计算地球扰动引力的方法,均存在着计算复杂、应用范围受限制以及数学模型不精确造成的扰动引力计算值与实际值相差较大的缺点。因此寻找更加完善、理想的扰动引力计算方法,依然是导弹事业发展的一个前进方向。

3.3 导弹飞行的动力学运动模型

3.3.1 弹道导弹动力学运动模型

弹道式导弹的飞行过程一般由垂直起飞、程序转弯、发动机关机、头体分离、自由段飞行、再入段飞行和击中目标几部分组成;也可以大致分为主动段(助推段)、自由段和再入段3个阶段(图3-16),各段有其不同的动力学特点。根据目标运动特点,建立合理的目标运动模型可大大提高预警探测系统的性能。

导弹作为一个力学对象,它在空中的运动属于刚体的一般运动。导弹运动可分为质心运动与围绕质心运动两大部分,针对导弹运动的特点,围绕质心运动对质心运动的影响是次要的。也就是说,对导弹的旋转运动考虑与否,对其前进运动不会带来很明显的差别。因此,根据在力学中所述"质点"的含义,在研究导弹运动时,就可将其当作质点的运动进行研究。

第3章 天基预警系统的物理基础

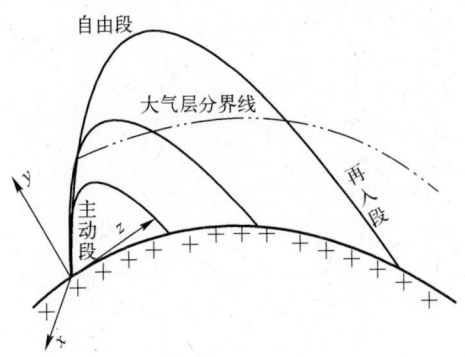

图 3-16 导弹飞行分段情况图

运用牛顿运动定律时,所采用参考坐标系是惯性坐标系。在理论力学中,物体所遵循的动量定理为

$$\frac{\mathrm{d}\boldsymbol{Q}}{\mathrm{d}t} = \boldsymbol{F} \tag{3-52}$$

式中,$\boldsymbol{Q}$ 为质点系的总动量矢量;$\boldsymbol{F}$ 为作用于质点系的全部外力矢量之和;t 为时间。

1)主动段

在导弹主动段发动机的工作过程中,由于推进剂(火药)燃烧而产生的高温高压气体不断地向导弹体外喷射,因而导弹的质量随之不断减小。在这种条件下,对导弹的动量就不能直接应用式(3-52)。事实上,若以任意瞬时 t 的导弹体所包含的全部质点作为研究对象,则在此后很短的时间间隔 Δt 内,即使有一部分燃气质点喷出体外,这些喷射出去的部分质点仍属于所研究的对象。这样,在 Δt 过程中,就能够运用式(3-52),则

$$m\frac{\mathrm{d}v}{\mathrm{d}t} = F + F'_p \tag{3-53}$$

式中,F'_p 为喷气反作用力或推动力。

2)自由段

$$\dot{\boldsymbol{v}} = -\mu \frac{\boldsymbol{r}}{\|\boldsymbol{r}\|^3} \tag{3-54}$$

式中,$\boldsymbol{r} = (x, y, z)^\mathrm{T}$,$\boldsymbol{v} = (v_x, v_y, v_z)^\mathrm{T}$ 分别为导弹在地心惯性坐标系中的位置和速度矢量;μ 为地球引力常数;$\|\boldsymbol{r}\|$ 为卫星至地心的距离。

在精密轨道计算时,可以考虑大气阻力、地球非球形和三体引力等因素的影响。

通过以上分析可以看出,主动段运动模型较为复杂,难以用简单的模型去描述其状态,因此也是最难跟踪的环节。

3.3.2 无约束机动目标运动模型

建立目标的运动方程主要有两种方法:①把目标由于万有引力、大气湍流、转弯、躲避机动等引起的轨迹的偏离用速度和加速度来描述,建立运动模型;②分析目标受力,建立动力学模型。在无任何先验知识的情况下,前者采用高阶线性多项式来拟合目标的运动方程是一个简单而直观的方法。理论上,只要阶数足够高,就可以得到近似程度较好的结果。后者很好地考虑了目标所处的物理环境,在一定先验知识的基础上,通过建立完善的动力学方程,能提高系统对目标的跟踪能力。

利用 Singer 算法建立的机动目标跟踪模型可估算目标的速度和加速度,可跟踪具有一定机动性能的目标。然而,该算法只是把加速度看作平稳随机过程,采用二阶逼近,长时间的计算会带来较大的累积误差,这就需要采用更高阶的多项式逼近。

考虑到弹道导弹目标可能分级,假设地心固连坐标系(ECF)下目标的状态变量为

$$\boldsymbol{x} = (\boldsymbol{r}, \dot{\boldsymbol{r}}, \ddot{\boldsymbol{r}}, \dddot{\boldsymbol{r}}, \boldsymbol{r}^{(4)}, \boldsymbol{r}^{(5)}, \cdots) \quad (3-55)$$

进一步记

$$\boldsymbol{x} = (x_1, x_2, \cdots, x_{18})$$

其中 $\boldsymbol{r} = (x_1, x_7, x_{13})$,$\dot{\boldsymbol{r}} = (x_2, x_8, x_{14})$,$\ddot{\boldsymbol{r}} = (x_3, x_9, x_{15})$,$\dddot{\boldsymbol{r}} = (x_4, x_{10}, x_{16})$,$\boldsymbol{r}^{(4)} = (x_5, x_{11}, x_{17})$,$\boldsymbol{r}^{(5)} = (x_6, x_{12}, x_{18})$。

$$\begin{cases} \dot{x}_1 = x_2 \\ \dot{x}_2 = x_3 \\ \dot{x}_3 = x_4, \\ \dot{x}_4 = x_5 \\ \dot{x}_5 = x_6 \end{cases} \begin{cases} \dot{x}_7 = x_8 \\ \dot{x}_8 = x_9 \\ \dot{x}_9 = x_{10}, \\ \dot{x}_{10} = x_{11} \\ \dot{x}_{11} = x_{12} \end{cases} \begin{cases} \dot{x}_{13} = x_{14} \\ \dot{x}_{14} = x_{15} \\ \dot{x}_{15} = x_{16} \\ \dot{x}_{16} = x_{17} \\ \dot{x}_{17} = x_{18} \end{cases} \quad (3-56)$$

可将式(3-56)描述的模型称为18态线性模型。为简单起见,可以选择单一坐标方向进行分析,例如在 X 轴方向上,令 $\boldsymbol{X}=(x_1,x_2,x_3,x_4,x_5,x_6)$。

对于跟踪系统而言,目标的机动是未知的。很显然,如何描述高阶状态是一个复杂问题,但对于自由段目标,它的运动状态是平稳的,随着状态阶次的升高,高阶量就非常小,所以可以把六阶项 x_6 看作平稳随机过程,其约束方程可表述为

$$\dot{\boldsymbol{X}}(t) = \boldsymbol{F}\boldsymbol{X}(t) + x_6 \cdot \boldsymbol{G} \tag{3-57}$$

式中,

$$\boldsymbol{F} = \begin{bmatrix} 0 & 1 & & & & \\ & 0 & 1 & & & \\ & & 0 & 1 & & \\ & & & 0 & 1 & \\ & & & & 0 & 1 \\ & & & & & 0 \end{bmatrix}, \boldsymbol{G} = \begin{bmatrix} 0 \\ 0 \\ 0 \\ 0 \\ 0 \\ 1 \end{bmatrix}$$

3.3.3 导弹姿态控制

1. 弹体相对于发射坐标系的姿态角

(1) 俯仰角 φ:描述导弹相对于发射坐标系 Ox 轴上下俯仰角的大小。

(2) 偏航角 ψ:描述导弹相对于射面左右偏转角度的大小。

(3) 滚动角 γ:描述弹体相对于导弹纵轴 O_1x_1 滚动角度的大小。

(4) 弹道倾角 θ:导弹质心速度矢量在发射坐标系的 O-xy 平面(射面)的投影与 Ox 轴之间的夹角。

(5) 弹道偏角 σ:导弹质心速度矢量与发射坐标系的 O-xy 平面(射面)的夹角。

(6) 倾斜角 γ_c:导弹绕其速度矢量所转过的角度。

(7) 迎角 α:导弹质心速度矢量在其主对称面中的投影与弹体纵轴 O_1x_1 之间的夹角。

(8) 侧滑角 β:导弹质心速度矢量与导弹主对称面之间的夹角。

上述8个角度(图3-17)并不是完全独立的,只有5个角相互独立。由于导弹在控制系统的作用下 ψ、γ、σ、γ_c、β、α 均为小偏差,经推导和简化得到以下

关系式(图3-18):

$$\begin{cases} \varphi \approx \theta + \alpha \\ \psi \approx \sigma + \beta \\ \gamma \approx \gamma_C \end{cases} \quad (3-58)$$

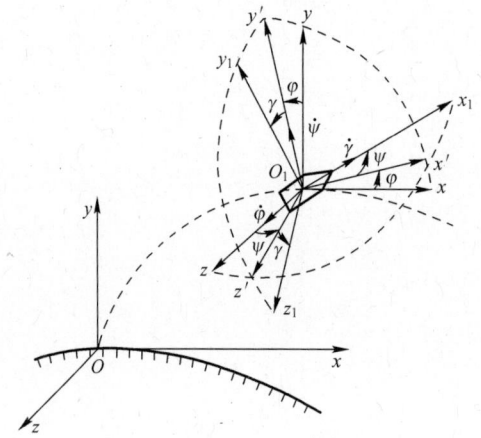

图3-17 各姿态角位置示意图

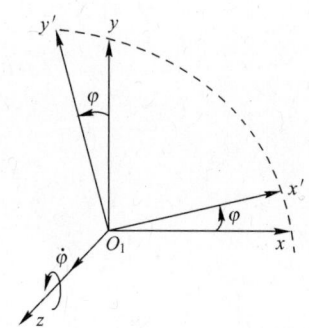

图3-18 姿态角关系简化示意图

2. 姿态控制方程

姿态控制方程与导弹的飞行程序和控制系统的结构有关,在此仅给出导弹滚动、偏航和俯仰控制方程的一般形式为

$$\begin{cases} F_1(\delta_\gamma, x, y, z, \dot{x}, \dot{y}, \dot{z}, \gamma, \dot{\gamma}, \ddot{\gamma}, \cdots) = 0 \\ F_2(\delta_\psi, x, y, z, \dot{x}, \dot{y}, \dot{z}, \psi, \dot{\psi}, \ddot{\psi}, \cdots) = 0 \\ F_3(\delta_\varphi, x, y, z, \dot{x}, \dot{y}, \dot{z}, \varphi, \dot{\varphi}, \ddot{\varphi}, \cdots) = 0 \end{cases} \quad (3-59)$$

3. 其他附加方程

在有控情况下,ψ、γ、γ_C、σ、β均较小,可认为

$$\sin\psi \approx \psi, \sin\sigma \approx \sigma, \sin\beta \approx \beta, \sin\gamma \approx \gamma, \sin\gamma_C \approx \gamma_C$$
$$\cos\psi \approx \cos\sigma \approx \cos\beta \approx \cos\gamma \approx \cos\gamma_C \approx 1$$

在方程计算中所用到的大气压力、密度、温度等都与导弹离地面的高度有关,导弹运动微分方程共计六大类23个方程,在给定初始条件下对该方程组积分,就可以求得唯一的解。若给出关机方程,则可以求得主动段终点的运动参数。

第3章 天基预警系统的物理基础

$$\begin{cases} \dfrac{\mathrm{d}V_x}{\mathrm{d}t} = \dfrac{1}{m}\left[P_e\cos\varphi - R'\delta_\varphi\sin\varphi - C_x qS_m\cos\theta - C_y^\alpha \alpha qS_m\sin\theta\right] + \\ \qquad\quad g_x + \dot{V}_{ex} + \dot{V}_{cx} \\[4pt] \dfrac{\mathrm{d}V_y}{\mathrm{d}t} = \dfrac{1}{m}\left[P_e\sin\varphi - R'\delta_\varphi\cos\varphi - C_x qS_m\sin\theta - C_y^\alpha \alpha qS_m\cos\theta\right] + \\ \qquad\quad g_y + \dot{V}_{ey} + \dot{V}_{cy} \\[4pt] \dfrac{\mathrm{d}V_z}{\mathrm{d}t} = \dfrac{1}{m}\left[-P_e\psi - R'\delta_\psi - C_x qS_{m\delta} - C_y^\alpha \beta qS_m\right] + g_z + \dot{V}_{ez} + \dot{V}_{cz} \\[4pt] I_{x_1}\dfrac{\mathrm{d}\omega_{x_1}}{\mathrm{d}t} = \sum M_{x_1} \\[4pt] I_{y_1}\dfrac{\mathrm{d}\omega_{y_1}}{\mathrm{d}t} = \sum M_{y_1} \\[4pt] I_{z_1}\dfrac{\mathrm{d}\omega_{z_1}}{\mathrm{d}t} = \sum M_{z_1} \\[4pt] \dfrac{\mathrm{d}x}{\mathrm{d}t} = V_x \\[4pt] \dfrac{\mathrm{d}y}{\mathrm{d}t} = V_y \\[4pt] \dfrac{\mathrm{d}z}{\mathrm{d}t} = V_z \\[4pt] V = \sqrt{V_x^2 + V_y^2 + V_z^2} \\[4pt] \dfrac{\mathrm{d}\gamma}{\mathrm{d}t} = \omega_{x1} + \omega_{z1}\psi \\[4pt] \dfrac{\mathrm{d}\psi}{\mathrm{d}t} = \omega_{y1} - \omega_{z1}\gamma \\[4pt] \dfrac{\mathrm{d}\varphi}{\mathrm{d}t} = \omega_{z1} + \omega_{y1}\gamma \end{cases} \qquad (3\text{-}60\mathrm{a})$$

$$\begin{cases} F_1(\delta_\gamma, x, y, z, \dot{x}, \dot{y}, \dot{z}, \gamma, \dot{\gamma}, \ddot{\gamma}, \cdots) = 0 \\ F_2(\delta_\psi, x, y, z, \dot{x}, \dot{y}, \dot{z}, \psi, \dot{\psi}, \ddot{\psi}, \cdots) = 0 \\ F_3(\delta_\varphi, x, y, z, \dot{x}, \dot{y}, \dot{z}, \varphi, \dot{\varphi}, \ddot{\varphi}, \cdots) = 0 \\ \alpha = \varphi - \theta \\ \beta = \psi - \sigma \\ \gamma = \gamma_c \\ \theta = \arcsin \dfrac{V_y}{\sqrt{V_x^2 + V_y^2}} \\ \sigma = -\arcsin \dfrac{V_z}{V} \\ h = \sqrt{x^2 + (\widetilde{R}+y)^2 + z^2} - \widetilde{R} \\ m = m_0 - \dot{m} t \\ \dfrac{\mathrm{d}x}{\mathrm{d}t} = V_x \\ \dfrac{\mathrm{d}y}{\mathrm{d}t} = V_y \\ \dfrac{\mathrm{d}z}{\mathrm{d}t} = V_z \\ V = \sqrt{V_x^2 + V_y^2 + V_z^2} \\ \dfrac{\mathrm{d}\gamma}{\mathrm{d}t} = \omega_{x1} + \omega_{z1}\psi \approx \omega_{x1} \\ \dfrac{\mathrm{d}\psi}{\mathrm{d}t} = \omega_{y1} - \omega_{z1}\gamma \approx \omega_{y1} \\ \dfrac{\mathrm{d}\varphi}{\mathrm{d}t} = \omega_{z1} + \omega_{y1}\gamma \approx \omega_{z1} \end{cases} \qquad (3-60\mathrm{b})$$

3.4 坐标系及其转换

3.4.1 坐标系系统

3.4.1.1 地心惯性坐标系

如图 3-19 所示,该坐标系原点位于地心 O_E,各坐标轴的定义如下:

(1) $O_E X_I$ 轴:位于赤道平面内,由地心指向平春分点。由于春分点是随着时间而变化的,所以,此处的平春分点规定为 2000 年 1 月 1 日 12 时的平春分点。

(2) $O_E Z_I$ 轴:垂直于赤道平面,与地球自转轴重合,指向北极。

(3) $O_E Y_I$ 轴:位于赤道平面内,其方向满足右手笛卡儿坐标系准则。

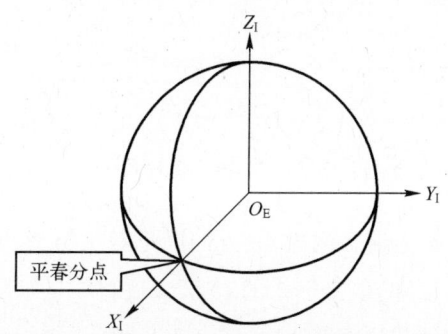

图 3-19 地心惯性坐标系

由坐标系的定义可知,该坐标系的各坐标轴在惯性空间保持方向不变,是一个惯性坐标系,通常用字符 I 表示。该坐标系可用于描述射程比较长的弹道(如洲际导弹)和运载火箭、地球卫星、飞船等的轨道,比较常用的地心惯性坐标系(Earth Centered Internal Coordinates,ECI)是 J2000 地心惯性坐标系。

J2000 地心惯性坐标系定义为如下:

原点:地球质心;

Z 轴:向北指向 J2000.0 年平赤道面(基面)的极点;

X 轴:指向 J2000.0 平春分点;

Y 轴:符合右手系法则;

位置矢量:r。

3.4.1.2 地心坐标系

如图 3-20 所示,该坐标系原点位于地心 O_E,各坐标轴的定义如下:

(1) $O_E X_E$ 轴:位于在赤道平面内,由地心指向某时刻 t_0 的起始子午线(通常取格林尼治天文台 G 所在的子午线),显然该坐标系是随着地球的自转而转动的。

(2) $O_E Z_E$ 轴:垂直于赤道平面,与地球自转轴重合,指向北极。

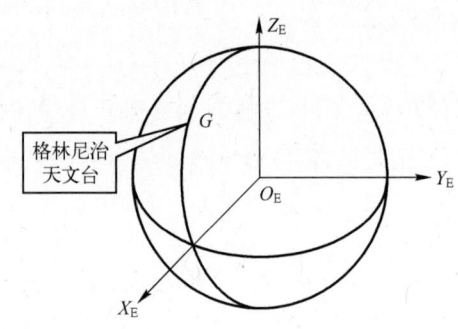

图 3-20 地心坐标系

(3) $O_E Y_E$ 轴:位于赤道平面内,其方向满足右手笛卡儿坐标系准则。

由坐标系的定义可知,该坐标系的 $O_E X_E$ 轴和 $O_E Y_E$ 轴随着地球的自转而转动,是一个动坐标系,通常用字符 E 表示。该坐标系可用于描述导弹、运载火箭以及卫星相对于地球表面的运动特性。

空间任一点的位置在地心坐标系中的表示方法有两种,即:

(1) 极坐标表示法:用该点到地心的距离 r、地心纬度 φ(或地理纬度 B)、地心经度 λ 表示,即 (r,φ,λ) 或 (r,B,λ)。

(2) 笛卡儿坐标表示法:用该点在坐标系中的投影表示,即 (x_E, y_E, z_E)。

WGS-84 为 1984 年世界大地坐标系(World Geodetic System)的简称,是一种地心坐标系,WGS-84 的坐标定义及其采用的椭球参数如下:

原点:地球质心;

Z 轴:指向 BIH1984.0 定义的协议地球极(CTP)方向;

X 轴:指向 BIH1984.0 的零子午面和 CTP 赤道的交点;

第3章 天基预警系统的物理基础

Y 轴:与 X、Z 轴成右手系。

在 WGS-84 坐标系中常用下列的常数和系数:

地球椭球长半径:$a = 6378137 \text{m}$;

地球引力常数(含大气层):$GM = 3986005 \times 10^8 \text{m}^3/\text{s}^2$;

正常化二阶带球谐系数:$\bar{c}_{2,0} = -484.16685 \times 10^{-6}$;

地球自转角速度:$\omega = 7292115 \times 10^{-11} \text{ rad/s}^2$;

地球椭球扁率:$f = 1/298.257223563$。

3.4.1.3 大地坐标系

日常中习惯用经度、纬度、高程等参数表示点位的地理方位,即大地坐标。大地坐标系是以初始子午面、赤道平面和参考椭球体的球面为坐标面的坐标,也就是说地球上某点的大地坐标由该点的大地经度、大地纬度和大地高程3个参数唯一确定。如图3-21所示:过点 P 的大地子午面与起始大地子午面的夹角称为大地经度,即 L,该点在东半球称为东经,在西半球称为西经;该点的法线与赤道面的夹角称为大地纬度,即 B,该点在北半球称为北纬,在南半球称为南纬;该点沿法线至参考椭球面的距离称为大地高程,即 H。

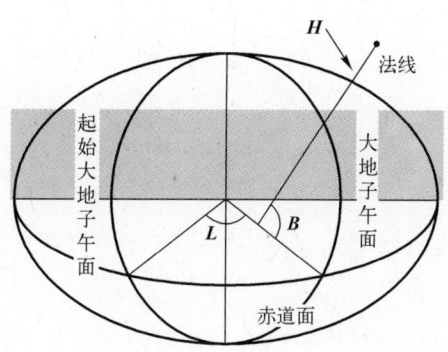

图 3-21 大地坐标系

扁率 $f = \dfrac{a-b}{a}$,偏心率 $e = \sqrt{\dfrac{a^2-b^2}{a^2}}$。

由大地坐标系转换为大地笛卡儿坐标系:

$$X = (N+H)\cos B\cos L$$
$$Y = (N+H)\cos B\sin L$$
$$Z = [N(1-e^2)+H]\sin B$$

其中，$N = \dfrac{a}{\sqrt{1-e^2\sin^2 B}}$。

3.4.1.4 测站坐标系

如图 3-22 所示，该坐标系原点 S 位于地球观测站，各坐标轴的定义如下：

(1) Sx_S 轴：位于过观测站的地平面内，指向正南；

(2) Sy_S 轴：位于过观测站的地平面内，指向正东；

(3) Sz_S 轴：沿过观测站的铅垂线方向，指向天顶。

由于该坐标系是固连在地球上的，所以会随地球一起自转，是一个动坐标系，通常用字符 S 表示。利用该坐标系可以计算出卫星相对于观测站的位置。

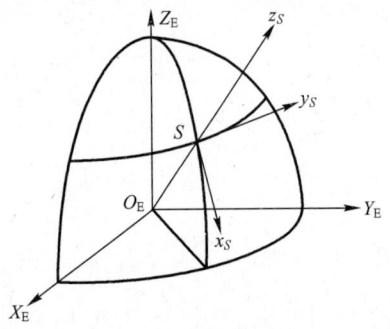

图 3-22 测站坐标系

3.4.1.5 发射坐标系

发射坐标系如图 3-23 所示。

该坐标系原点与发射点 O 固连，各坐标轴的定义如下：

(1) Ox 轴：位于发射点水平面内，指向发射瞄准方向，Ox 轴与发射点 O 的正北方向的夹角称为发射方位角，记为 $a_0(A_0)$。

(2) Oy 轴：垂直于发射点处的水平面，指向上方，通常 xOy 平面称为射击平面，简称射面。

(3) Oz 轴：位于发射点处的水平面内，其方向满足右手笛卡儿坐标系准则。

第 3 章 天基预警系统的物理基础

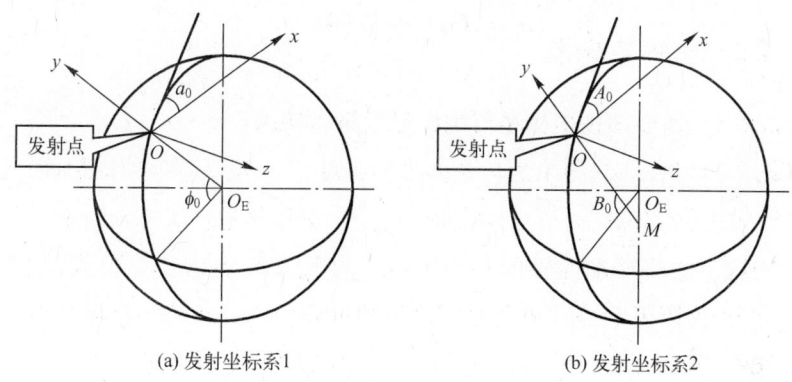

(a) 发射坐标系1

(b) 发射坐标系2

图 3-23 发射坐标系

3.4.1.6 发射惯性坐标系

发射惯性坐标系 $O_A\text{-}x_Ay_Az_A$ 的定义:该坐标系原点 O 在火箭起飞瞬间与发射点重合,各坐标轴与发射坐标系各轴也相应重合。但是,当火箭起飞以后,该坐标系的坐标原点 O 和坐标轴方向在惯性空间保持不变。显然,这是一个惯性坐标系,通常用字符 A 表示。该坐标系常用于建立火箭相对于惯性空间的运动方程。

3.4.1.7 卫星观测坐标系

卫星观测坐标系 $O_G\text{-}X_GY_GZ_G$ 也称为 VVLH (Vehicle Velocity Local Horizontal) 坐标系,如图 3-24 所示。

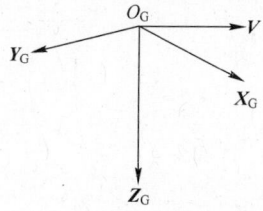

图 3-24 VVLH 坐标系

Z 轴是指向地心方向;Y 轴是轨道面法向的负方向($\boldsymbol{Y}_G = \boldsymbol{Z}_G \times \boldsymbol{V}$);$X$ 轴的方向为 $\boldsymbol{X}_G = \boldsymbol{Y}_G \times \boldsymbol{Z}_G$。

3.4.2 坐标系转换

3.4.2.1 地心惯性坐标系与地心坐标系的转换

如图3-25所示,这两个坐标系的坐标原点和 $O_E Z_I$, $O_E Z_E$ 均重合,而差别在于 $O_E X_I$ 指向平春分点,而 $O_E X_E$ 指向所讨论时刻格林尼治天文台所在子午线与赤道的交点。这两个坐标轴的夹角可以通过天文年历表查算得到,记为 Ω_G。由于 $O_E X_I$ 轴是固定的,而 $O_E X_E$ 轴是随着地球转动的,所以角 Ω_G 随所讨论的时刻不同而不同。因此,不难解出这两个坐标系之间转换矩阵关系为

$$\begin{bmatrix} X_E \\ Y_E \\ Z_E \end{bmatrix} = E_I \begin{bmatrix} X_I \\ Y_I \\ Z_I \end{bmatrix} \tag{3-61}$$

其中,两坐标系之间的方向余弦阵为

$$E_I = M_3 \Omega_G = \begin{bmatrix} \cos\Omega_G & \sin\Omega_G & 0 \\ -\sin\Omega_G & \cos\Omega_G & 0 \\ 0 & 0 & 1 \end{bmatrix} \tag{3-62}$$

显然,从地心坐标系 E 转换到地心惯性坐标系 I 的方向余弦阵为

$$I_E = E_I^{-1} = E_I^T \tag{3-63}$$

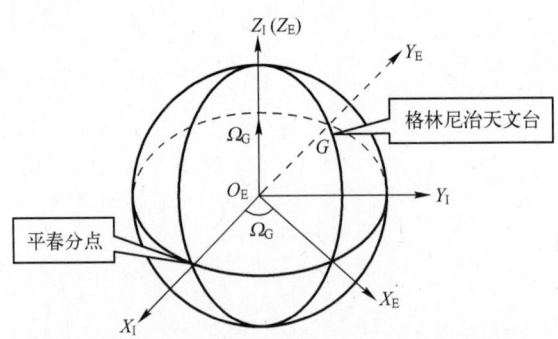

图 3-25 惯性坐标系与地心坐标系的关系图

如果考虑岁差、章动、极移的影响,可以有如下的转换关系。

(1) 惯性坐标系 $\xrightarrow{\text{转换到}}$ 地心坐标系模型:

第3章 天基预警系统的物理基础

$$\begin{bmatrix} X \\ y \\ Z \end{bmatrix}_D = ABCD \begin{bmatrix} X \\ Y \\ Z \end{bmatrix}_{J2000.0} = W \begin{bmatrix} X \\ Y \\ Z \end{bmatrix}_{J2000.0} \quad (3-64)$$

(2) 地心坐标系 $\xrightarrow{\text{转换到}}$ 惯性坐标系模型：

$$\begin{bmatrix} X \\ y \\ Z \end{bmatrix}_{J2000.0} = D^T C^T B^T A^T \begin{bmatrix} X \\ Y \\ Z \end{bmatrix}_D = W^T \begin{bmatrix} X \\ Y \\ Z \end{bmatrix}_D \quad (3-65)$$

式中，A 为极移矩阵；B 为自转矩阵；C 为章动矩阵；D 为岁差矩阵。

上述各矩阵的意义及具体定义如下。

(1) 极移。由于地球不是刚体及其他一些地球物理因素的影响，地球自转轴相对于地球的位置随时间而变化从而引起观察者的天顶在天球上的位置发生变化，称为极移，矩阵为 A：

$$A = R_Y(-x_p) R_X(-y_p) \quad (3-66)$$

式中，x_p, y_p 为地极坐标，可从地球自转参数文件中给出的极移值插值得到。

自转：即地球公转的同时也在绕自转轴旋转。矩阵 B：

$$B = R_Z(\theta_G) \quad (3-67)$$

式中，θ_G 为格林尼治恒星时，可表示为

$$\theta_G = 67310^s.54841 + (8640184^s.812866 + 876600^h) T_u \\ + 0^s.093104 T_u^2 - 0^s.62 \times 10^{-5} T_u^3 + \Delta\phi \cos(\varepsilon_M + \Delta\varepsilon) \quad (3-68)$$

其中

$$T_u = \frac{JD(UT1) - 2451545.0}{36525.0} \quad (3-69)$$

(2) 章动：外力作用下，地球自转轴在空间运动的短周期摆动部分，即同一瞬间真天极相对平天极的运动，月球对地球引力的变化是形成章动现象的主要外力作用，其次是太阳。矩阵为 C：

$$C = R_X(-\varepsilon_M - \Delta\varepsilon) R_Z(-\Delta\varphi) R_X(\varepsilon_M) \quad (3-70)$$

式中，$\varepsilon_M = 23°26'21''.448 - 46''.8150 T_0 - 0''.00059 T_0^2 + 0''.001813 T_0^3$；$\Delta\varepsilon = \sum_{j=1}^{106} d_j \cos\left(\sum_{k=1}^{5} n_{jk} A_k\right)$，为交角章动；$\Delta\phi = \sum_{j=1}^{106} c_j \sin\left(\sum_{k=1}^{5} n_{jk} A_k\right)$，为黄经章动。

其中，c_j, d_j, n_{jk} 都为常数，可自章动系数表中查出。

T_0 为自 J2000.0 起算至 t 的儒略世纪数：

$$T_0 = \frac{\mathrm{MJD(TDB)} - 51544.5}{36525.0} \quad (3\text{-}71)$$

（3）岁差：在太阳、月球和行星的引力作用下，地球的自转轴在空间不断发生变化，其长期运动称为岁差，矩阵为 $\boldsymbol{D}$：

$$\boldsymbol{D} = \boldsymbol{R}_Z(-Z_\mathrm{p})\boldsymbol{R}_Y(\theta_\mathrm{p})\boldsymbol{R}_Z(-\xi_\mathrm{p}) \quad (3\text{-}72)$$

式中，$\xi_\mathrm{p} = 2306''.2181T_0 + 0''.30188T_0^2 + 0''.017998T_0^3$；$\theta_\mathrm{p} = 2004''.3109T_0 - 0''.42665T_0^2 - 0''.041833T_0^3$；$Z_\mathrm{p} = 2306''.2181T_0 + 1''.09468T_0^2 + 0''.018203T_0^3$；$T_0$ 的意义同式(3-71)。

3.4.2.2 测站坐标系与地心坐标系的转换

假设地球为圆球，测站坐标系与地心坐标系的关系图如图 3-26 所示。

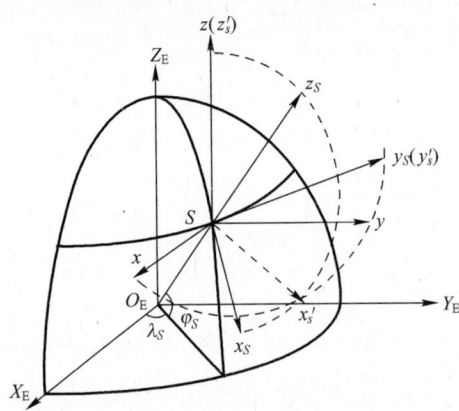

图 3-26 测站坐标系与地心坐标系的关系图

这两个坐标系之间的关系用地面观测站的经度 λ_S 和地心纬度 ϕ_S 表示，则转换步骤如下：

（1）第一次旋转：将坐标系 $S\text{-}x_S y_S z_S$ 绕其 Sy_S 轴的反方向旋转 $90°-\phi_S$，即

$$S\text{-}x_S y_S z_S \xrightarrow{\boldsymbol{M}_2[-(90°-\phi_S)]} S\text{-}x_S' y_S' z_S' \quad (3\text{-}73)$$

（2）第二次旋转：将坐标系 $S\text{-}x_S' y_S' z_S'$ 绕其 Sz_S' 轴的反方向旋转 λ_S，即

$$S\text{-}x_S' y_S' z_S' \xrightarrow{\boldsymbol{M}_3[-\lambda_S]} S\text{-}xyz \quad (3\text{-}74)$$

此时坐标系 $S\text{-}xyz$ 与地心坐标系对应各坐标轴平行。综上所述，可得测站

坐标系与地心坐标系间的方向余弦阵为

$$E_S = S_E^T = M_3[-\lambda_S] \cdot M_2[-(90°-\phi_S)]$$

$$= \begin{bmatrix} \sin\phi_S\cos\lambda_S & -\sin\lambda_S & \cos\phi_S\cos\lambda_S \\ \sin\phi_S\sin\lambda_S & \cos\lambda_S & \cos\phi_S\sin\lambda_S \\ -\cos\phi_S & 0 & \sin\phi_S \end{bmatrix} \tag{3-75}$$

由于测站坐标系与地心坐标系的坐标原点不重合,所以,将测站坐标系中的坐标转换成地心坐标系中的坐标还需加入坐标原点的平移量,即

$$\begin{bmatrix} x \\ y \\ z \end{bmatrix} = E_S \begin{bmatrix} x_S \\ y_S \\ z_S \end{bmatrix} + \begin{bmatrix} x_0 \\ y_0 \\ z_0 \end{bmatrix} \tag{3-76}$$

式中,$[x_0 \quad y_0 \quad z_0]^T$ 为测站 S 在地心坐标系中的坐标。

3.4.2.3 地心坐标系与发射坐标系的转换

设地球为一圆球,发射点在地球表面的位置可用经度 λ_0、地心纬度 φ_0 表示,发射方向的地心方位角为 a_0(图 3-27),则转换步骤如下:

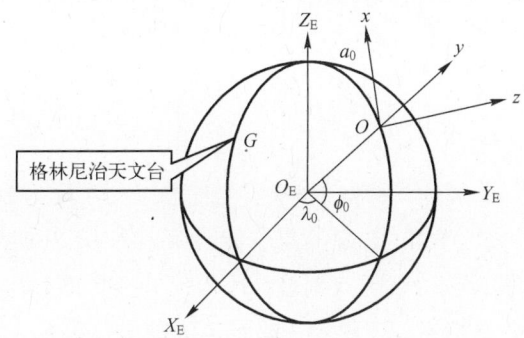

图 3-27 地心坐标系与发射坐标系的关系

(1) 将与地心坐标系重合的辅助坐标系平移至发射点,记为 $O\text{-}x_S y_S z_S$ 坐标系。

(2) 第一次旋转:将坐标系 $O\text{-}x_S y_S z_S$ 绕其 Oz_S 轴的反方向旋转 $(90°-\lambda_0)$,即

$$O\text{-}x_S y_S z_S \xrightarrow{M_3[-(90°-\lambda_0)]} O\text{-}x_s' y_s' z_s' \tag{3-77}$$

(3) 第二次旋转:将坐标系 $O\text{-}x'_sy'_sz'_s$ 绕其 Ox'_s 轴旋转 φ_0,即

$$O\text{-}x'_sy'_sz'_s \xrightarrow{M_1[\varphi_0]} O\text{-}x''_sy''_sz''_s \tag{3-78}$$

(4) 第三次旋转:将坐标系 $O\text{-}x''_sy''_sz''_s$ 绕其 Oy''_s 轴的反方向旋转 ($90°+a_0$),即

$$O\text{-}x''_sy''_sz''_s \xrightarrow{M_2[-(90°+a_0)]} O\text{-}xyz \tag{3-79}$$

此时,两坐标系对应坐标轴平行。综上所述,可得地心坐标系与发射坐标系之间的方向余弦阵为

$$\boldsymbol{G}_E = \boldsymbol{E}_G^T = \boldsymbol{M}_2[-(90°+a_0)] \cdot \boldsymbol{M}_1[\varphi_0] \cdot \boldsymbol{M}_3[-(90°-\lambda_0)]$$

$$= \begin{bmatrix} -\sin a_0 \sin\lambda_0 - \cos a_0 \sin\varphi_0 \cos\lambda_0 & \sin a_0 \cos\lambda_0 - \cos a_0 \sin\varphi_0 \sin\lambda_0 & \cos a_0 \cos\varphi_0 \\ \cos\varphi_0 \cos\lambda_0 & \cos\varphi_0 \sin\lambda_0 & \sin\varphi_0 \\ -\cos a_0 \sin\lambda_0 + \sin a_0 \sin\varphi_0 \cos\lambda_0 & \cos a_0 \cos\lambda_0 + \sin a_0 \sin\varphi_0 \sin\lambda_0 & -\sin a_0 \cos\varphi_0 \end{bmatrix}$$

$$\tag{3-80}$$

由于地心坐标系与发射坐标系的坐标原点不重合,所以将地心坐标系中的坐标转换成发射坐标系中的坐标还需加入坐标原点的平移量,即

$$\begin{bmatrix} x \\ y \\ z \end{bmatrix} = \boldsymbol{G}_E \begin{bmatrix} x_E \\ y_E \\ z_E \end{bmatrix} + \boldsymbol{R}_0 \tag{3-81}$$

式中,$\boldsymbol{R}_0 = \begin{bmatrix} R_{0x} & R_{0y} & R_{0z} \end{bmatrix}^T$ 为地心在发射坐标系中的坐标。

如果将地球考虑为椭球体,则只需将方向余弦阵 $\boldsymbol{G}_E$ 中的发射点地心纬度 φ_0 和地心方位角为 a_0 改为发射点地理纬度 B_0 和发射方位角为 A_0 即可。

3.4.2.4 地心坐标系与卫星观测坐标系的转换

在 (ECF) 坐标系中,$(x_s, y_s, z_s)^T$、$(v_{x_s}, v_{y_s}, v_{z_s})^T$ 分别为卫星的位置和速度矢量,单位化后得 $(-x_0, -y_0, -z_0)^T$、$(v_{x_0}, v_{y_0}, v_{z_0})^T$,则 $(-x_0, -y_0, -z_0)^T = \boldsymbol{Z}_0$ 为 VVLH 坐标系的单位 $\boldsymbol{Z}$ 矢量在 ECF 坐标系中的矢量。VVLH 坐标系的单位 $\boldsymbol{Y}$ 矢量和单位 $\boldsymbol{X}$ 矢量在 ECF 中可分别表示为

$$\boldsymbol{Y}_0 = \boldsymbol{Z}_0 \otimes \boldsymbol{V} = (-x_0, -y_0, -z_0)^T \otimes (v_{x_0}, v_{y_0}, v_{z_0})^T \tag{3-82}$$

$$\boldsymbol{X}_0 = \boldsymbol{Y}_0 \otimes \boldsymbol{Z}_0 = \boldsymbol{Y}_0 \otimes (-x_0, -y_0, -z_0)^T \tag{3-83}$$

设 VVLH 坐标系到 ECF 坐标系的旋转矩阵为 $T_{\text{VVLH}}^{\text{ECF}}$,由式(3-82)、

式(3-83),可得

$$T_{\text{VVLH}}^{\text{ECF}} = [X_0^{\text{T}}, Y_0^{\text{T}}, Z_0^{\text{T}}] \quad (3-84)$$

参 考 文 献

[1] 赵钧. 航天器轨道动力学[M]. 哈尔滨:哈尔滨工业大学出版社,2011.

[2] 刘利生,吴斌,等. 航天器精确定轨与自校准技术[M]. 北京:国防工业出版社,2005.

[3] 张淑琴,王忠贵,等. 空间交会对接测量技术及工程应用[M]. 北京:中国宇航出版社,2005.

[4] 袁建平,等. 卫星导航原理与应用[M]. 北京:中国宇航出版社,2004.

[5] 张守信. 外弹道测量与卫星轨道测量基础[M]. 北京:国防工业出版社,1999.

[6] 于小红,等. 发射弹道与轨道基础[M]. 北京:国防工业出版社,2007.

[7] 雷虎民. 导弹制导与控制原理[M]. 北京:国防工业出版社,2006.

[8] 李济生. 航天器轨道确定[M]. 北京:国防工业出版社,2003.

[9] 张毅,等. 弹道导弹弹道学[M]. 长沙:国防科技大学出版社,1999.

[10] 王宏力,等. 导弹应用力学基础[M]. 西安:西北工业大学出版社,2015.

第4章 面向服务的天基预警系统体系结构设计技术

天基预警系统的主要应用之一是弹道导弹防御作战,系统工作过程及其作战应用过程具有复杂性、动态性特点,而且存在大量不确定性信息,必须从整体上把握系统的内在规律。我国天基预警系统还没有部署,有必要从顶层设计角度对其进行研究和分析。从体系结构入手是从全局和根本上理解天基预警系统及其作战应用内在规律的途径之一。工程实践表明,体系结构是系统建设的蓝图,体系结构设计是复杂大系统建设中不可缺少的环节,在系统生命周期中发挥重要作用。

本章借鉴美国国防部体系结构框架,以视图模型的形式从作战、系统、服务等角度描述天基预警系统及其作战应用模式,在加深决策人员对相关技术理解的同时,帮助专业技术人员了解天基预警系统全貌,从而使系统更好满足反导中的信息需求。首先,借鉴和采用面向服务的体系结构建模思想,从作战、系统和服务层面建立天基预警系统典型体系结构模型;然后,基于IDEF3描述天基预警系统的服务流程。其中重点是对服务视图模型的描述,作战和系统方面只给出几类典型视图,用于支撑服务视图的构建,从整体上描述天基预警系统组成结构关系、作战过程及服务要素,为后续系统优化设计和任务规划研究提供基础。

4.1 面向服务的系统设计思想

"面向服务体系结构"(Service-Oriented Architecture,SOA)是一种分布式软件体系架构,它将应用程序的不同功能单元封装为服务,通过定义标准的接口和协议将服务联系起来。接口独立于实现服务的硬件平台、操作系统和编程语言,使不同系统的各种服务以统一和通用的方式进行交互。面向服务的理念将信息技术从传统的"以系统为中心"转向"以服务为中心",通过服务的组合和重用,达到系统集成的目的。SOA 结构如图 4-1 所示,包括 3 种角色:①服务提供者:按统一格式发布自己可提供的数据和服务,并响应对服务的请求;②服务注册中心:注册已经发布的服务,并对其进行分类、搜索和绑定;③服务请

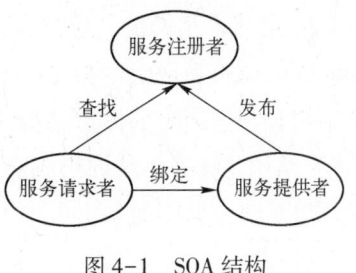

图 4-1 SOA 结构

求者:利用服务注册中心查找所需的服务,然后获取所需的服务。这些角色之间通过标准的服务描述、通信协议及数据格式等实现服务的发布、查询和绑定操作。在以服务为中心的体系结构中从业务流程的角度来看待技术,把信息服务的实现过程分解为 SOA 下的业务流程,把实现过程所涉及的各种操作和运算封装成相应的服务接口,将数据和业务脱离、过程和实现分离、用户和数据分离,这种灵活的运行机制可以解决信息的互操作和信息共享。面向服务的军用体系结构具有以下特点和优势。

(1) 以服务的形式对军事资源的封装及对服务动态交互描述,有利于分析不同系统间的动态连接关系。

(2) 精确地表示业务模型,更好地支持业务流程分析。

(3) SOA 结构提供新的资源共享的方式和载体,体现网络中心战和全球信息栅格的作战思想。

4.2 面向服务的体系结构设计技术

4.2.1 基于 DoDAF 的体系结构设计基础

4.2.1.1 体系结构概述

"体系结构"(Architecture)源于建筑学中设计和构造的含义,表示建筑学、建筑样式、建筑物等。人们借鉴建筑学中的许多思想,将体系结构广泛应用到计算机软硬件、系统工程等领域。对于体系结构的认识是不断深化和成熟的过程,1990 年 IEEE STD 610.12 把体系结构(Architecture)定义为"系统或组成部分的组织结构"。1995 年,美国国防部一体化体系结构专家组基于 IEEE STD

610.12 把体系结构定义为"组成部分的结构、它们的关系及自始至终指导设计和演进的原则和指南";指挥、控制、通信、计算机、情报及侦察与监视(C^4ISR)体系结构和美国国防部体系结构均采纳这种定义。2000 年,IEEE STD 1472 提出"体系结构是概括系统的组成部分、它们相互之间的关系、对环境的关系和指导设计以及演进原则的基本组织",这种定义补充了系统及各组成部分对环境的关系。

目前,学者对体系结构的含义比较一致的认识是:系统的组成结构及其相互关系,以及指导系统设计和发展的原则和指南。如同建筑设计一样,美军在进行 C^4ISR 系统建设时,要求先设计出系统的体系结构,并根据体系结构确定相应的投资和开发计划,指导系统的研制和建设。体系结构具有层次相对性,即在研究子系统时,子系统体系结构是子系统总体结构和设计原理,而不过多拘泥于各子系统内部的具体技术。说明体系结构的概念可适用于各种层次的系统。在一体化的大系统中(体系),下一层系统的体系结构都要遵守上一层系统体系结构规定的必须执行的要求,以保证上个层次系统直至大系统的整体作战能力。

体系结构技术是用于规范体系结构设计的体系结构框架、用于开发体系结构产品的体系结构设计工具、知识库及相关参考资源以及用于验证评估体系结构产品的体系结构评估工具等相关技术的统称。体系结构技术已成为美军进行武器装备体系顶层设计的重要手段,并日益展现出显著的优点和巨大的潜力,有力地支持了军队转型和信息化武器装备体系的建设。为了构建适应 21 世纪战争需要的武器装备体系,一些发达国家和地区军队也纷纷仿效美军的做法,开展体系结构技术研究,推动了体系结构技术方法理论研究和应用实践的不断深入,体系结构工具、数据模型、知识库等也不断发展和完善。随着信息技术的广泛应用,美军已将体系结构技术的适用范围从 C^4ISR 领域扩展到国防部的各个任务领域,将其作为构建一体化武器装备体系、实现转型的重要技术手段,不断完善体系结构的开发规范,大力推进体系结构的开发进程,加快研制体系结构的开发工具,积极探索提高体系结构开发效率和质量的方法和手段。体系结构技术已经成为美军验证和评估新的作战概念、进行军事能力分析、制定投资决策、分析系统互操作性、拟制作战规划的重要手段和依据。

体系结构是对复杂系统的一种抽象,体现了对系统早期设计决策,在一定的时间内保持稳定,支持系统的可重用性。体系结构是系统建设的蓝图,体系结构设计是复杂信息系统建设中不可缺少的环节,它在系统的整个生命周期中都发挥着重要作用。

体系结构框架是一种规范化描述体系结构的方法,其定义的体系结构产品构成了体系结构设计的基本语法规则,是设计或开发体系结构的指南。框架指导各种体系结构设计,特定体系结构又指导特定体系设计。

目前,美军已开发了5.0版体系结构框架(图4-2),形成了一套较为科学、规范的体系结构设计方法,其适用范围从C^4ISR领域扩大到美国国防部的各个领域。

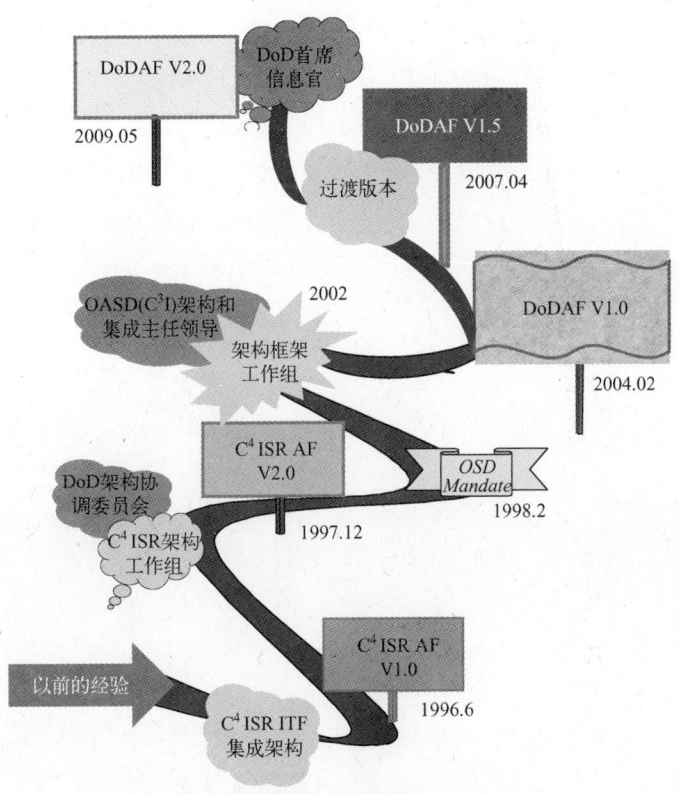

图4-2 美国体系结构框架发展历程

1. C^4ISR 体系结构框架 1.0 版,1996.6.7

制定C^4ISR体系结构框架1.0版,是为响应《克林-科恩法案》,并落实1995年国防部副部长指示中的有关论述:国防部应当努力确定和开发一种更好的方法和程序,以确保 C^4ISR 能力能够互操作,并满足战斗人员的需求。

2. C^4ISR 体系结构框架 2.0 版,1997.12.18

C^4ISR 体系结构框架 2.0 版是 C^4ISR 体系结构工作组受体系结构协调委员会委托,持续开发的成果,1998 年 2 月的备忘录规定将其用于所有 C^4ISR 体系结构的描述。体系结构协调委员会由主管采办与技术的国防部副部长(USD[A&T]),主管指挥、控制、通信与情报的助理国防部部长(ASD[C^3I]),参联会的指挥、控制、通信、计算机系统局(J6),共同担任主席。

3. 国防部体系结构框架 1.0 版(DoDAF 1.0),2003.8.30

国防部体系结构框架 1.0 版调整了 C^4ISR 体系结构框架 2.0 版的结构(图 4-3),提供了指南、产品描述和补充信息,将这些内容分为正文两卷和一个案头手册。国防部体系结构框架 1.0 版将体系结构宗旨和应用拓宽到所有使命域,而不仅仅局限于 C^4ISR 领域。这份文档描述了用途、集成体系结构、国防部和联邦政策、体系结构的价值、体系结构度量、国防部的决策支持过程、开发技术、分析技术、CADM V1.01 和转向基于数据仓库的方法等问题。基于数据仓库的方法更加重视组成体系结构产品的体系结构数据元素。

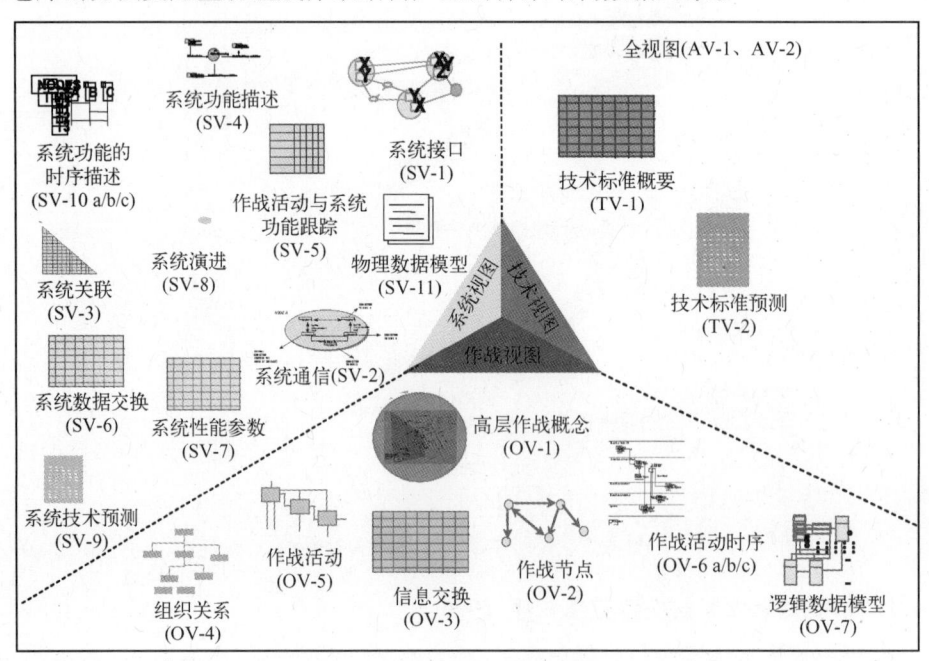

图 4-3 DoDAF 1.0 视图产品

第4章 面向服务的天基预警系统体系结构设计技术

4. 国防部体系结构框架1.5版(DoDAF 1.5),2007.4.23

国防部体系结构框架1.5版是DoD体系结构框架1.0版的演进,它反映和考虑了国防部在开发和使用体系结构描述中所获得的经验。这个过渡版本提供了如何在体系结构描述中反映网络中心概念等指导原则,包括体系结构数据管理、整个国防部的联合体系结构等方面的信息,同时也吸纳了预先发布的CADM V1.5(CADM V1.5是包含网络中心元素的早期CADM版本的简化模型)。

5. 国防部体系结构框架2.0版(DoDAF 2.0),2009.5.20

国防部体系结构框架2.0版包含3卷和一份期刊。第1卷,管理者指南——简介、评述和概念;第2卷,设计师指南——架构式的数据和模型;第3卷,开发者指南——国防部体系结构框架元模型交换规范。期刊可对国防部体系结构框架各卷提出变更申请,增补与体系结构、体系结构最佳实践、经验教训和参考文献相关的信息。与前几版相比,国防部体系结构框架2.0版主要有以下几点变化:①体系结构开发过程更加强调以数据为中心;②三大视图(作战、系统和技术)改为更具体的8种视图,如图4-4、图4-5所示,分别是全视图(All Viewpoint)2个、数据与信息视图(Data and Information Viewpoint)3个、标准视图

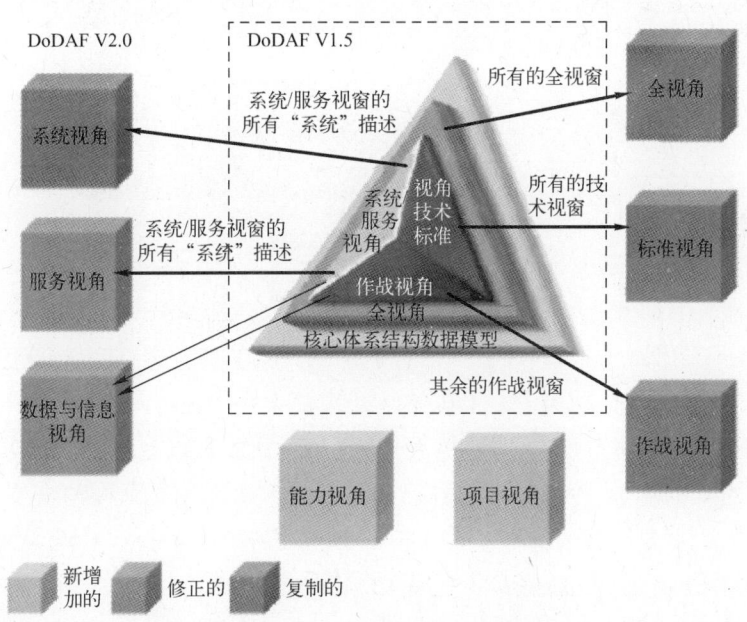

图4-4 DoDAF 1.5到DoDAF 2.0的演进

(Standards Viewpoint)2个、能力视图(Capability Viewpoint)7个、作战视图(Operational Viewpoint)9个、服务视图(Services Viewpoint)13个、系统视图(Systems Viewpoint)13个、项目视图(Project Viewpoint)3个;③描述了数据共享和在联邦环境中获取信息的需求;④定义和描述了国防部企业体系结构;⑤明确和描述了与联邦企业体系结构的关系;⑥创建了国防部体系结构框架元模型;⑦描述和讨论了SOA开发的方法。最显著的特点是:国防部体系结构框架2.0版进一步强调以数据为中心,引进了国防部体系结构元模型(Meta-model)的概念,元模型由概念数据模型(Conceptual Data Model)、逻辑数据模型(Logical Data Model)和物理交换规范(Physical Exchange Specification)组成,是构成国防部体系结构框架整体的重要组成部分。

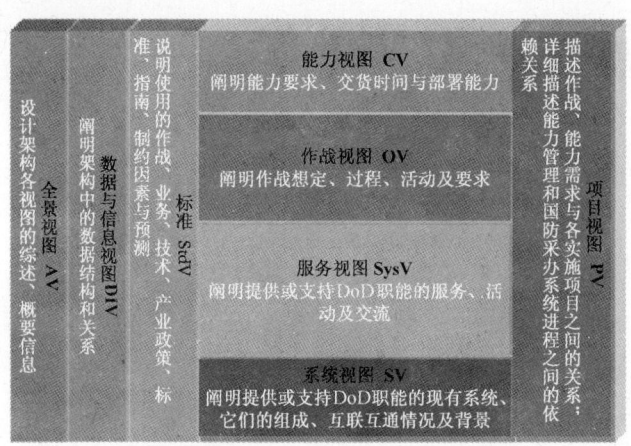

图4-5 DoDAF 2.0视图产品

其他国家如挪威陆军装备司令部提出了一个名为MACCIS（Minimal Architecture for CCIS in the Norwegian Army）初步的体系结构框架;澳大利亚国防军针对自己的实际情况,以美军C^4ISR体系结构框架和Meta公司的企业体系结构战略(EAS)为基础,制定了国防体系结构框架(DAF);以色列在美国国防部体系结构框架的基础上也在研究自己的体系结构框架;英国国防部参照美军DoDAF 1.0,并结合自身特点制定并于2005年颁布《英国国防部体系结构框架》(MOD Architecture Framework 1.0,MODAF 1.0)。

4.2.1.2 基于活动的体系结构设计

基于活动的设计方法(ABM)以活动为出发点,以体系结构核心实体对象为

第4章 面向服务的天基预警系统体系结构设计技术

基础,采用"以数据为中心"思想进行体系结构要素和产品描述。这样能够更为灵活地满足网络中心体系结构、一体化体系结构和联合体系结构等不同的设计需求。基于活动的方法具有较高的灵活性,以数据为中心的体系结构设计方法支持跨产品关联,可以自动生产某些体系结构产品。基于活动的方法设计成可以获取足够的关于"静态"行为/信息流体体系结构模型的描述,以便把它们转换成"动态"可执行过程模型。基于活动的设计方法遵守以下几个原则:相对应的作战体系结构和系统体系结构要素分成3个对象类,即实体,关联和属性。每个视图中的4个基本对象实体都被视为核心,即活动(系统功能)、作战(系统)节点、角色(系统)、信息(数据),它们是构成一体化体系结构的基础。体系结构产品的关联和属性可由核心对象实体(如信息交换)自动生成这些关联和属性形成一种标准,使它们能够维持在一定水平并且可以供所有的任务领域和开发人员共享。

ABM 指出作战活动、作战节点、信息、角色、系统功能、系统节点、数据、系统等实体是体系结构设计的核心实体,作战节点—活动—角色、系统功能—系统节点—系统、组织单元—角色—系统形成设计体系结构的主线,其他体系结构设计内容都必须和它们相对应,如图4-6所示。

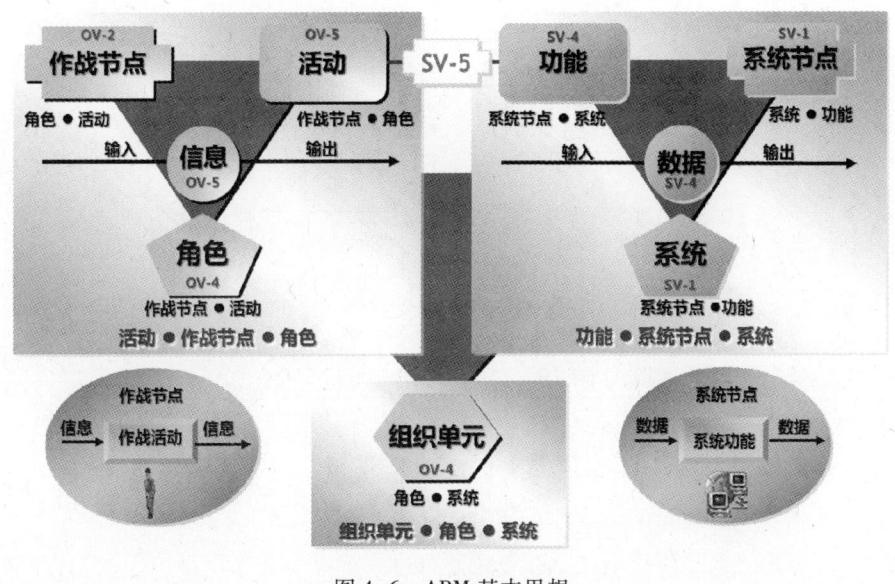

图 4-6 ABM 基本思想

在 ABM 中,强调体系结构数据之间的相关性。一方面同一视图产品之间存在相关性。作战(系统)视图中的多种关系和属性可以从核心产品和实体中得到,如作战信息交换矩阵和系统数据交换矩阵;另一方面,不同视图数据之间存在相关性,如作战视图和系统视图存在相关性。作战视图和系统视图可以采用对称的实体来描述,即作战活动—系统功能、作战节点—系统节点、信息—数据、角色—系统。

利用 ABM 中定义的核心实体以及它们之间的关系,可以对体系结构进行分析,包括功能、节点、时间和费用等。此外,ABM 方法提出通过将活动模型或系统功能模型转换为可执行模型为投资决策提供支持。

ABM 的基本设计过程如图 4-7 所示。

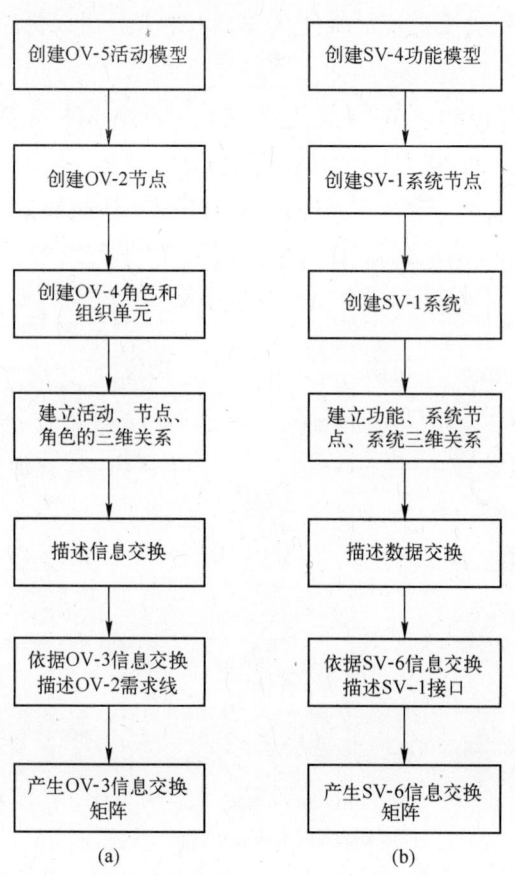

图 4-7　ABM 的基本设计过程

4.2.2 面向服务的体系结构设计方法

基于"作战、系统、技术"等多视图的体系结构框架提供了一种面向作战过程的体系结构设计方法,能够从整体上描述系统的体系结构。在此基础上,DoDAF 1.5 和 DoDAF 2.0 中引入服务的思想,以面向服务的视角,通过服务视图描述军事系统资源之间连接关系,提高体系结构设计的灵活性和适应性。借鉴美国国防部体系结构框架,本节采用面向服务的体系结构建模思想建立天基预警系统体系结构模型。

在系统设计中加入服务元素,采用如图 4-8 所示的以作战视图、服务视图和系统视图为核心的体系结构描述框架。作战视图(Operational View,OV)主要描述为完成作战使命/目标的作战任务分解、作战节点划分、作战活动模型、作战过程模型以及作战信息交换等。作战任务、作战活动、作战节点、作战信息等数据元素构成了作战视图模型的主要内容。系统视图(Systems View,SV)主要描述为支持作战活动的系统、系统功能、数据传输等连接关系。系统数据、系统功能、系统节点、系统等数据元素构成了系统视图模型的主要内容。服务视图(Services View,SvcV)以面向服务的视角对系统中能够提供的服务、服务之间关系以及服务之间交互过程进行描述。

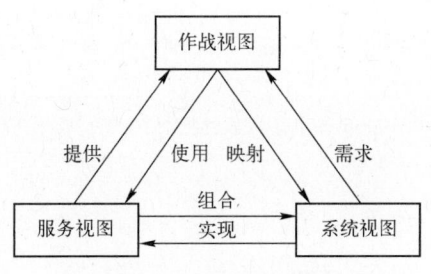

图 4-8 体系结构描述框架

服务视图在作战视图和系统视图的描述中发挥桥接和铰链的作用。从服务自身描述、服务元素之间的静态结构和动态交互描述、服务元素与其他体系结构元素之间的关系描述三方面对服务模型进行分类,模型名称和描述内容如表 4-1 所列,各模型之间的关系如图 4-9 所示。其中以 SvcV-4 服务功能描述、SvcV-1 服务接口描述、SvcV-8 服务过程及其演化为基础,通过 SvcV-3a 系统—服务矩阵、SvcV-5作战活动到服务的映射矩阵建立服务视图与作战视图和系统视图模型之间的联系。

表 4-1 服务模型描述

描述关系	模 型	描述内容
服务自身描述	SvcV-1 服务接口描述	描述了服务的构成及其交互关系
	SvcV-3b 服务—服务矩阵	对一个或多个SvcV-1中所有服务资源交互关系的浏览
服务元素之间的静态结构和动态交互描述	SvcV-2 服务资源流描述	明确了服务间的资源流,还可以列出各连接中的协议栈
	SvcV-4 服务功能描述	描述了人员和服务功能
	SvcV-6 服务资源流矩阵	说明了服务之间服务资源流交换的特征
	SvcV-7 服务度量矩阵	描述了资源的度量(衡量)
	SvcV-8 服务过程及演化描述	给出了资源(服务)的全寿命视角,描述如何随时间而变化
	SvcV-9 服务技术和技能预测	界定了目前以及未来的支撑技术和技能
	SvcV-10a 服务规则模型	详细说明体系结构执行方面的功能性和非功能性约束
	SvcV-10b 服务状态转变描述	描述体系结构资源(或系统功能)通过改变其状态对各种事件的响应
	SvcV-10c 服务事件追踪描述	描述提供了按时间顺序进行功能性服务资源间的关系的检测
服务元素与其他体系结构元素之间的关系描述	SvcV-3a 系统—服务矩阵	系统与服务间交互的总结列表
	SvcV-5 作战活动到服务的映射矩阵	描述了服务功能(有些情况下,可以是提供这些服务的能力和执行者)与作战活动的关系

在面向服务的思想下,体系结构建模包括(图4-10):①根据任务需求建立作战视图模型;②建立作战需求与服务之间的连接;③服务自身结构描述;④建立服务与系统之间的连接;⑤建立系统视图模型。相对于以往体系结构建模思想,面向服务的体系结构建模需要建立作战需求与服务之间的连接以及建立服

务与系统之间的连接。服务层与作战需求和系统之间都是松耦合的连接,通过建立服务视图,描述服务、服务层次、服务之间的交互过程,分析服务支持作战任务过程变化情况以及系统资源的动态集成。

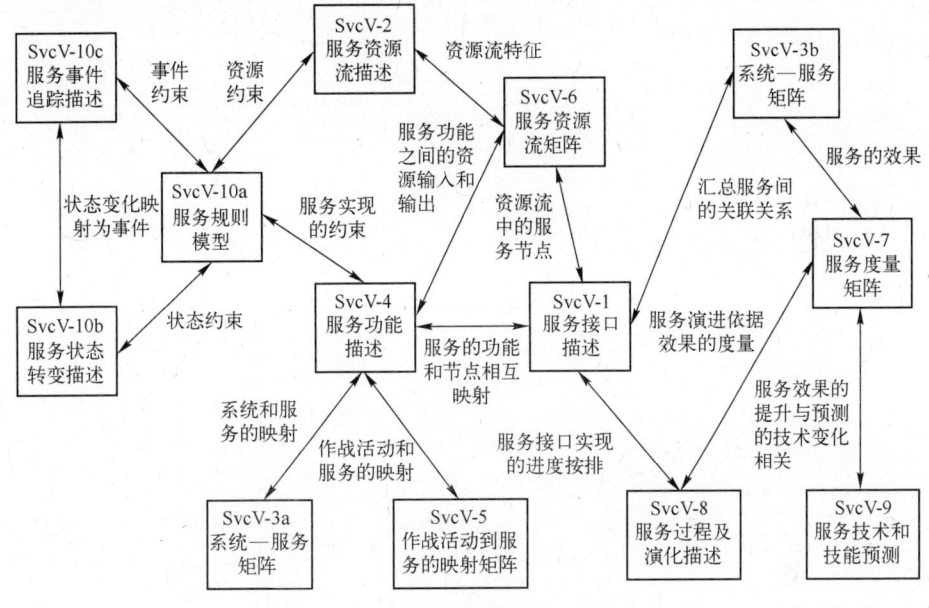

图4-9 服务视图模型之间的关系

建立作战需求与服务之间的连接:将作战需求封装成服务,外部表现为作战节点与服务端口之间的连接,服务层通过服务之间的信息交互实现对作战过程的描述。

建立服务与系统之间的连接:把服务表示对系统功能的封装,系统功能主要满足服务端口所需的服务,从而建立起服务与系统之间的联系。这种联系是松耦合的,根据服务规范可改变需求,也可对系统功能进行组合满足所需的服务需求。

以往体系结构建模以概述和(AV-1)总结信息、(AV-2)集成字典、(OV-2)作战节点连接描述、(OV-3)作战信息交换矩阵、(OV-5)作战活动模型、(SV-1)系统接口图和(TV-1)技术标准概要为最小产品集,通过加入服务元素,除全视角和技术视角外,采用以下体系结构核心建模集:高级作战概念图(OV-1)、作战节点连接描述图(OV-2)、作战信息交换矩阵(OV-3)、作战活动模型

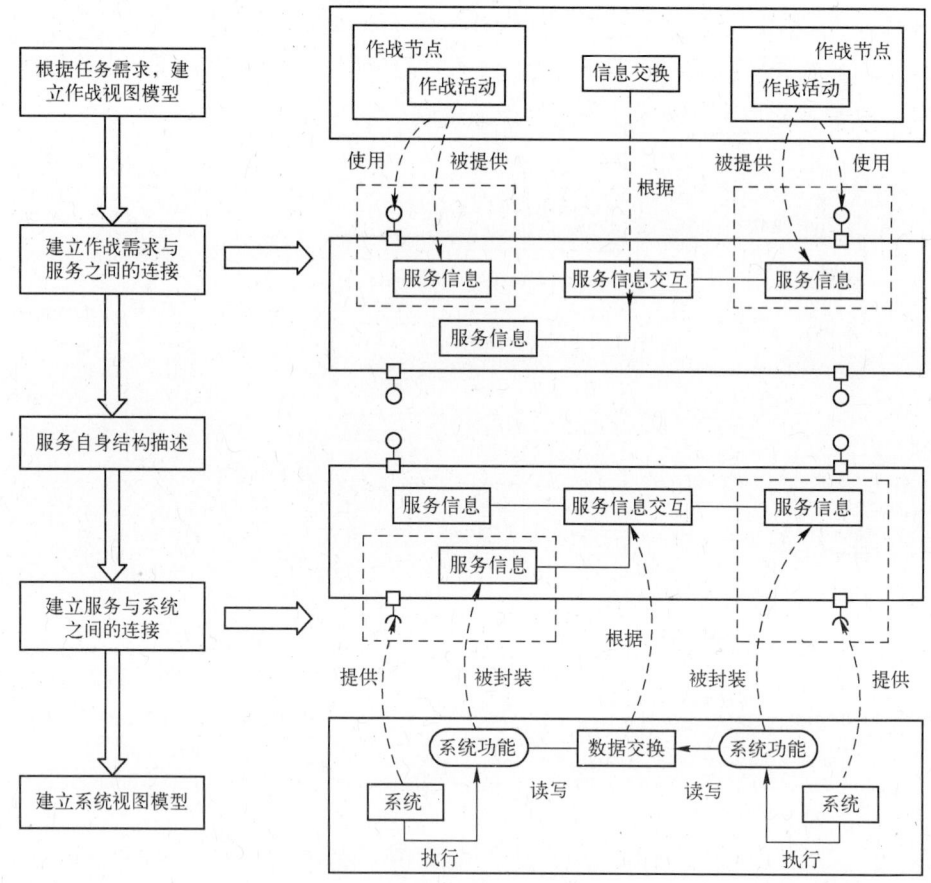

图4-10 体系结构建模总体思路

(OV-5)、逻辑数据模型等作战视图(OV-7)，系统接口图(SV-1)、系统功能图(SV-4)、作战活动跟踪矩阵(SV-5)和系统数据交换矩阵等系统视图(SV-6)，服务接口描述(SvcV-1)、服务过程及演化描述(SvcV-8)、系统—服务矩阵(SvcV-3a)、服务功能描述(SvcV-4)、作战活动到服务的映射矩阵(SvcV-5)等服务视图模型。通过核心体系结构实体将各个视图模型联系起来，共同构成体系结构模型和产品集，如图4-11所示。

根据核心体系结构模型集，面向服务的体系结构以服务功能—服务节点—资源、作战节点—活动—角色、系统功能—系统节点—系统、组织单元—角色—系统为体系结构的设计主线对体系结构进行建模，其他体系结构内容都必须和

第4章 面向服务的天基预警系统体系结构设计技术

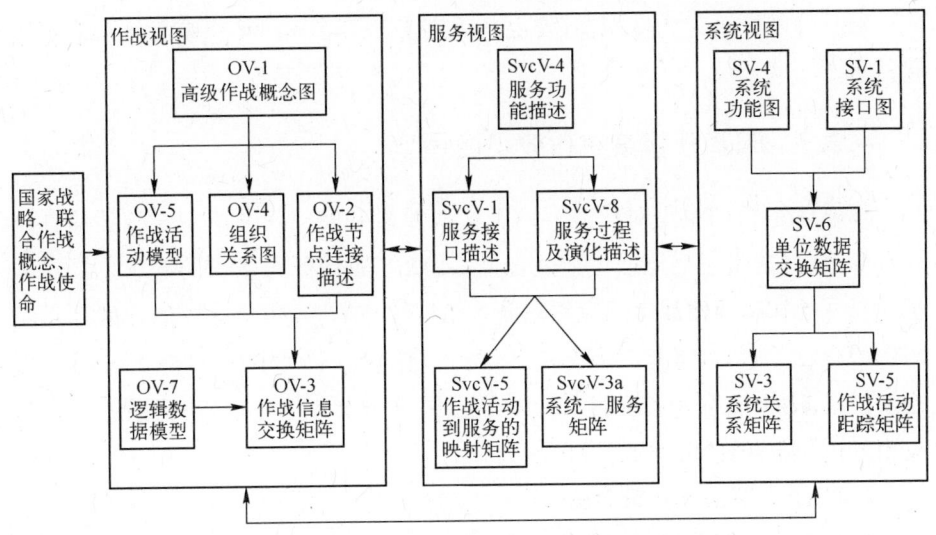

图4-11 面向服务的体系结构模型集

它们相对应,并能自动生成相应的体系结构模型。对基于活动的建模过程进行扩展面向服务的建模按以下步骤进行。

(1) 根据国家安全战略、联合作战概念和系统的体系结构使命,创建OV-1。

(2) 作战视图。首先建立OV-5、OV-4、OV-2,通过关联作战活动、作战节点和角色三者关系,形成OV-3,描述作战信息交换内容和特性,创建OV-7,描述体系结构内的信息和数据结构及关系。

(3) 系统视图。首先建立SV-4、SV-1,通过关联系统功能、系统节点和系统三者关系,形成SV-6,描述数据交换内容,然后创建SV-3,描述系统之间的连接关系。

(4) 服务视图。首先创建SvcV-4、SvcV-1,描述服务功能和接口关系,在此基础上构建服务过程及演化描述模型SvcV-8,以适应作战过程动态构建。

(5) 创建SvcV-5、SvcV-3a,将服务视图和作战视图、系统视图联系起来,通过建立SV-5将作战视图和系统视图联系起来,构建一体化的体系结构模型。

对具体的体系结构模型描述，主要采用IDEF0、IDEF1X建模方法和服务描述技术。

4.2.3 天基预警系统作战视图模型

作战体系结构模型对任务、活动、作战要素和完成任务所需要相关信息流进行描述，目的是完整地描述作战任务，明确作战任务对系统的需求。针对天基预警系统在反导作战中的应用和体系结构描述需求，本节建立的作战体系结构模型有(OV-1)高级作战概念图，(OV-5)作战活动模型和(OV-2)作战节点连接描述，用于描述天基预警系统的顶层作战需求和作战过程，为系统的作战应用分析和服务视图的构建提供基础。

4.2.3.1 高级作战概念图

根据反导作战任务需求，建立作战想定如下：敌方弹道导弹对我方阵地进行袭击，我方实施地基反导作战，作战中的装备系统实体有高轨预警系统、低轨预警系统、地基预警雷达、地基跟踪雷达、指控装备、通信装备以及导弹拦截系统。反导作战主要包括以下阶段。

（1）战前侦测阶段。运用相关侦察监视手段等对弹道导弹发射阵地进行侦测，预先测得导弹的有关参数及发射阵地环境和地形状况，了解敌方作战意图，特别重视热点地区的侦察。

（2）早期预警阶段。导弹目标发射升空后，高轨预警卫星探测到导弹目标的尾焰，获取目标红外辐射强度和角测量信息，并将粗略的导弹信息传输给卫星地面接收站，经过信息处理节点对信息进行处理，初步识别导弹类型，估计导弹飞行的弹道参数，预报导弹落点，通过卫星或光缆将情报传给指挥控制系统。

（3）引导搜索。指控系统将接收到的目标情报进行分析、识别，处理后形成引导搜索信息，传送至地基预警系统，引导其搜索、探测目标。

（4）跟踪阶段。在引导信息下，低轨预警卫星、地基跟踪雷达对导弹目标进行跟踪。

（5）拦截阶段。在天基信息支援和上级指令下，由拦截系统对敌方导弹进行拦截。

根据想定建立OV-1高级作战概念图如图4-12所示。

第4章 面向服务的天基预警系统体系结构设计技术

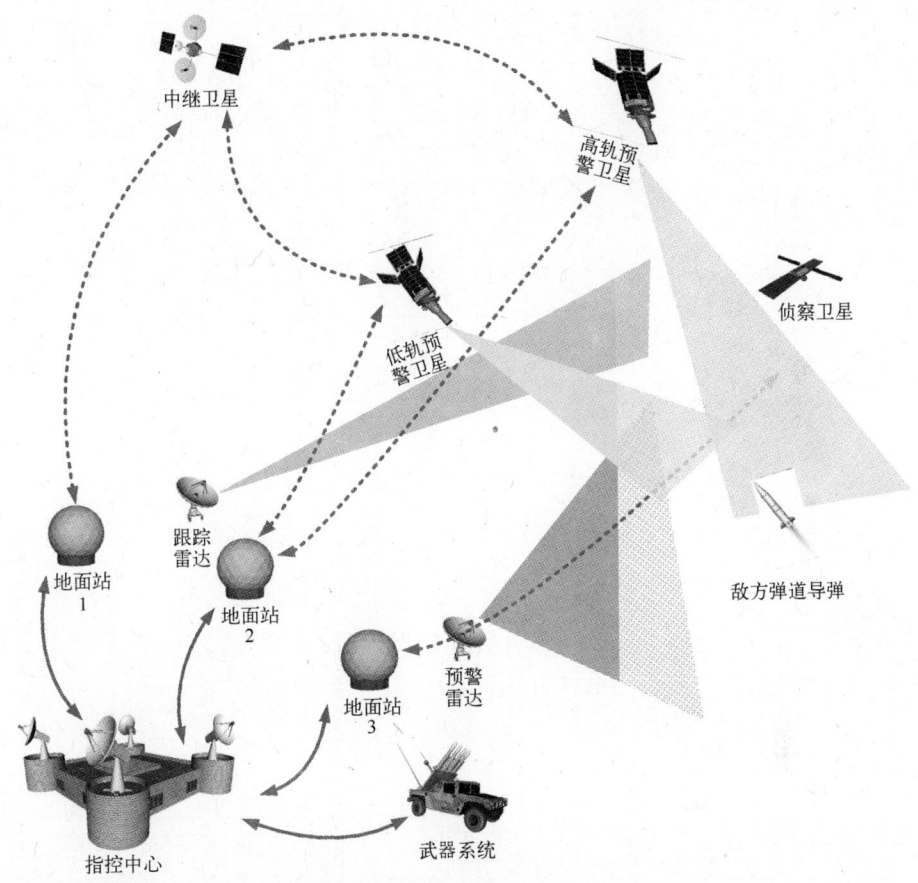

图 4-12 OV-1 高级作战概念图

4.2.3.2 作战活动模型

作战活动模型用于描述在实现作战使命和目标的过程中需要完成的作战活动之间的输入/输出(I/O)流。作战活动模型一般采用分层结构描述,对作战活动进行逐级分解,直到满足作战需求所要求的层次为止。在分析需求、作战任务和使命,了解作战环境以及作战资源配置的基础上,建立包括天基预警探测跟踪、天基信息处理和控制、地基预警跟踪、反导指挥控制和拦截作战的分解层次图(OV-5 节点树),如图 4-13 所示。

为了详细描述作战活动,需要对节点树模型进行分解。本书以活动描述语言 IDEF0 为基础,建立了"父子活动"模型,实现步骤分解的活动模型如下。

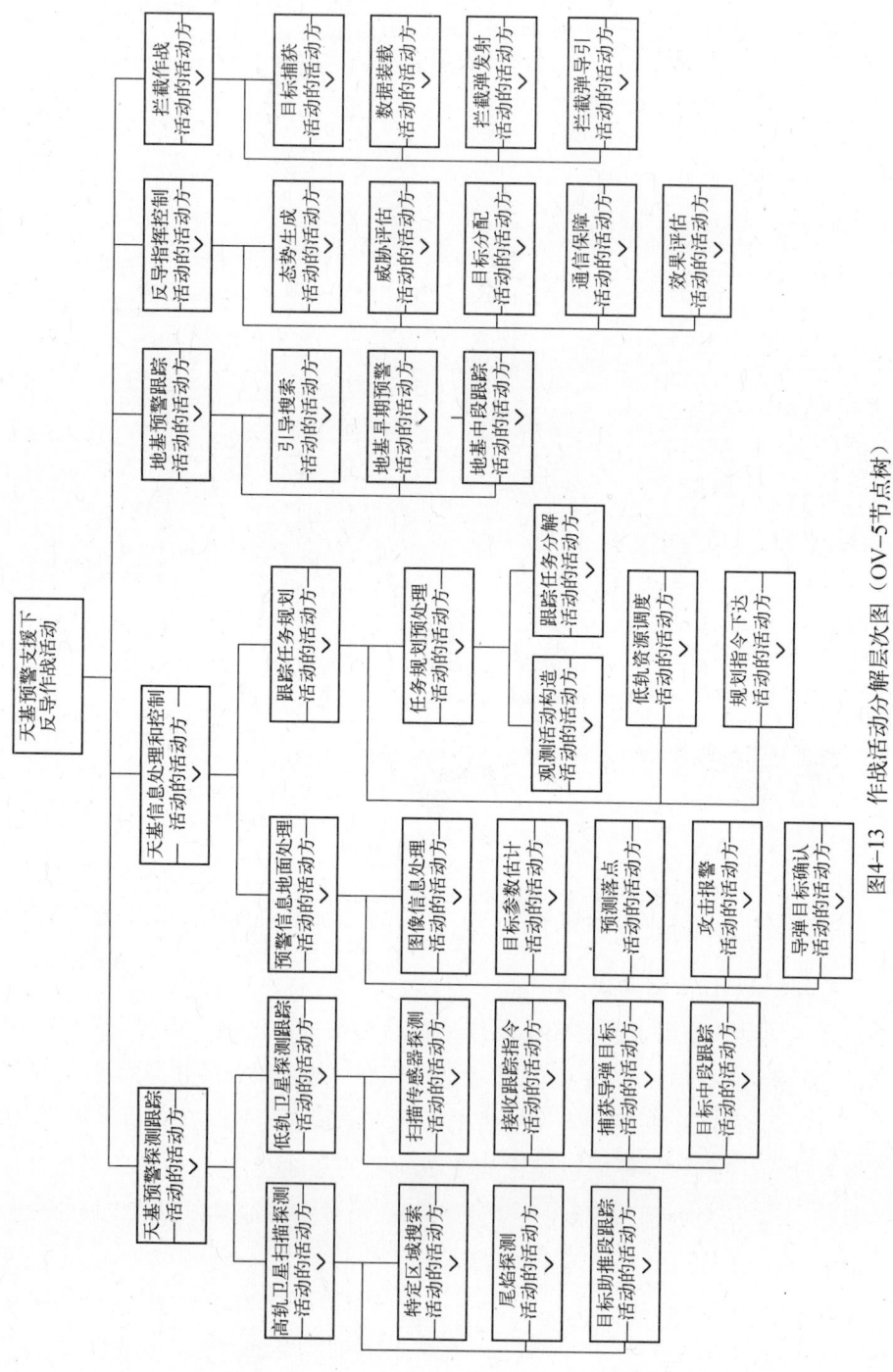

图4-13 作战活动分解层次图（OV-5节点树）

第 4 章　面向服务的天基预警系统体系结构设计技术

（1）一级作战活动分解模型。建立的一级作战活动分解模型如图 4-14 所示。矩形框的上方箭头表示任务参数、控制条件和决策控制法则等信息；下方箭头表示机制、设备、人员等信息；左侧箭头表示输入信息，如上级指令、支援信息以及战场环境等；右侧箭头表示输出，如作战效果等。

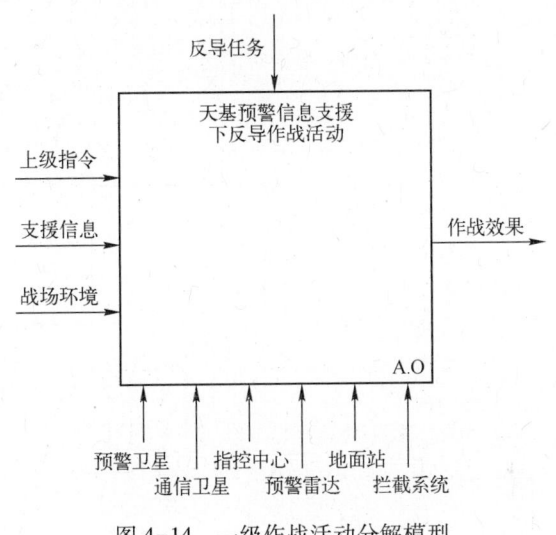

图 4-14　一级作战活动分解模型

（2）二级作战活动分解模型。对一级分解模型进行分解，得到二级作战活动分解模型，如图 4-15 所示。

（3）三级作战活动分解模型。分别对二级作战活动分解模型的天基预警探测跟踪、天基信息处理和控制、地基预警跟踪、反导指挥控制和拦截作战进行分解，得到相对应的三级作战活动分解模型，分别如图 4-16～图 4-20 所示。

（4）四级作战活动分解模型。对三级分解模型的高轨卫星扫描探测、低轨卫星探测跟踪、预警信息地面处理、跟踪任务规划进行分解，得到相对应的四级作战活动分解模型，分别如图 4-21～图 4-24 所示。

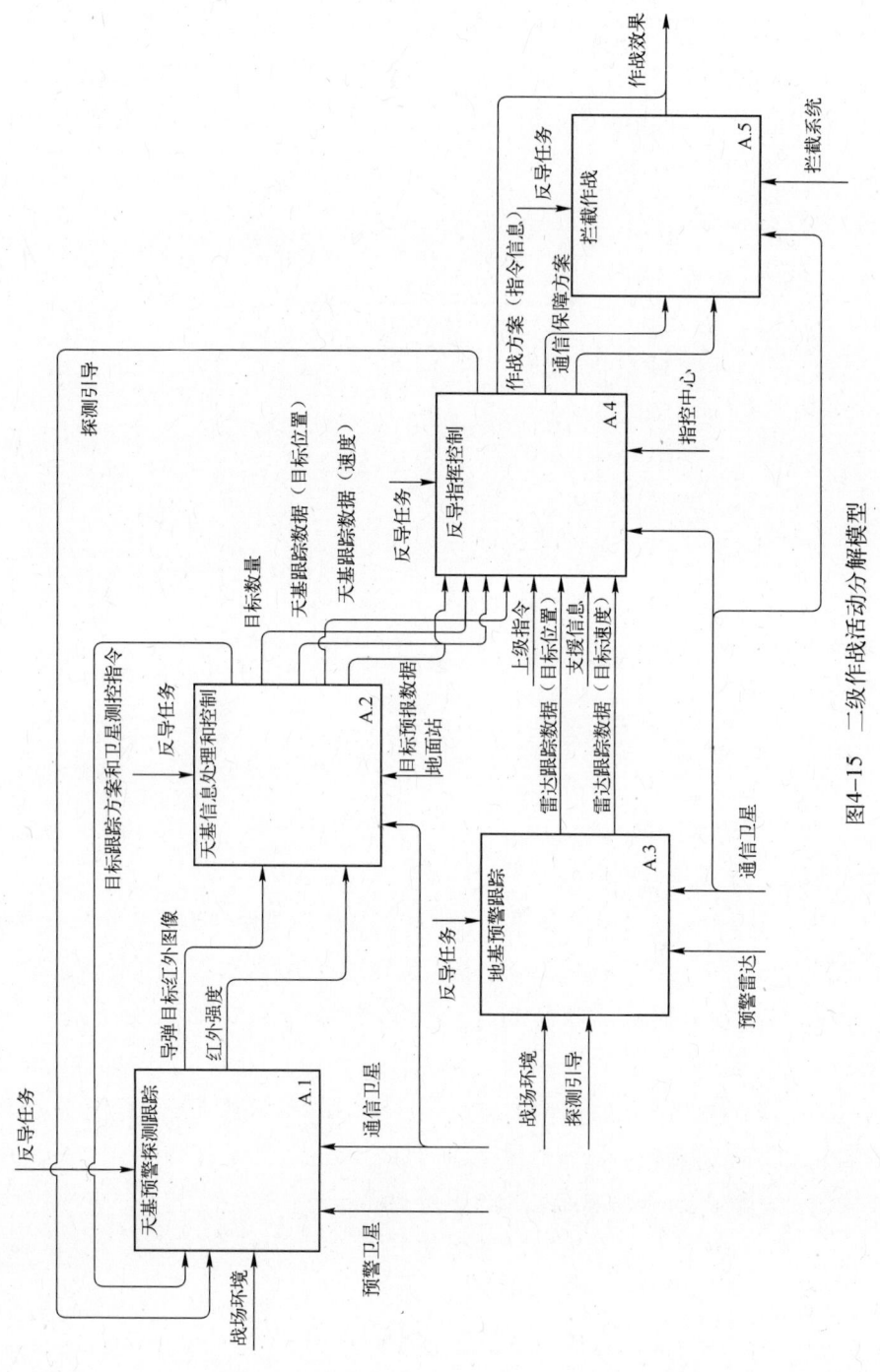

图4-15 二级作战活动分解模型

第4章 面向服务的天基预警系统体系结构设计技术

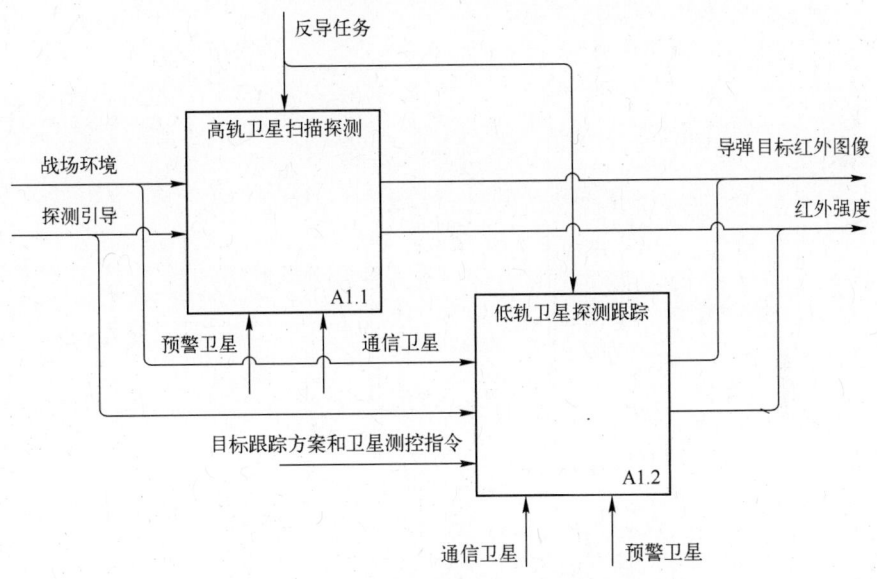

图 4-16 天基预警探测跟踪活动分解模型

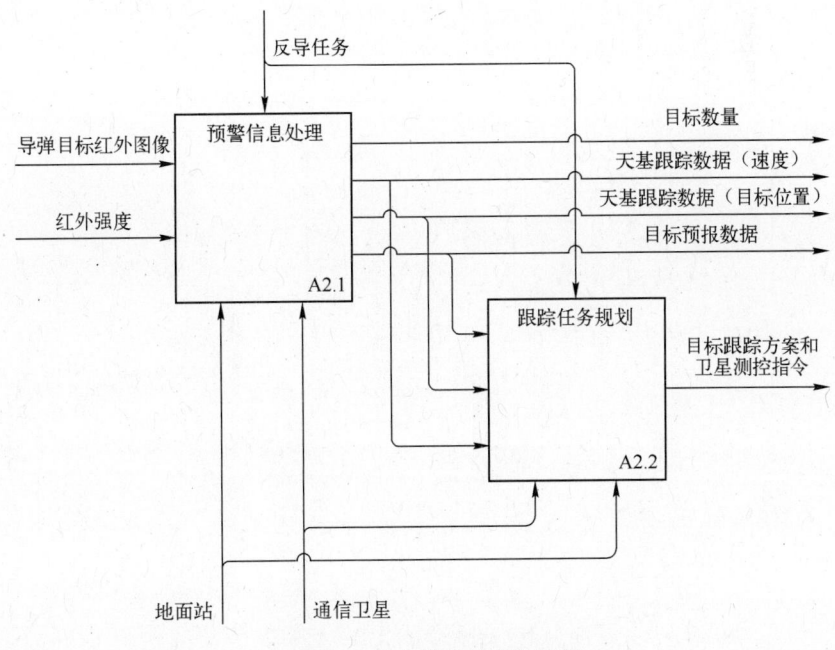

图 4-17 天基信息处理和控制

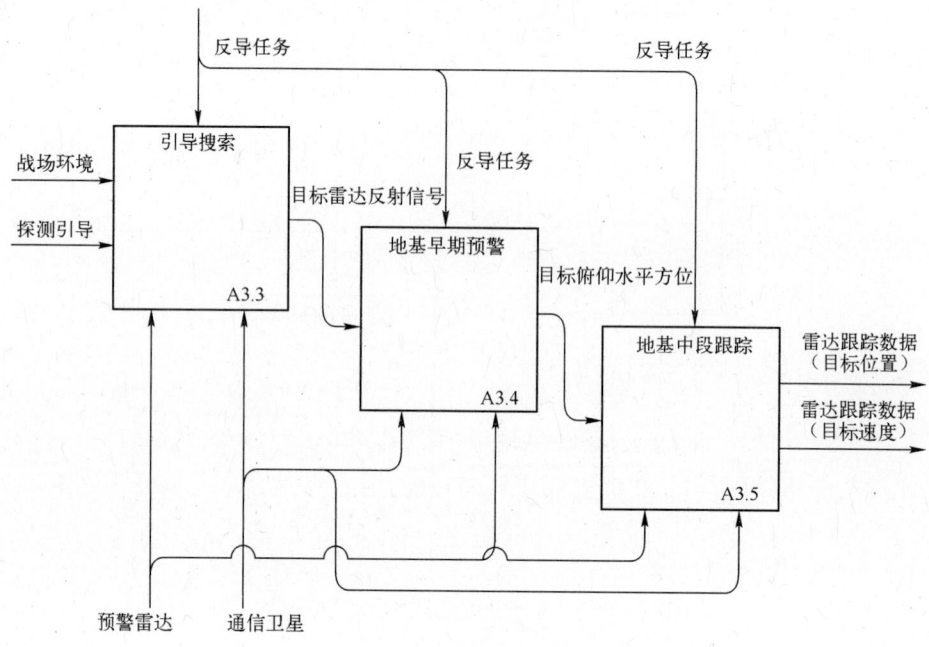

图 4-18 地基预警跟踪活动分解模型

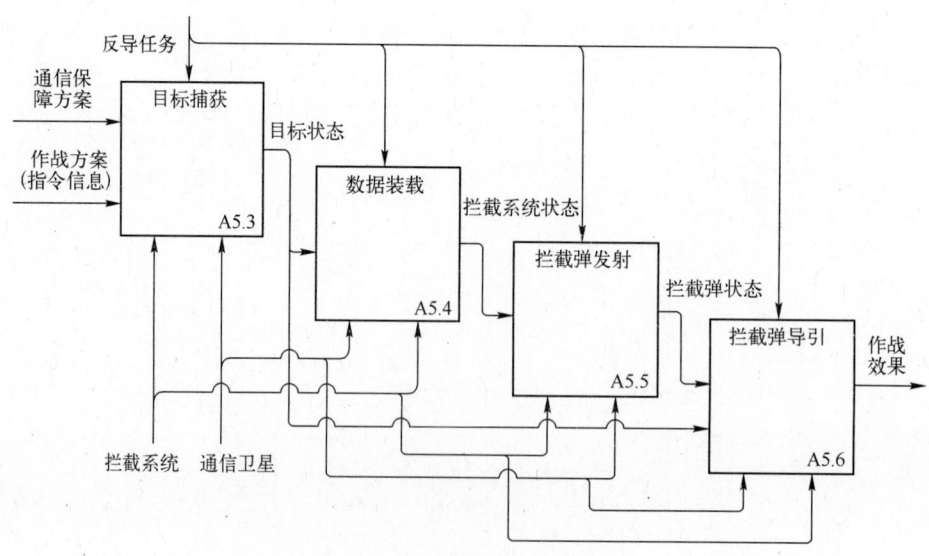

图 4-19 拦截作战活动分解模型

第4章 面向服务的天基预警系统体系结构设计技术

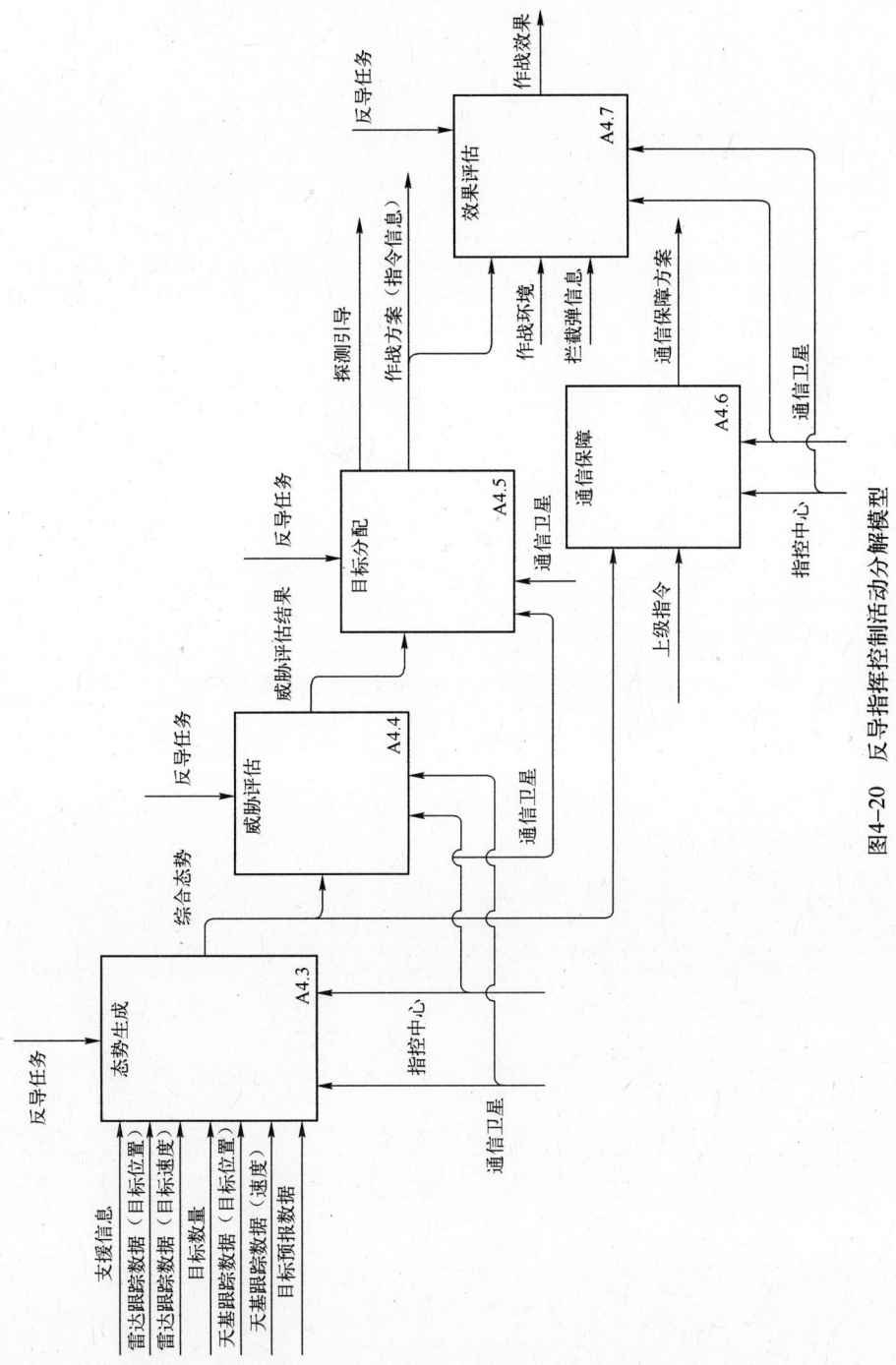

图4-20 反导指挥控制活动分解模型

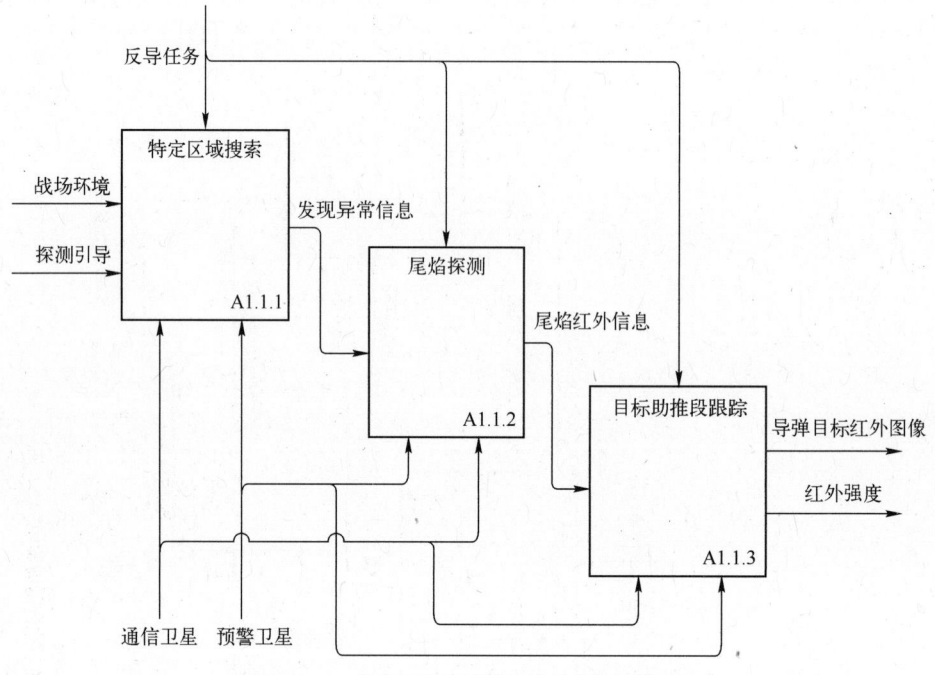

图 4-21　高轨卫星扫描探测活动分解模型

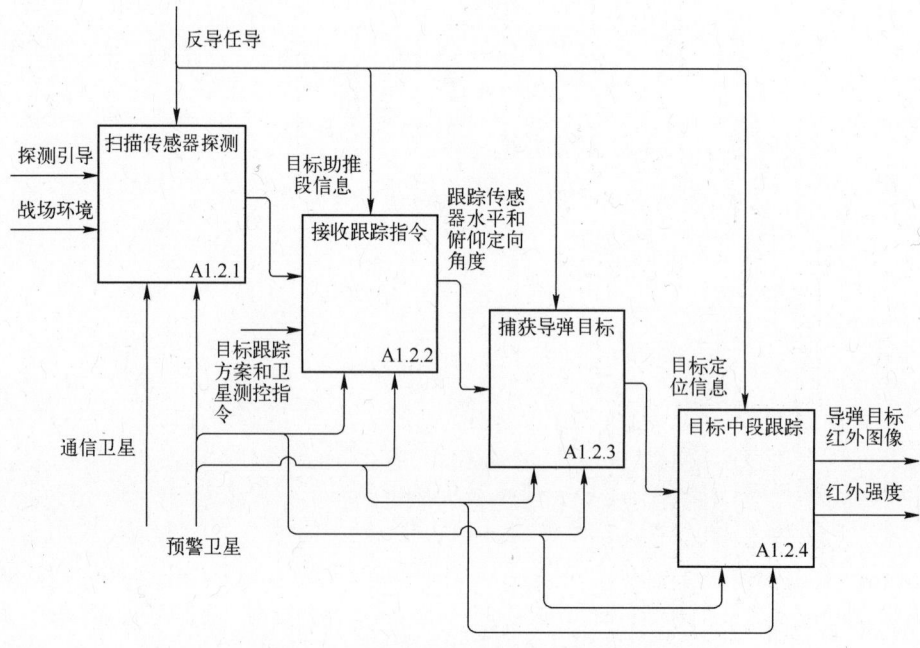

图 4-22　低轨卫星探测跟踪活动分解模型

第4章 面向服务的天基预警系统体系结构设计技术

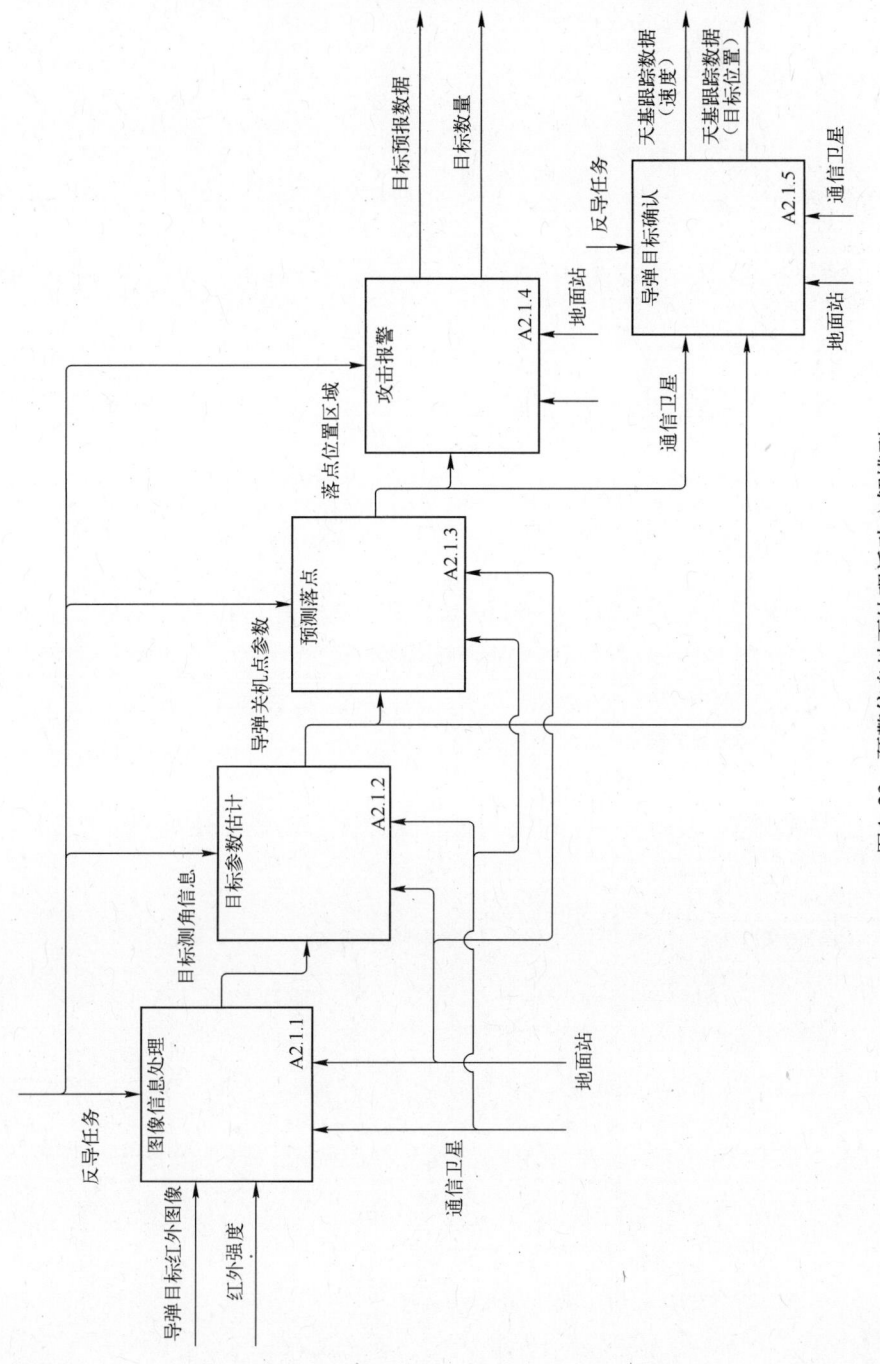

图4-23 预警信息地面处理活动分解模型

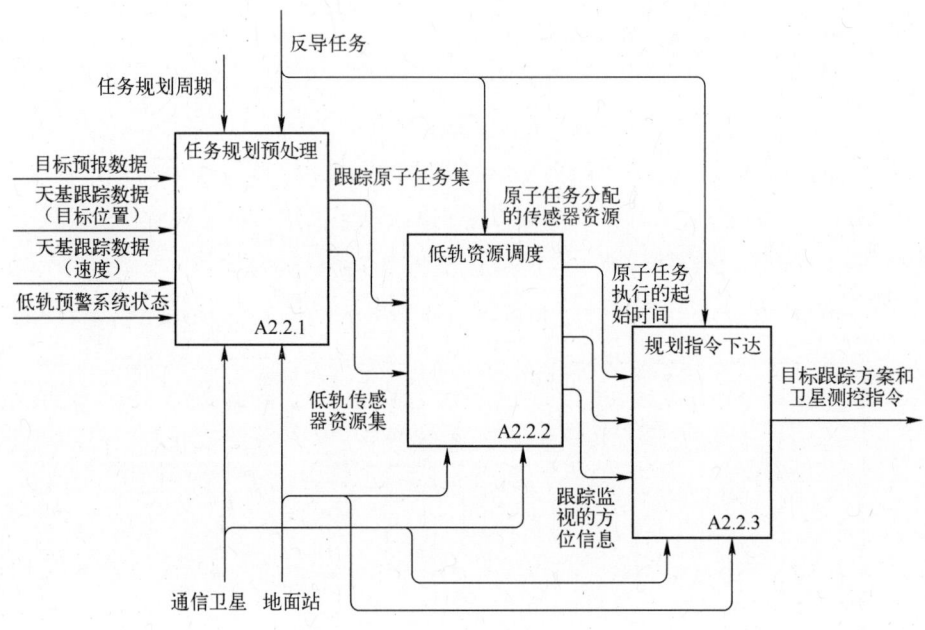

图 4-24 跟踪任务规划进行分解

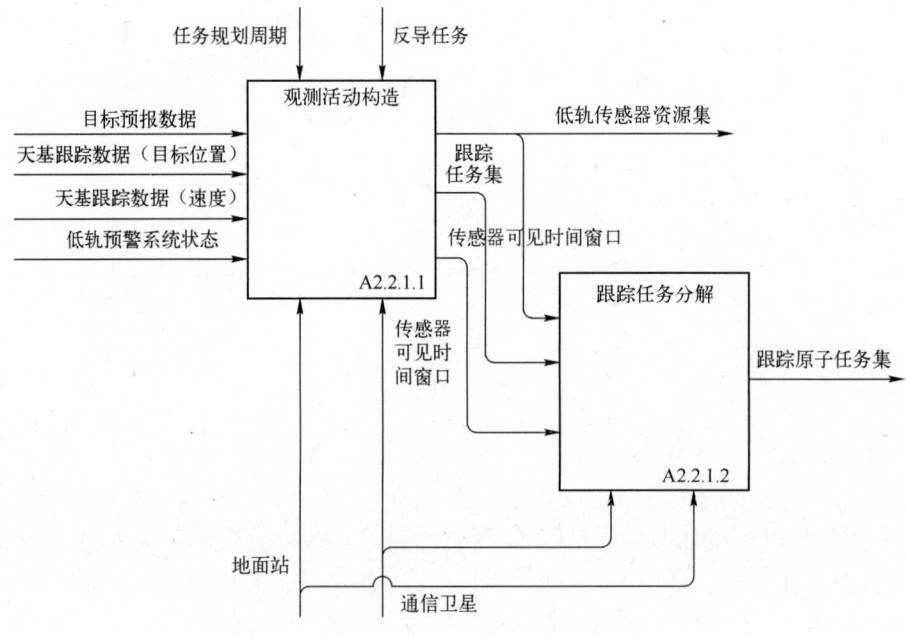

图 4-25 任务规划预处理活动分解模型

第4章 面向服务的天基预警系统体系结构设计技术

4.2.3.3 作战节点连接描述图

作战节点是在执行任务过程中中产生、使用或处理信息的一个要素和实体,可以是一个真实的物理实体,也可以是物理实体的组合或者是一个从作战活动中抽象出来的虚拟实体,节点的确定取决于体系结构所要求的详细程度。OV-2描述作战节点、节点的部署以及节点间用于信息交换的需求线,确定信息流动的逻辑网络。天基预警系统应用于反导的作战节点包括高轨预警节点、低轨预警节点、天基预警资源管理和调度节点、预警雷达节点、跟踪雷达节点、通信节点、导弹拦截节点、指挥控制节点,节点之间的信息交换通过需求线表示,如图4-26所示。

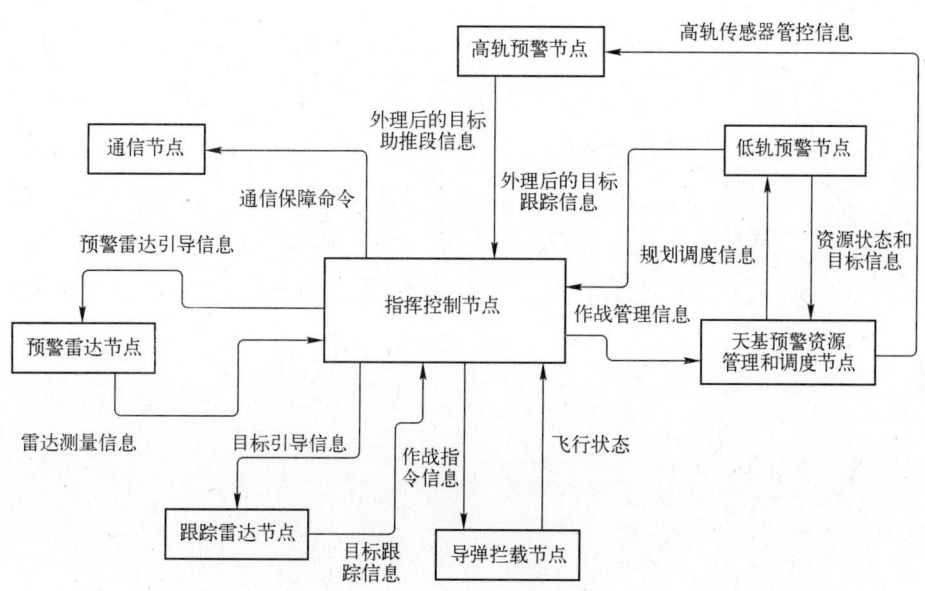

图4-26 作战节点连接描述图

4.2.3.4 组织关系图

OV-4描述在体系结构中发挥主要作用的组织及类型,以及组织中包含的角色,这些角色可分配到OV-2中的作战节点上,角色执行OV-5中作战活动以及完成活动之间的交互。通过建立OV-4,可理清在体系结构中的组织之间、组织与角色之间可能存在的各种关系(如指挥控制关系、协调关系)。根据天基预警系统在反导作战中的应用,建立如图4-27所示的组织关系图。天基预警

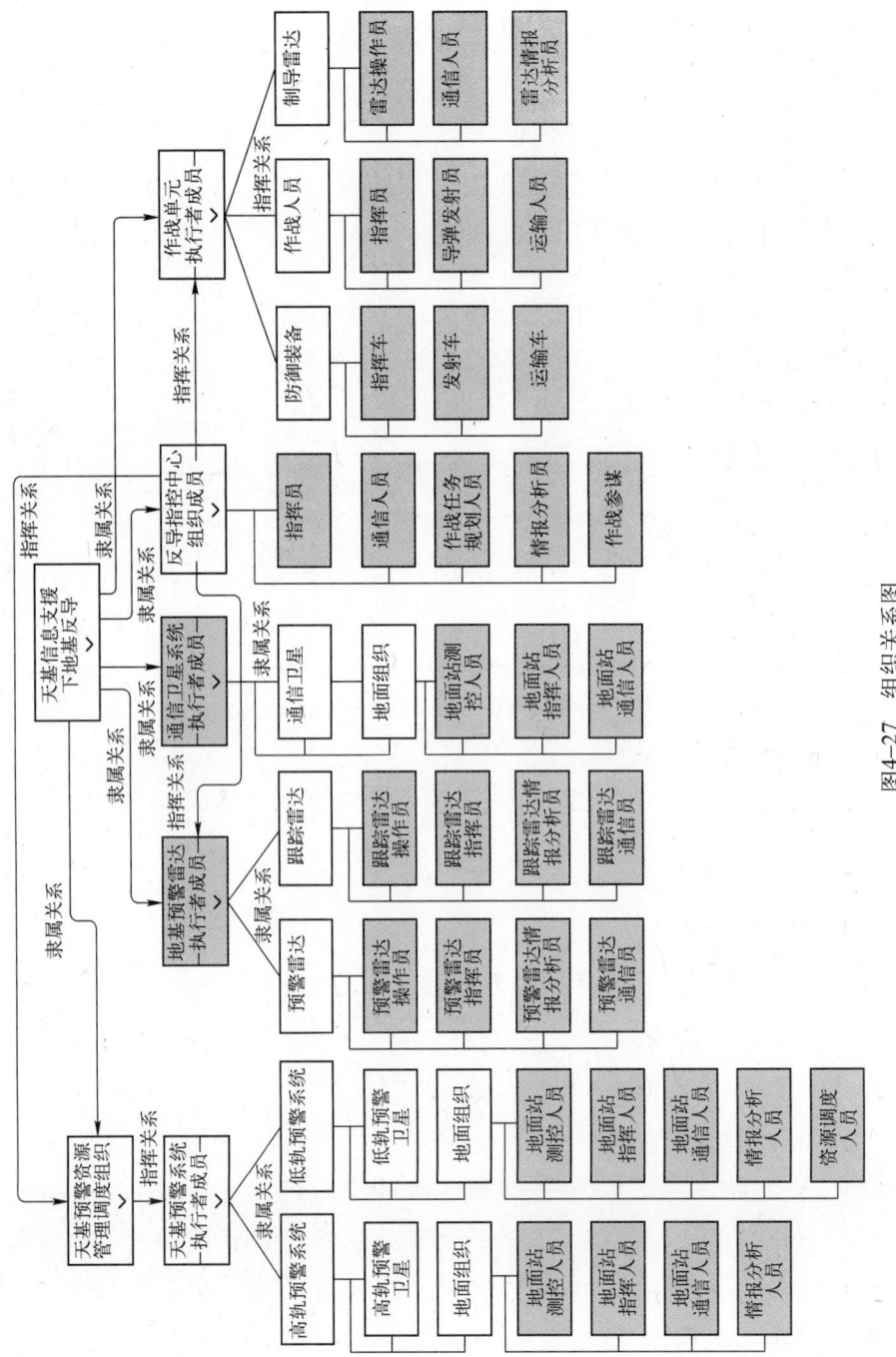

图4-27 组织关系图

第4章 面向服务的天基预警系统体系结构设计技术

信息支援下地基反导包含天基预警资源管理和调度组织、天基预警系统、地基预警系统、通信卫星系统、反导指控中心和作战单元组织,其中天基预警系统分为高轨预警系统和低轨预警系统组织,地面组织设定地面站测控人员、地面站指挥人员、地面站通信人员、情报分析人员、资源调度人员等角色,满足预警信息获取和处理需求,其他组织的设定的角色在图中已经列出。组织之间具有指挥关系、隶属关系在图中标识,组织之间的关系属于协同关系在图中没有标识。

4.2.4 天基预警系统体系视图模型

系统体系结构模型是用来描述系统组成单元、功能和单元之间的关系,根据体系结构描述需求,本节建立(SV-1)系统接口图、(SV-4)系统功能图和(SV-5)作战活动跟踪矩阵等系统体系结构模型,将作战任务需求转化为系统功能,分析不同系统之间的连接关系,为服务视图的构建提供基础。

4.2.4.1 系统功能图

(SV-4)系统功能图展示了系统功能、系统功能的层次以及它们之间的数据流,与作战活动模型具有相关性,主要对每个系统输入和输出的必要系统数据流进行清晰的描述。SV-4系统功能图的建立要确保系统功能上的连接是完整的,同时功能分解的详细程度要适当。对于本书天基预警系统支援反导作战,需要建立包括天基预警信息获取功能、地基预警信息获取功能、指挥控制功能和目标拦截功能的功能节点树模型,如图4-28所示。

根据系统功能节点树,对系统功能进行分解,采用数据流图的形式描述系统功能间的数据流动,显示数据的输入/输出以及存储,得到一级系统功能分解模型如图4-29所示。

分别对一级模型的天基预警信息获取功能、地基预警信息获取功能、指挥控制功能和目标拦截功能进行分解,得到相对应的二级作战活动分解模型,其中图4-30和图4-31是天基预警信息获取功能分解模型和地基预警信息获取功能分解模型。

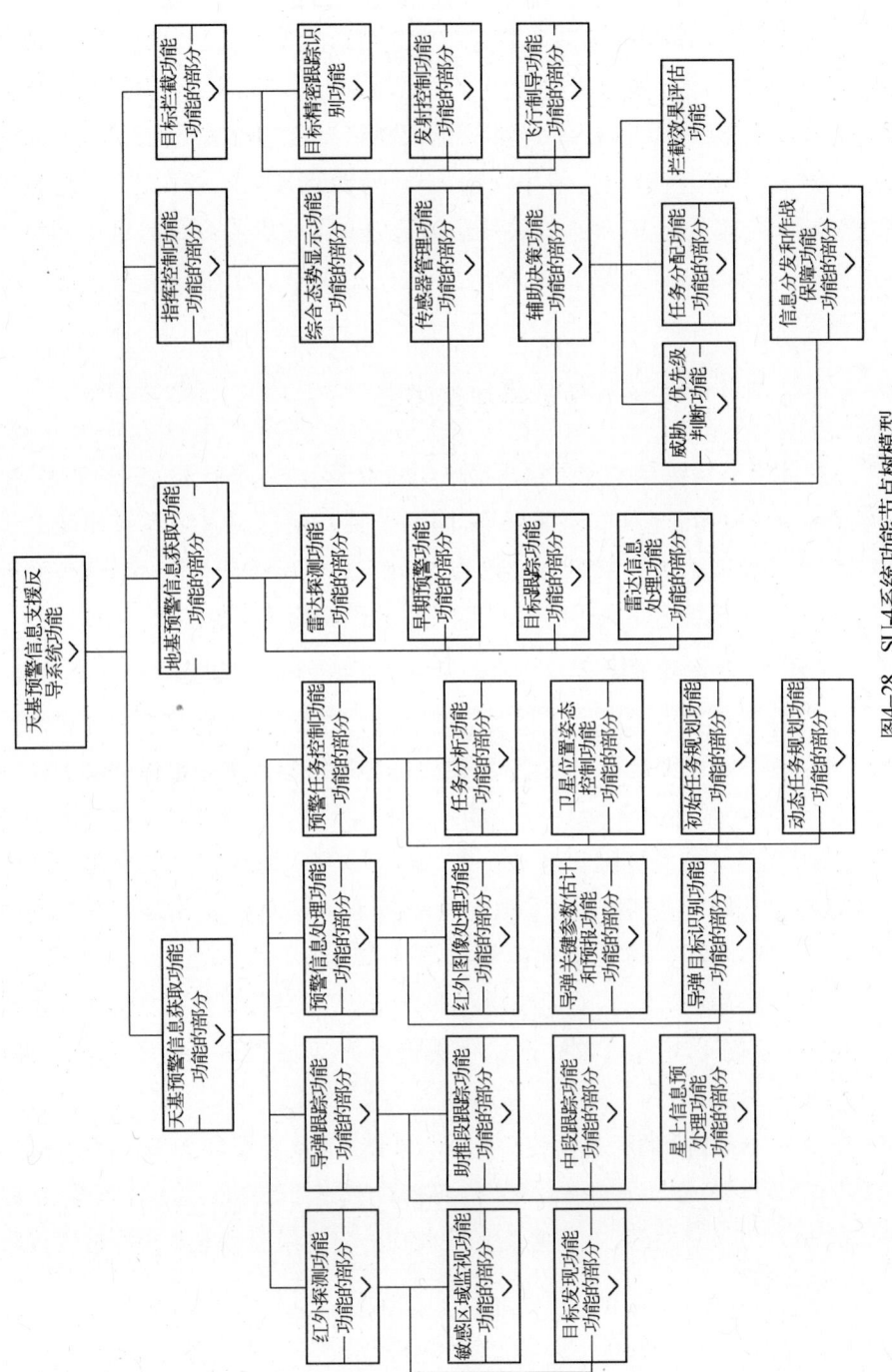

图4-28 SU-4系统功能节点树模型

第4章 面向服务的天基预警系统体系结构设计技术

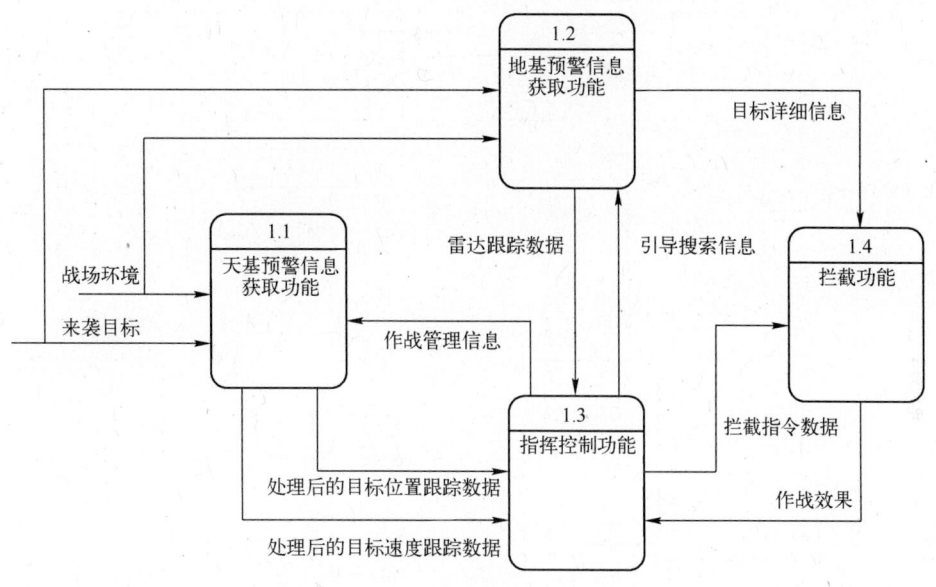

图 4-29 一级系统功能模型

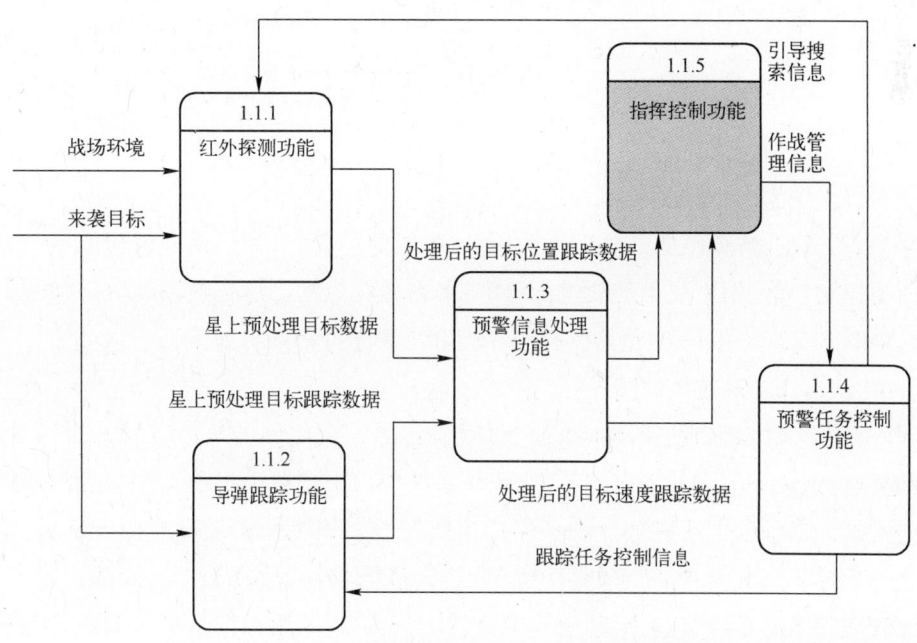

图 4-30 天基预警信息获取功能分解模型

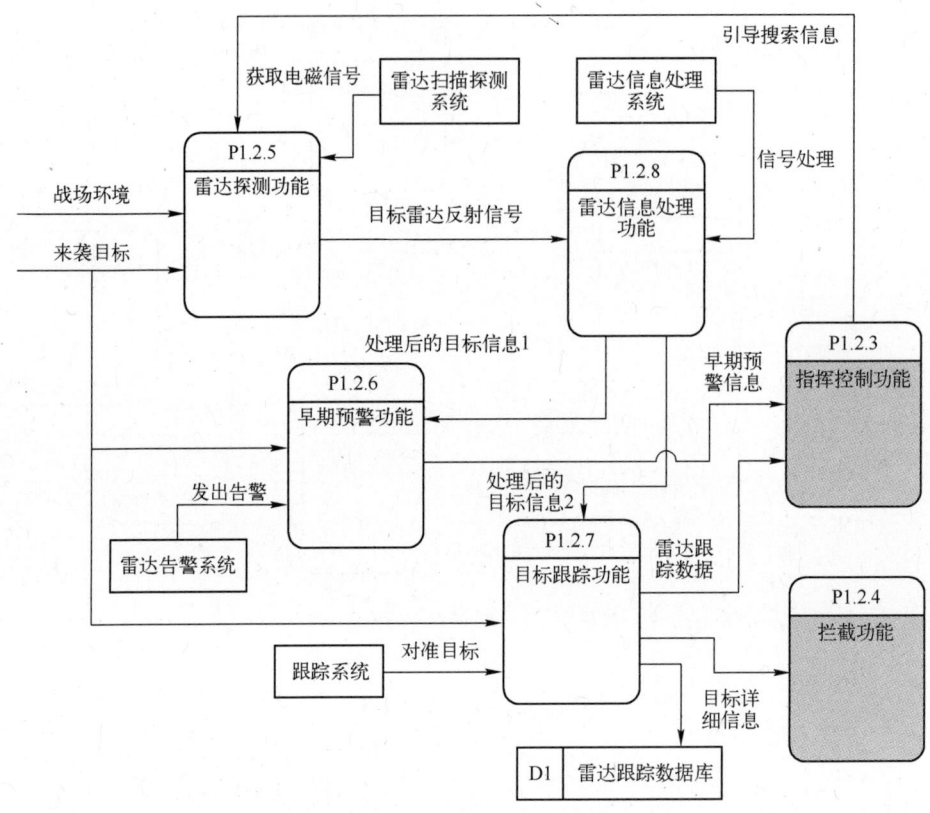

图 4-31 地基预警信息获取功能分解模型

对二级分解模型的红外探测功能、导弹跟踪功能、预警信息处理功能、预警任务控制功能、辅助决策功能进行分解,得到相对应的三级作战活动分解模型,其中图 4-32 和图 4-33 是红外探测功能和导弹跟踪功能分解模型。

4.2.4.2 系统接口图

SV-1 系统接口图描述了系统实体,确定了系统之间的接口以及系统所处的节点,记录了节点的系统特征。SV-1 系统接口图还要确定子系统集合,体系结构设计师可以把系统分解到任何适当的等级。天基预警系统应用于反导作战的系统节点有天基高轨预警系统节点、天基低轨预警系统节点、天基预警资源管理和调度系统节点、地基预警雷达系统节点、地基跟踪雷达系统节点、作战管理和指挥控制系统节点等,系统节点内包含实现系统功能的系统实体,如天基低轨预警系统节点内包含红外扫描探测系统、地面信息处理系统、星上信息

第4章 面向服务的天基预警系统体系结构设计技术

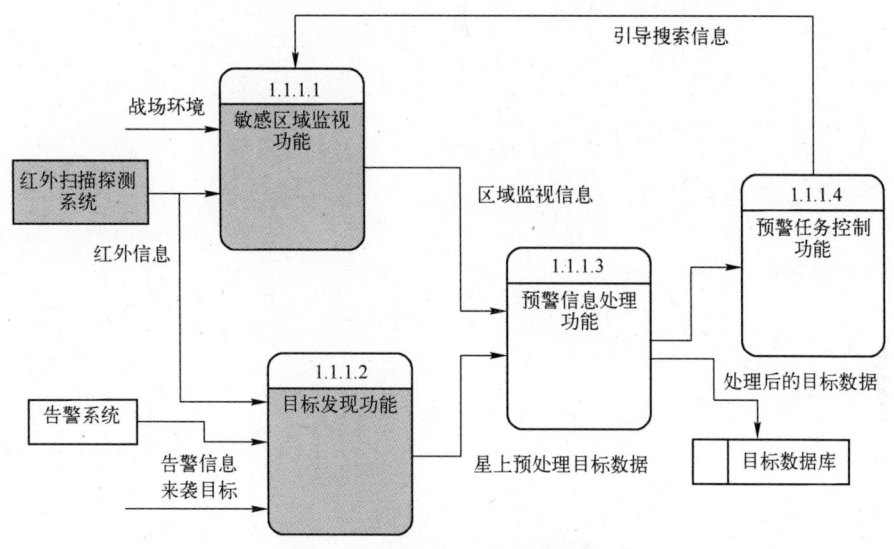

图 4-32 红外探测功能分解模型

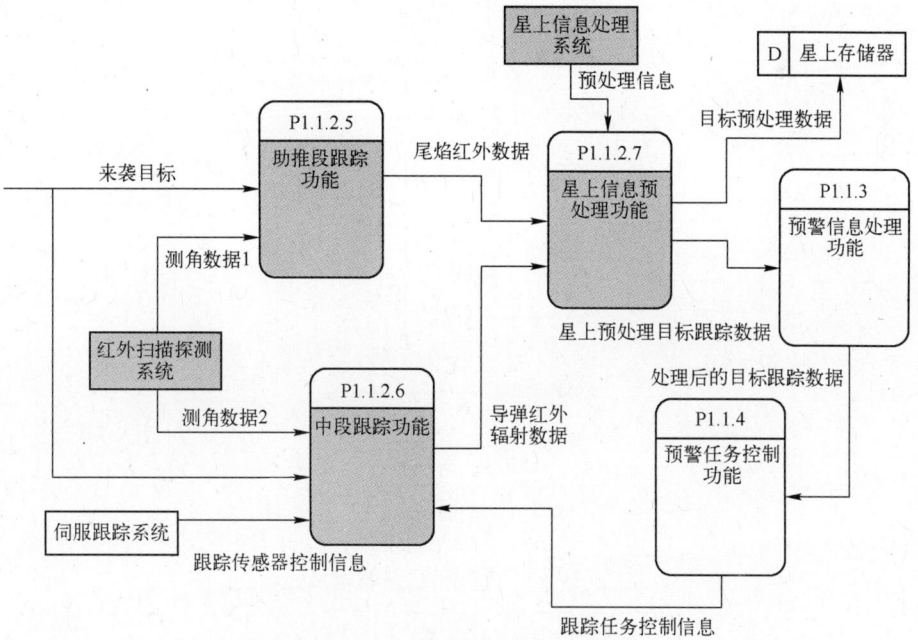

图 4-33 导弹跟踪功能分解模型

预处理系统、伺服跟踪系统、姿态控制系统、预警信息快速分发系统、卫星测控系统、告警系统等系统实体,如图 4-34 所示。

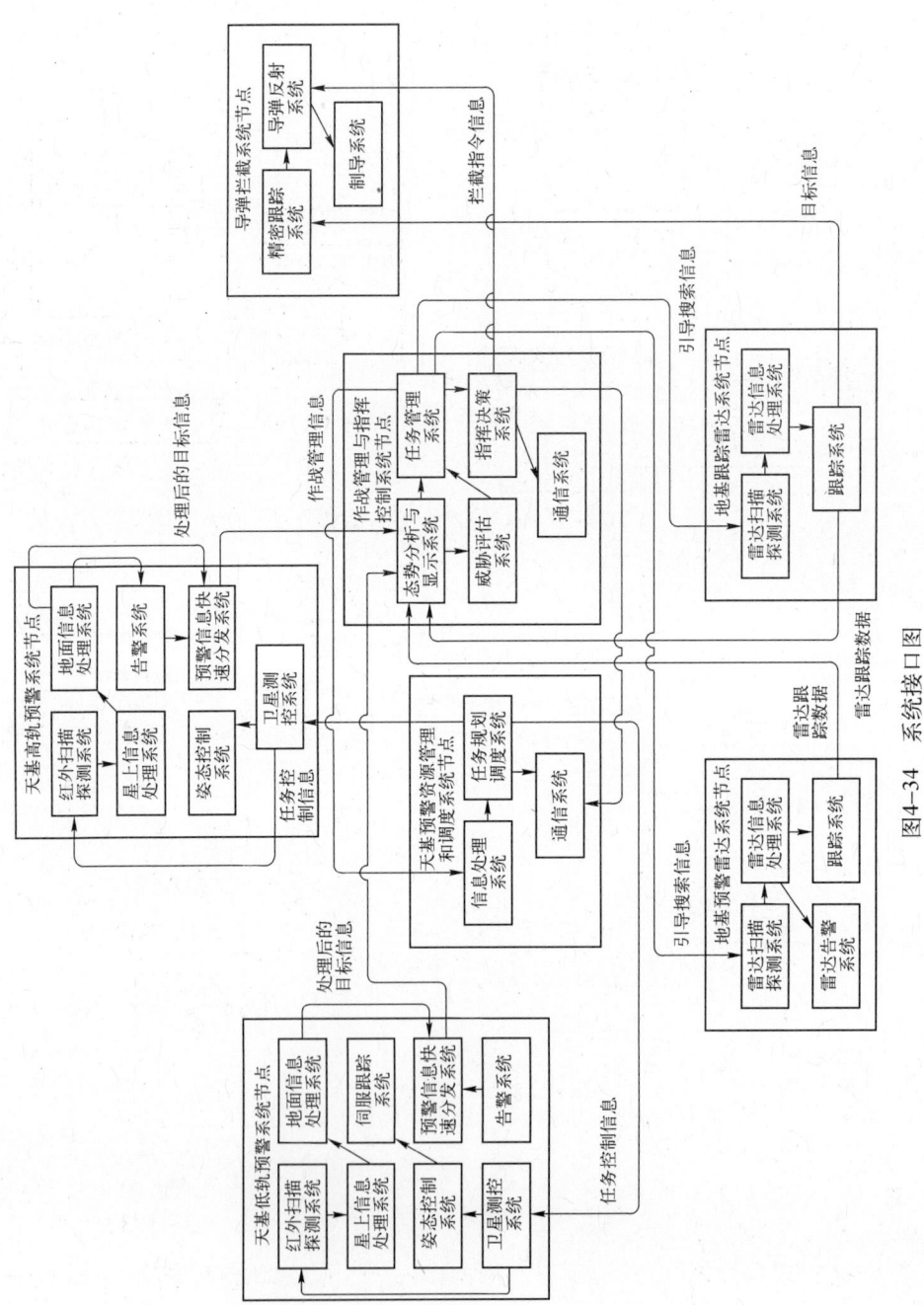

图4-34 系统接口图

4.2.4.3 作战活动与系统功能跟踪矩阵

SV-5 作战活动跟踪矩阵描述了作战活动与系统功能之间的映射关系,确定了作战需求向系统所执行行动的转化,即系统功能如何支持作战活动的执行,作战活动从 OV-5 中的子活动获得,系统功能从 SV-4 中获得,作战活动与系统功能并不是一一对应的关系,一个作战活动可以由多个系统功能支持,同样一个系统功能通常支持多个作战活动的执行。关联天基预警系统应用于反导作战中的系统功能和作战活动,形成二维关系如表 4-2 所列,其中"×"表示系统功能和作战活动具有映射关系。通过 SV-5 映射系统功能和作战活动的关系,将作战体系结构模型和系统体系结构模型联系起来。

表 4-2 作战活动与系统功能关系

系统功能＼作战活动	特定区域搜索	尾焰探测	目标助推段跟踪	扫描传感器探测	接收跟踪指令	捕获导弹目标	目标中段跟踪	图像信息处理	目标参数估计	预测落点	攻击报警	导弹目标确认	观测活动构造	跟踪任务分解	低轨资源调度	规划指令下达	引导搜索	地基早期预警	地基中段跟踪	威胁评估	目标分配	通信保障	效果评估	目标捕获	数据装载	拦截弹发射	拦截弹导引
敏感区域监视功能	×	×		×													×										
目标发现功能	×	×		×													×										
助推段跟踪功能		×	×																								
中段跟踪功能						×	×																				
星上信息处理功能			×					×																			
红外图像处理功能			×					×																			
导弹参数估计和预报功能								×	×	×																	
导弹目标识别功能								×			×																
任务分析功能													×	×	×	×											
卫星位置姿态控制功能				×	×																						

101

（续）

系统功能＼作战活动	特定区域搜索	尾焰探测	目标助推段跟踪	扫描传感器探测	接收跟踪指令	捕获导弹目标	目标中段跟踪	图像信息处理	目标参数估计	预测落点	攻击报警	导弹目标确认	观测活动构造	跟踪任务分解	低轨资源调度	规划指令下达	引导搜索	地基早期预警	地基中段跟踪	威胁评估	目标分配	通信保障	效果评估	目标捕获	数据装载	拦截弹发射	拦截弹导引
初始任务规划功能													×	×	×	×											
动态任务规划功能													×	×	×	×											
雷达探测功能																	×	×	×								
早期预警功能																	×	×									
目标雷达跟踪功能																		×	×								
雷达信息处理功能																		×	×								
综合态势显示功能																				×	×		×				
传感器管理功能	×				×											×											
威胁优先级判断功能																				×	×						
任务分配功能																					×						
拦截效果评估功能																							×				
信息分发和作战保障功能				×											×							×					
精密跟踪识别功能																								×			×
发射控制功能																									×	×	
飞行制导功能																											×

4.2.5 天基预警系统服务视图模型

在对典型作战视图模型和系统视图模型分析的基础上,本节采用面向服务的体系结构建模方法建立了以下服务视图模型:SvcV-1 服务接口描述、SvcV-4 服务功能描述、SvcV-5 服务与作战活动映射、SvcV-3a 服务与系统映射、SvcV-8 服务过程及演化描述等,描述系统中能够提供的服务、服务之间关系和交互过程、以及服务与系统和作战活动之间的映射关系,以实现作战活动与系统功能的松耦合。

4.2.5.1 服务接口描述

服务是指服务提供者能够给服务消费者提供功能或完成实际的作战任务。服务提供者涵盖了军事系统中涉及的各类信息资源、武器装备系统以及作战人员等军事资源。服务群(Services Group,SG)是一类由相同或不同服务提供者提供的、具有相同调用接口、提供相同或相似功能的服务集合。SvcV-1 描述了服务及子服务的构成及其层次关系、交互关系等,与 SV-1、OV-2 之间具有一定的对应关系,如图 4-35 所示。

天基预警系统的服务节点有天基预警资源管理和调度服务群节点(SSRes_SCh)、高轨预警卫星服务群节点(SEW_GEO)、低轨预警卫星服务群节点(SEW_LEO)、信息处理服务群节点(Sinf_Pro)、地面雷达服务群节点(SRAdar)、指挥控制服务群节点(Scommand)、导弹拦截服务群节点(SIntercept),每个服务群包含成员服务(灰色椭圆)或子服务(白色椭圆),子服务提供的功能或支持作战活动相同,所不同的是服务的非功能性参数,如服务 SEW_GEO_D 中的子服务 SEW_GEO_D-1、SEW_GEO_D_2、SEW_GEO_D_3 和 SEW_GEO_D_4 的作用范围不同。服务与子服务之间的分类层次关系和连接关系如图 4-35 所示。图中的白色椭圆数并不表示子服务的个数,只表示服务下层具有若干个功能类似的子服务节点,子服务的个数可根据实际系统的部署和系统可提供服务的能力来确定。

4.2.5.2 服务功能描述

参照服务的一般定义,天基预警系统体系结构中相关的服务描述模型(图 4-36)可采用一个六元组表示:WS = {ID, Name, Provider, Input, Output, QoS}。其中,ID 表示服务标识,Name 表示服务名称,Provider 表示服务提供者的

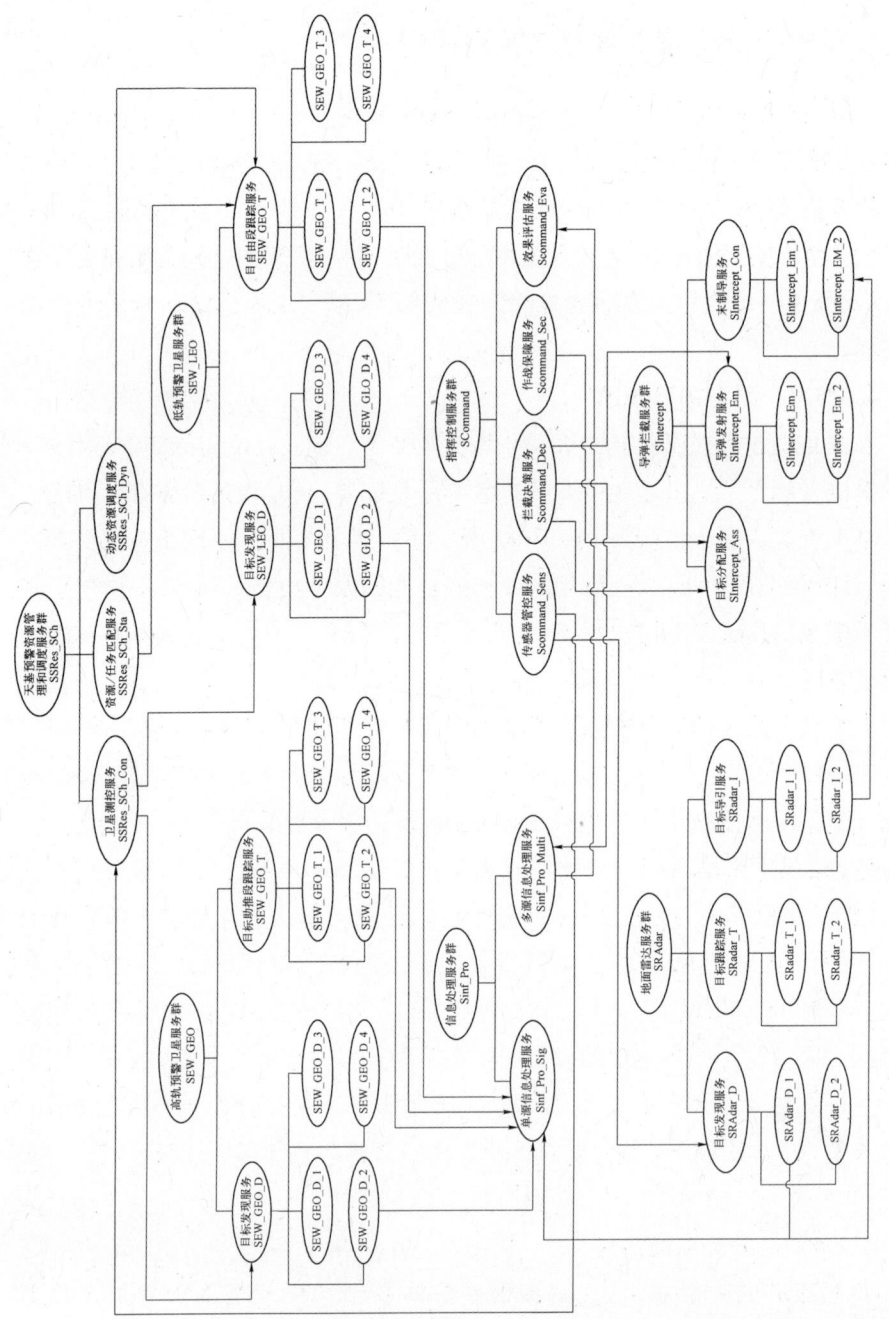

图4-35 服务接口描述图

第4章 面向服务的天基预警系统体系结构设计技术

信息,Input 和 Output 表示服务的输入和输出参数,QoS 表示服务完成的质量属性参数。服务质量的通用指标(MOC)是服务本身固有的属性,体现在执行时间、成功率、吞吐量等。服务性能指标(MOP)主要有:数据准确性,指服务提供预警信息、跟踪信息等数据与真实目标数据之间的接近程度;数据完备性,指服务提供有关目标的信息对目标实际情况描述的完整程度;数据时效性,指服务所提供数据的时间特性,如目标信息的观测时间和更新频率等。服务质量的效能指标(MOE)指在反导作战背景下,天基预警系统及其他平台系统所提供服务的执行效果。如在导弹拦截过程,目标分配服务正确分配来袭目标的能力以及目标分配的结果对目标拦截成功率的影响等。对于不同类型的服务,QoS 描述的侧重点不同,根据实际情况选用指标描述服务信息。

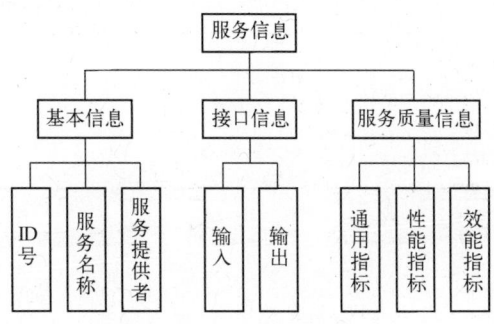

图 4-36　服务功能性描述模型

根据服务描述元组,对服务 SSRes_SCh_Con、SEW_GEO_D、SEW_LEO_T、Scommand_Dec、SRadar_T、SIntercept_Ass 进行实例化描述,如表 4-3 所列。针对系统单元提供服务的过程可以采用伪代码的形式对服务进行描述,其中单源信息处理服务和目标自由段跟踪服务的描述,如图 4-37 所示。

表 4-3　典型服务功能模型实例化描述

	SSRes_SCh_Con	SEW_GEO_D	SEW_LEO_T	Scommand_Dec	SRadar_T	SIntercept_Ass
ID	针对不同卫星对测控服务进行编号	根据不同卫星在不同时刻对发现目标服务编号	根据不同卫星组合在不同时段对目标跟踪服务编号	根据任务数对拦截决策服务编号	根据不同雷达对目标跟踪服务编号	根据拦截节点数和目标数进行编号
Name	卫星测控服务	目标发现服务	目标自由段跟踪服务	拦截决策服务	目标跟踪服务	目标分配服务

（续）

	SSRes_SCh_Con	SEW_GEO_D	SEW_LEO_T	Scommand_Dec	SRadar_T	SIntercept_Ass
Provider	天基预警资源管理和调度节点	高轨预警卫星节点	低轨预警卫星节点组合	指挥控制节点	地基跟踪雷达节点	导弹拦截节点—战术指控单元
Input	引导源数据	目标、卫星位置和传感器性能要求	目标、卫星位置和传感器性能要求	态势信息	目标、雷达位置和性能要求	拦截单元和目标状态数据
Output	卫星控制参数	目标测角信息	目标位置速度信息	任务指令信息	目标位置速度信息	拦截单元对应的目标及时机
Qos	卫星任务控制时刻 t；控制的准确性等	探测时间 t；发现概率 P_d；虚警率 P_f 等	跟踪时间段 T；跟踪精度 GDOP 等	时效性、准确性等	跟踪时间段 T；跟踪精度 GDOP 等	目标分配合理性和效果

```
单源信息处理服务描述 (Sinf_Pro_Sig)：
入口参数：传感器获取的信息
出口参数：目标跟踪结果
Sensor_Inpr_Do=Service_Deal(INFO_Service_Para);
if(! Sensor_Inpr_Do)
  {
    Sensor_Service=Find_Service(INFO_Service_Para);
    Sensor_s=lnformation_Sensor_Deal ( INFO_ Service_Para);
    Sensor_Result_s=Sensor_Servire( Sensor_s);
    return (Sensor_Result_s);
  }
end

目标自由段跟踪服务描述如下 (SEW_LEO_T)：
入口参数：目标、卫星位置和传感器性能要求
出口参数：跟踪效果和相应的性能参数（目标位置速度信息）
Track_s=select_chaser_Service(Object_Satellite_s);
if(!Track_s)
  {
    Infrared_Track_s=Infrared_Track_Service(Object_Satellite_s, Track_s);
    Infrared_Result_s=Send_Infrared_Trace_Status(Infrared_Track_s);
    return Infrared_Result_s;
  }
end
```

图 4-37　典型服务描述的伪代码

4.2.5.3　服务与作战活动映射

天基预警系统体系结构的服务视图产品 SvcV-5 通过描述作战视图中作战

第4章 面向服务的天基预警系统体系结构设计技术

活动与服务视图中服务(服务群、成员服务)之间的可追溯映射关系,保证作战视图中作战活动与服务视图中支持此作战活动的服务之间的可达性,采用二维矩阵的形式进行描述,如表4-4所列,其中"×"表示服务和作战活动具有映射关系。通过SvcV-5映射服务和作战活动的关系,将作战体系结构模型和服务视图模型联系起来。

表4-4 服务与作战活动映射关系

作战活动 服务	特定区域搜索	尾焰探测	目标助推段跟踪	扫描传感器探测	接收跟踪指令	捕获导弹目标	目标中段跟踪	图像信息处理	目标参数估计	预测落点	攻击报警	导弹目标确认	观测活动构造	跟踪目标分解	低轨资源调度	规划指令下达	引导搜索	地基早期预警	地基中段跟踪	威胁分配	目标分配	通信保障	效果评估	目标捕获	数据装载	拦截弹发射	拦截弹导引
SSRes_SCh_Con																×	×										
SSRes_SCh_Sta														×	×	×											
SSRes_SCh_Dyn														×	×	×											
SEW_GEO_D	×	×						×	×																		
SEW_GEO_T		×	×	×			×																				
SEW_LEO_D			×			×					×																
SEW_LEO_T					×	×	×				×																
Sinf_Pro_Sig								×	×	×																	
Sinf_Pro_Multi								×	×																		
Scommand_Sens													×	×													
Scommand_Dec																	×	×									
Scommand_Sec																						×					
Scommand_Eva																							×				
SRAdar_D																		×						×			
SRAdar_T																		×	×								
SRAdar_I																									×	×	×
SIntercept_Ass																					×						
SIntercept_Em																									×	×	×
SIntercept_Con																											×

4.2.5.4 服务与系统资源映射

SvcV-3模型通过描述服务视图中服务(服务群、成员服务)与系统视图中系统、资源、物理设施等之间的可追溯映射关系，保证服务视图中的服务与在系统视图中的具体军事系统资源之间的可达性。采用二维矩阵的形式进行描述，如表 4-5 所列，其中"×"表示服务和系统具有映射关系。通过 SvcV-3a 服务与系统的关系，将系统体系结构模型和服务视图模型联系起来，通过建立 SvcV-5 和 SvcV-3a 实现作战和系统的松耦合。

表 4-5 服务与系统资源映射关系

系统＼服务	红外扫描探测系统	星上信息处理系统	姿态控制系统	卫星告警系统	预警信息快速分发系统	地面信息处理系统	伺服跟踪系统	卫星测控系统	雷达扫描探测系统	雷达信息处理系统	雷达告警系统	精密跟踪系统	信息处理系统	任务管理系统	任务规划调度系统	态势分析与显示系统	通信系统	威胁评估系统	指挥决策系统	导弹发射系统	制导系统	跟踪系统
SSRes_SCh_Con			×				×	×														
SSRes_SCh_Sta													×	×	×							
SSRes_SCh_Dyn													×	×								
SEW_GEO_D	×	×	×			×																
SEW_GEO_T	×		×		×																	
SEW_LEO_D	×	×		×																		
SEW_LEO_T	×			×																		
Sinf_Pro_Sig		×				×																
Sinf_Pro_Multi						×							×									
Scommand_Sens						×								×	×							
Scommand_Dec															×	×	×					
Scommand_Sec																	×					
Scommand_Eva																×	×					
SRAdar_D							×	×	×													
SRadar_T								×	×	×	.											
SRadar_I																					×	×
SIntercept_Ass																						
SIntercept_Em																			×			
SIntercept_Con																					×	×

4.2.5.5 服务过程及演化描述

天基预警系统应用于未来的反导作战过程可能会受到不确定性事件的影响，例如，由于战场环境或敌方攻击等因素造成系统资源状态变化(如预警卫星、雷达等受到干扰或被摧毁)，使其提供的服务失效，导致系统功能无法满足作战活动过程执行；另外，根据实时的战场态势(有新目标任务)可能调整作战过程。此时需要对系统部署和提供服务的方式、服务流程进行动态调整，以满足作战活动执行的需求。在体系结构描述设计层面，通过对未来可能出现演化情况进行分析，有利于系统适应未来战场环境的动态变化。下面从系统资源失效角度分析天基预警系统支援下反导作战中服务的演化过程，如图 4-38 所示，作战活动过程调整引起的服务演化过程类似，这里没有列出。

在图 4-38 中，作战和服务过程层是采用 IDEF3 方法建立的作战规则模型，服务描述层包括支持作战活动及其服务行为的服务及层次，服务的具体描述在服务功能和接口描述中已经阐述。图中服务节点 A 映射到高轨预警卫星服务群(SEW_GEO)中的目标发现服务(SEW_LEO_D)，并且选择系统单元中高轨预警节点 A 中的高轨卫星节点提供的成员服务(SEW_LEO_D_2)作为具体执行服务的资源。服务节点 B 映射到高轨预警卫星服务群(SEW_GEO)中的子服务群信息处理服务群(Sinf_Pro)，选择系统单元中高轨预警节点 A 中的信息处理节点提供的成员服务(单源信息处理服务 Sinf_Pro_Sig)作为服务执行资源。服务节点 C 映射到高轨预警卫星服务群(SEW_GEO)中的目标跟踪服务(SEW_LEO_T)，并且选择系统单元中高轨预警节点 A 中的高轨卫星节点提供的成员服务(SEW_LEO_T_2)作为具体执行资源。服务节点 D 映射到导弹拦截服务群(SIntercep)中的目标分配服务(SIntercept_Ass)，选择系统单元中的拦截节点中战术指控单元实体的目标分配服务(SIntercept_Ass)作为具体执行资源。服务节点 E 映射到导弹拦截服务群(SIntercep)中的导弹发射服务(SIntercept_Em)，选择系统单元拦截节点中发射单元提供的成员服务(SIntercept_Em_2)作为具体执行资源。服务节点 F 映射到导弹拦截服务群(SIntercep)中的制导服务(SIntercept_Con)，选择系统单元拦截节点中的火力控制单元提供的成员服务(SIntercept_Con_2)作为具体执行资源，映射关系在图中用实线表示。在未来战场环境下高轨预警节点 A 中的预警卫星假如因敌方干扰或攻击难以满足服务节点 A、B、C 的需求，此时由服务群(SEW_GEO)根据系统设计时提供的选择策

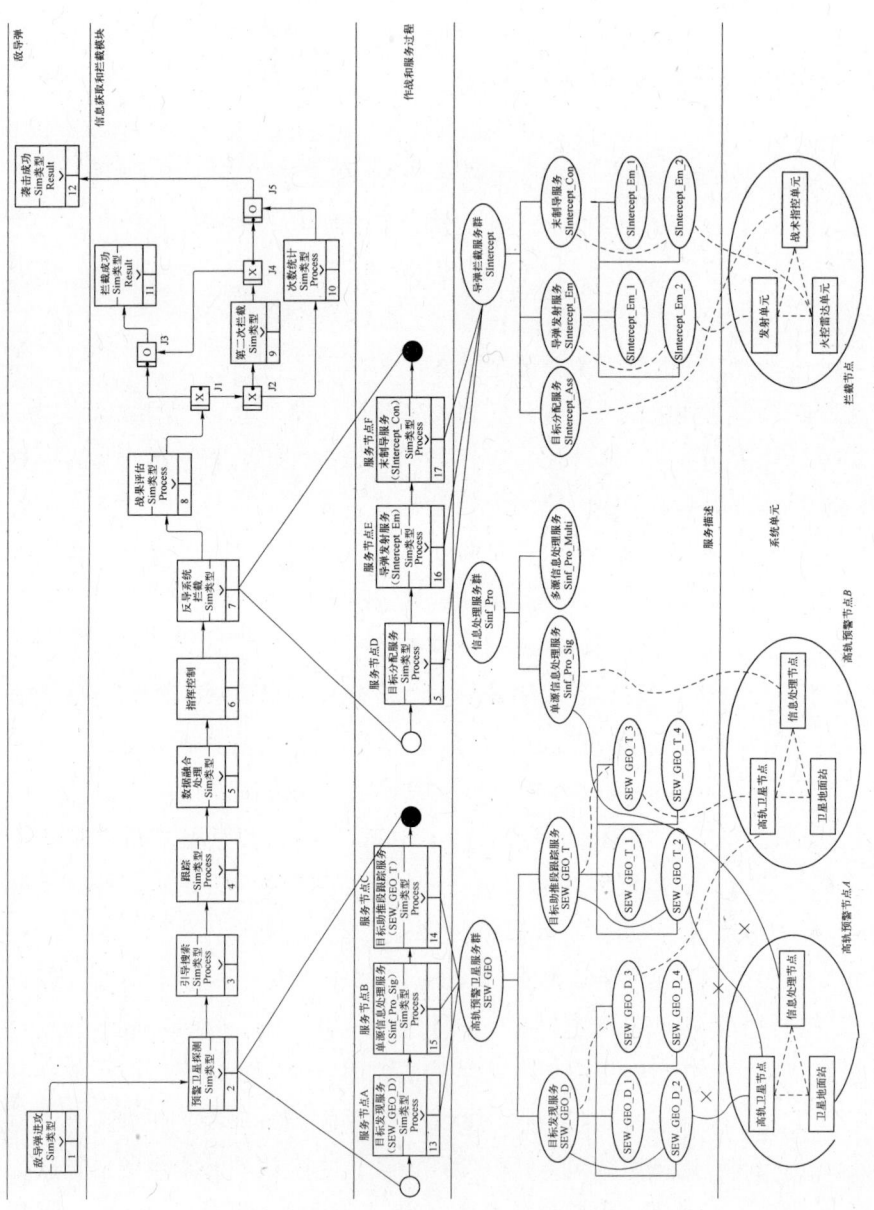

图4-38 服务过程及演化描述

略和服务群内其他成员服务的状态、服务质量属性选择高轨预警节点 B 的成员服务(SEW_LEO_D_3、SEW_LEO_T_3、Sinf_Pro_Sig)作为服务的执行资源,映射关系在图中用虚线表示,避免了因高轨预警节点 A 系统资源失效造成整个作战活动执行的中断。系统和作战活动的松耦合正是通过服务过程的演化调整来实现的。

4.3 基于 IDEF3 的流程描述与验证技术

4.3.1 基于 IDEF3 的流程建模与分析方法

在当前体系结构框架下设计体系结构模型通常描述的是系统静态信息或动态信息的静态表示(如作战活动模型和服务过程演化描述模型),这些模型不能提供信息在什么条件下产生,以及信息是如何接收和发送的具体细节,很难对系统之间的交互作用等动态行为进行分析。动态可执行模型可以定义信息接收、产生发送的条件,反映随时间变化的活动、行为的信息交换以及活动和角色之间的动态交互。通过可执行模型的运行进行性能评估,并对在作战环境中的资源转化为功能的效率进行评价。可执行模型中的执行规则描述行为单元之间的执行、调用关系以及与静态模型产品之间的数据流关系。本节研究建立天基预警服务可执行流程模型,对典型的预警服务流程进行验证分析,描述天基预警系统的动态服务过程,分析天基预警服务的效用。

4.3.1.1 任务时序描述模型

天基预警服务流程模型包括服务节点、服务行为的任务时序关系,因此本小节首先介绍典型的任务时序描述模型。

任务的执行一般都有比较严格的时序关系,规定了开始时间和结束时间,根据不同的任务要求有不同的时序关系。任务的时序关系是进行任务描述和建立任务描述模型的基础。通常把任务的时序关系分为串行和并行两大类。根据任务执行时间的重叠形式,串行又可分为汇合和超前关系,并行又可分为相等、期间、重叠、开始和结束关系,任务时序关系如图 4-39 所示。

设有任务 A 和 B,T_{As} 和 T_{Bs} 分别为 A 和 B 任务开始时间,T_{Ae} 和 T_{Be} 分别为 A 和 B 任务结束时间。任务主要有串行和并行关系两种时序关系。

(1) 串行关系。A 与 B 为串行关系,有 $T_{Ae} \leqslant T_{Bs}$。当 $T_{Ae} = T_{Bs}$ 时,称为汇合关系

(meets),如图 4-39(a)所示;当 $T_{Ae}<T_{Bs}$ 时,称为超前关系(before),如图 4-39(b)所示。

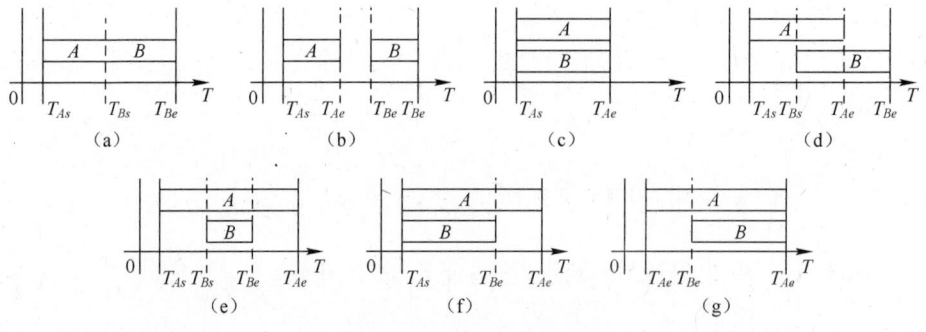

图 4-39 任务时序关系

(2) 并行关系。A 与 B 为并行关系,有 $T_{Ae}>T_{Bs}$。当 $T_{As}=T_{Bs}$,$T_{Ae}=T_{Be}$ 时,称为相等关系(equals),如图 4-39(c)所示;当 $T_{As}<T_{Bs}$ 且 $T_{Bs}<T_{Be}$ 时,称为期间关系(during),如图 4-39(d)所示;当 $T_{As}<T_{Bs}$ 且 $T_{Be}=T_{Ae}$ 时,称为重叠关系(overlaps),如图 4-39(e)所示;当 $T_{As}=T_{Bs}$,且 $T_{Be}<T_{Ae}$ 时,称为开始关系(starts),如图 4-39(f)所示;当 $T_{As}<T_{Bs}$ 且 $T_{Ae}=T_{Be}$ 时,称为结束关系(finishes),如图 4-39(g)所示。

4.3.1.2 IDEF3 技术

流程分析方法以 IDEF3 为基础,IDEF3 解决了 IDEF0 不能反映时间和时序的问题,并能和流程分析软件相结合,用来检验过程的合理性并指导过程重构,实现优化。IDEF3 采用图形化的语言描述,通过一些基本元素的不同组合来描述系统的动态过程,可以满足描述任务过程的时序关系和逻辑关系的需要,通过对行为单元的属性定义,能够对任务事件进行详细描述,包括任务事件的时间与任务执行概率、任务事件的子事件等。IDEF3 描述任务过程的优点是简单、快速和描述性好。IDEF3 过程流描述语言的基本语法元素有下列几种:①行为单元 UOB(Unit Of Behavior);②交汇点(Junction);③连接(Link);④参照物(Referent);⑤细化说明(Elaboration);⑥分解(Decomposition),如图 4-40所示。行为单元 UOB 用以描述一个组织或一个复杂系统中的过程或活动;连接是把 IDEF3 的图形符号组合在一起的黏结剂,可以阐明一些约束条件和各成分之间的关系,包括时间、逻辑、因果关系等。过程活动间的逻辑关系通过交汇点来描述,交汇点可以表示多股过程流的汇总或分发。通过 IDEF3 可以记录状态和事件之间的关系以及过程中产生的数据,可以确定资源在流程中的作用。

第4章 面向服务的天基预警系统体系结构设计技术

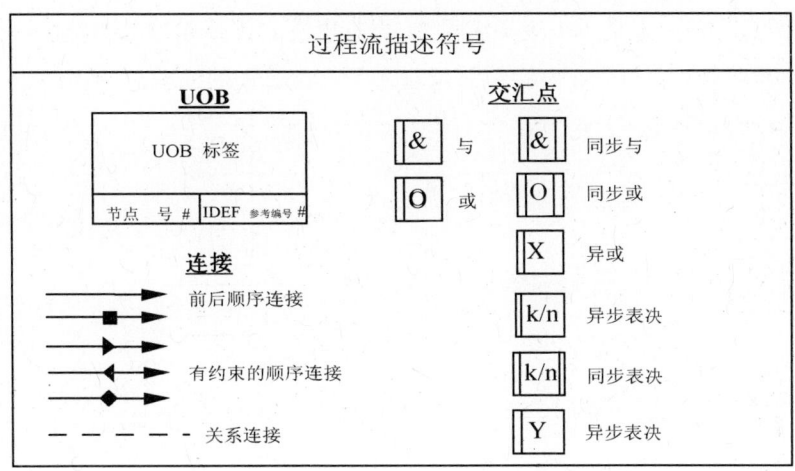

图 4-40 IDEF3 基本语法元素

4.3.1.3 流程分析方法

用于流程建模分析的 IDEF3 有两种视图：以过程为中心的进程流图(Process Flow Network Diagram,PFN)和以对象为中心的对象状态转移网图(Object State Transition Network Diagram,OSTN)。进程流图可以用于流程验证的建模，OSTN 图用于状态转换描述的建模。基于 IDEF3 的流程分析方法的基本原理,如图 4-41 所示,以 IDEF3 元素建立可执行模型,包括流程模型、资源模型、时间模型和组织模型,通过交汇点和链接模块等执行规则,建立完整的服务流程模型,可执行模型的相关对象以及内部关系在图左边显示,在 SA(System Architecture)工具的仿真参数和环境下进行动态可视化仿真,以统计学为基础收集和记录仿真数据,在 SA 仿真中形成仿真报表和图形结果,并分析时间、资源利用等指标,以优化仿真模型。

(1)流程模型。流程是仿真执行的核心,它通过活动、子活动、连接弧以及各种连接节点来描述各任务之间的依赖关系。在仿真中,IDEF3 的建模元素 UOB 分为事件、过程、结果和保持 4 种类型。事件表示流程的开始,过程是组成流程的基本类型,结果表示流程的结束,保持表示流程中的缓冲、延迟等概念。在仿真中,通过事件产生仿真对象,并确定对象产生的规律和数量,过程主要负责处理事件产生的对象。处理对象的时间由事件模型描述,过程的执行者由角色或资源描述,过程之间的关系由交汇点和连接模块描述。在流程中的每一个过程都可以细化,定义下一级子流程图,当对象进入该过程时,同时也就是进入了子流程的处理,从子流程流出后,又进入下一个过程的处理,直到结束。

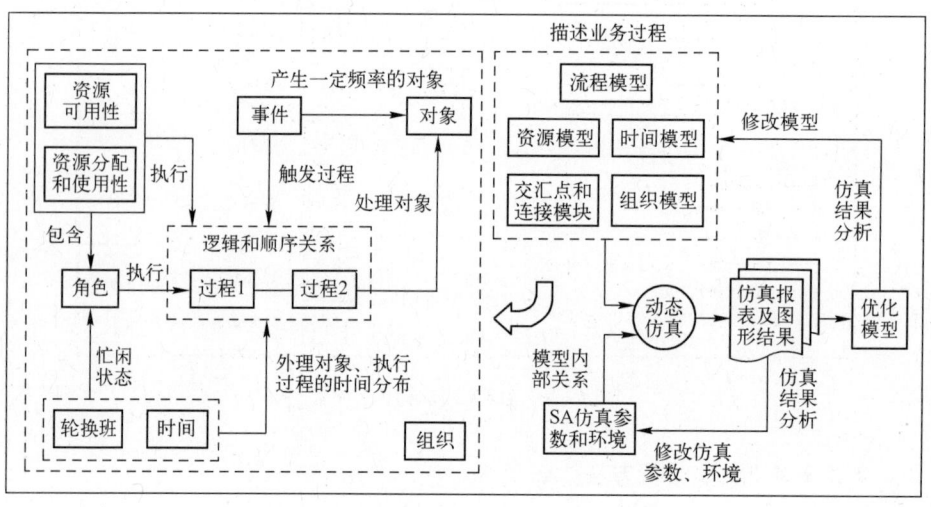

图 4-41　基于 IDEF3 的流程分析原理图

（2）资源模型。每个资源模型包含一定数量的具有相同功能的资源实体（包括角色或装备系统实体,将系统资源的功能封装为服务）,它们按照一定的排队规则分配给活动。当出现多个活动同时请求占用某个资源服务的情况,就会出现排队现象。资源模型包括资源可用性模型:同一时间完成工作有多少资源可用;资源分配使用模型:完成一项工作需要分配多少资源。资源模型的建立可用于分析资源利用率。

（3）组织模型。主要定义与流程模型虚拟执行有关的组织信息。

（4）时间模型。人员的活动和系统资源的使用遵循一定的时间,例如,如果某活动在一个时间段内执行,而某个角色资源在这个时间段内不可用,则这个角色不能被这个过程所利用。只有在时间表所定义的时间范围内,资源才是可用的,活动才能被执行。时间模型和资源模型共同驱动流程模型。

（5）交汇点和连接模块。在构建流程模型时,可以根据任务之间的逻辑关系按需选择相应的交汇点类型。

4.3.2　天基预警服务流程验证实例

预警卫星的传感器对目标的探测概率与探测时间有关,对目标的探测时间

第4章 面向服务的天基预警系统体系结构设计技术

越长,探测成功概率越高。传感器性能越好越容易探测到目标,并能更快地实现对目标的稳定跟踪。因此要实现以一定概率探测到目标,传感器所需要的探测时间以及对目标稳定跟踪时间的长短间接反映了卫星传感器的性能。在传感器本身性能一定的情况下,传感器的数量、传感器与目标的相对位置也是影响探测和跟踪效果的重要因素。因此,本节从服务资源数量和服务能力两个方面对服务流程及服务效率进行验证分析。其中,在服务流程模型中,服务能力体现在服务的执行时间上,传感器资源服务能力越高,探测到目标需要的时间越少,对目标达到稳定跟踪的时间也越短,而服务资源越多,可以选择服务能力更好的组合。结合实际情况和仿真的需要,并根据服务功能描述中服务质量(QoS)特性,选取服务执行时间、服务执行的成功概率和提供服务数量(系统资源数)表示服务性能参数,通过不同服务性能参数组合构建不同的流程方案,进行对比,验证分析影响服务效率的因素。在流程分析中,选用服务节点和服务资源的繁忙程度、拦截概率等指标反映天基预警系统的服务效率。

本书用服务流程表示OV-6a模型,对面向反导应用的天基预警系统服务流程进行验证,统计分析系统资源提供服务的效率。以作战规则模型为基础,建立面向反导作战的天基预警系统服务流程模型,如图4-42所示,服务流程模型中包含3个组织:①进攻导弹模块,根据实际情况模拟产生相应的来袭弹道导弹的信息,描述敌方导弹的生存状态;②信息获取和指控模块,描述我方对敌方导弹的探测跟踪等服务过程,并进行信息处理;③拦截模块,根据敌我双方目标信息进行拦截决策,描述反导系统对敌方导弹的拦截过程及其拦截效果反馈。服务行为节点有目标发现服务(高轨)、单源信息处理服务(高轨)、目标助推段跟踪服务、目标发现服务(低轨)、单源信息处理服务(低轨)、目标自由段跟踪(低轨)、目标发现服务(雷达)、目标跟踪服务(雷达)、指挥控制服务、导弹拦截服务、二次拦截服务。服务节点对应的服务资源为高轨预警卫星节点、高轨卫星信息处理节点、高轨预警节点(组合节点)、低轨预警卫星节点、低轨预警信息处理节点、低轨预警节点(组合节点)、地面雷达节点、地面雷达节点、指控节点、导弹拦截节点、导弹拦截节点。其中指挥控制服务、导弹拦截服务节点可以根据服务功能中的子服务转换成IDEF3规则模型的子流程图,本书没有给出。

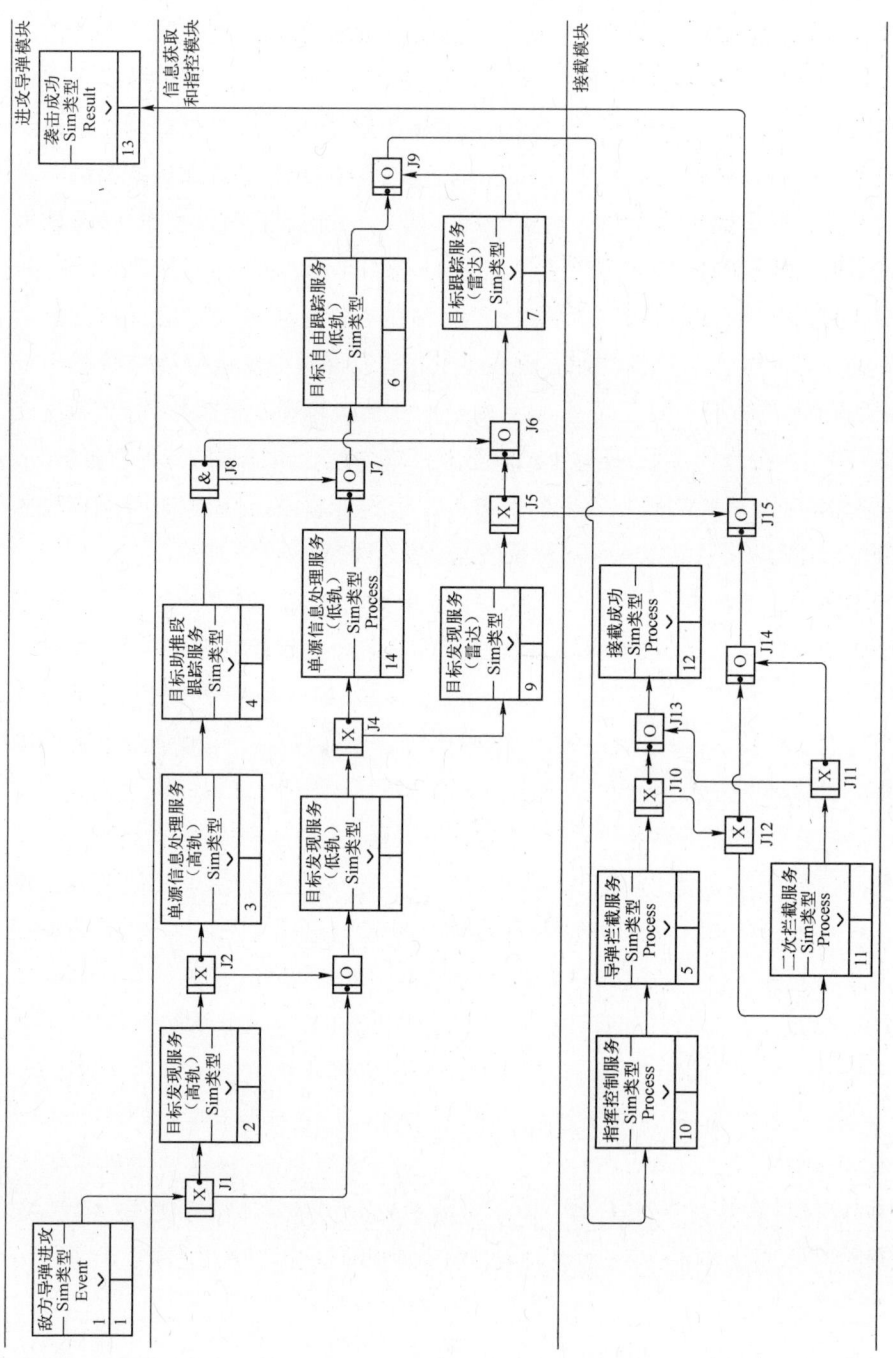

图4-42 服务流程模型

第4章 面向服务的天基预警系统体系结构设计技术

在服务流程模型中,事件产生仿真对象,通过设置对象的到达率来模拟服务流程,对服务流程模型的作战想定可作如下设定:敌方弹道导弹射程为1000km,从发射开始,整个弹道的运行时间 T 窗口服从正态分布 Normal(500,10),其中500为期望值,10为方差,时间为s,假设拦截系统对目标的拦截时间窗口不大于460s。作战过程中各资源都处于战备值班状态,因此轮换班 shift 可设置为24h。服务执行的时间不是固定的,通常服从某一分布,可以作为排队问题来求解,计算方法是首先根据原始资料并按照统计学的方法(如 χ^2 检验法)以确定其符合哪种理论分布,并估计其参数值,最后根据相关公式计算时间的期望值。参数的计算和获取不是本书的重点,本书通过设置服务流程中的时间参数进行验证。通过仿真得到对于某型导弹,预警卫星对目标稳定探测30s时能达到90%以上的探测概率,根据仿真结果,在本想定中,设定预警卫星发现目标(即探测概率接近90%时)所需的时间服从正态分布 Normal(30,1)。模型中服务节点的时间参数如表4-6所列,交汇点的属性如表4-7所列。在表4-6中设置了4种方案,从服务资源数量(方案1(1)和方案1(2)对比)和服务能力(方案2(1)和方案2(2)对比)两方面进行对比验证。通过前面的分析,服务资源数量的增加可以间接提高系统整体服务能力,服务能力可以通过对目标的探测时间和稳定跟踪时间来表示,在表4-6中列出,其中方案1(2)和方案2(1)参数相同。表4-6中服务资源的可用性表示在平均同一时间可提供服务的资源数,即同一时间对目标的平均可见预警卫星数量。

表4-6 资源模型和时间模型参数

服务行为节点	资源分配、可用性			服务执行时间(分布)		
	方案1(1)	方案1(2)、方案2(1)	方案2(2)	方案1(1)	方案1(2)、方案2(1)	方案2(2)
目标发现服务(高轨)	1(3)	1(4)	1(4)	Normal(35,1)	Normal(30,1)	Normal(22,1)
单源信息处理服务(高轨)	1(3)	1(4)	1(4)	Normal(28,1)	Normal(25,1)	Normal(20,1)
目标助推段跟踪服务	1(3)	1(4)	1(4)	Normal(29,1)	Normal(25,1)	Normal(23,1)
目标发现服务(低轨)	1(4)	1(6)	1(6)	Normal(36,2)	Normal(32,2)	Normal(29,2)
单源信息处理服务(低轨)	1(4)	1(6)	1(6)	Normal(28,1)	Normal(25,1)	Normal(20,1)
目标自由段跟踪(低轨)	1(4)	1(6)	1(6)	Normal(130,2)	Normal(120,2)	Normal(100,2)
目标发现服务(雷达)	1(3)	1(3)	1(3)	Normal(53,3)	Normal(53,3)	Normal(53,3)

(续)

服务行为节点	资源分配、可用性			服务执行时间(分布)		
	方案1(1)	方案1(2)、方案2(1)	方案2(2)	方案1(1)	方案1(2)、方案2(1)	方案2(2)
目标跟踪服务(雷达)	1(3)	1(3)	1(3)	Normal(130,3)	Normal(130,3)	Normal(130,3)
指挥控制服务	1(1)	1(1)	1(1)	Normal(60,0.5)	Normal(60,0.5)	Normal(60,0.5)
导弹拦截服务	1(3)	1(3)	1(3)	Normal(65,2)	Normal(65,2)	Normal(65,2)
二次拦截服务	1(3)	1(3)	1(3)	Normal(65,2)	Normal(65,2)	Normal(65,2)

表4-7 部分服务流程模型交汇点属性描述

交汇点名称	类 型	(前)后置IDEF3元素名称	属 性
J1	异或(输出)	目标发现服务(高轨)、J3	可采取高、低轨卫星对目标进行探测
J2	异或(输出)	单源信息处理服务(高轨)、J3	设置高轨卫星的探测概率90%
J3	或(输入)	J1,J2	任何一个分支的对象都可通过交汇点
J4	异或(输出)	单源信息处理服务(低轨)、目标跟踪服务(雷达)	设置低轨卫星的探测概率90%
J5	异或(输出)	J6,J15	设置雷达对目标的探测概率90%
J6	或(输入)	J5,J8	任何一个分支的对象都可通过交汇点
J7	或(输入)	单源信息处理服务(低轨)、J8	任何一个分支的对象都可通过交汇点
J8	与(输出)	J6,J7	可采取低轨卫星或地面跟踪雷达对目标进行跟踪
J9	或(输入)	目标自由段跟踪(低轨)、目标跟踪服务(雷达)	任何一个分支的对象都可通过交汇点
J10	异或(输出)	J12,J13	设置导弹单次拦截概率90%
J11	异或(输出)	J13,J14	设置导弹单次拦截概率90%
J12	异或(输出)	二次拦截服务、J14	设置导弹拦截时间窗口范围460s
J13	或(输入)	J10,J11	任何一个分支的对象都可通过交汇点
J14	或(输入)	J11、J12	任何一个分支的对象都可通过交汇点
J15	或(输入)	J5、袭击成功	任何一个分支的对象都可通过交汇点

通过流程仿真,4种方案的服务资源的繁忙程度、服务行为节点的繁忙程度统计,如表4-8和表4-9所列,总的拦截数据统计如表4-10所列。服务资源繁忙程度如图4-43和图4-44所示。服务行为节点繁忙程度如图4-45和图4-46所示。

第4章 面向服务的天基预警系统体系结构设计技术

表4-8 服务资源的繁忙程度统计　　　　　　　　单位:%

服务资源繁忙程度	方案1(1)	方案1(2)、方案2(1)	方案2(2)
低轨预警信息处理节点	16.42	10.09	7.39
低轨预警卫星节点	16.71	10.26	7.59
地面雷达节点	13.11	13.11	13.11
导弹拦截节点	9.18	9.46	9.66
高轨预警信息处理节点	5.47	3.30	1.09
指控节点	23.46	23.46	23.46
高轨预警卫星节点	6.95	4.18	2.62

表4-9 服务行为节点的繁忙程度统计　　　　　　单位:%

服务行为节点的繁忙程度	方案1(1)	方案1(2)、方案2(1)	方案2(2)
单源信息处理服务(低轨)	6.75	3.45	1.96
目标自由段跟踪(低轨)	32.46	24.04	18.20
目标发现服务(低轨)	8.91	3.47	2.15
目标发现服务(雷达)	0.57	0.57	0.57
目标跟踪服务(雷达)	38.76	33.76	28.76
二次拦截服务	2.13	2.96	3.55
单源信息处理服务(高轨)	9.06	7.20	5.76
指挥控制服务	4.69	4.69	4.69
目标发现服务(高轨)	13.51	10.72	6.87
导弹拦截服务	8.47	8.47	8.47
目标助推段跟踪服务	9.34	6.19	4.61

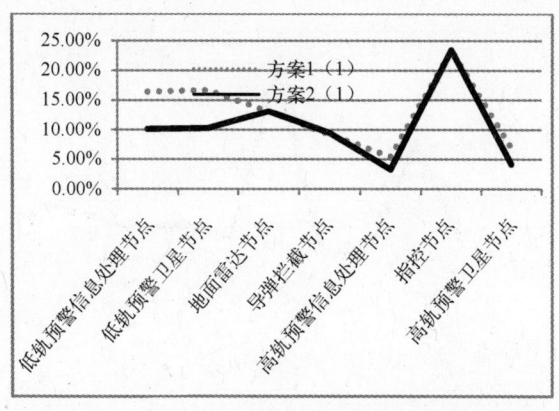

图4-43 方案1(1)和方案1(2)服务资源繁忙程度

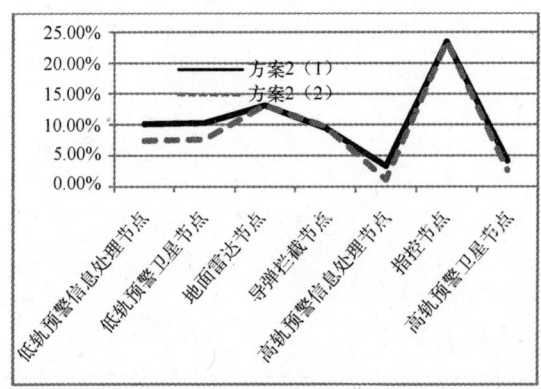

图 4-44　方案 2(1)和方案 2(2)服务资源繁忙程度

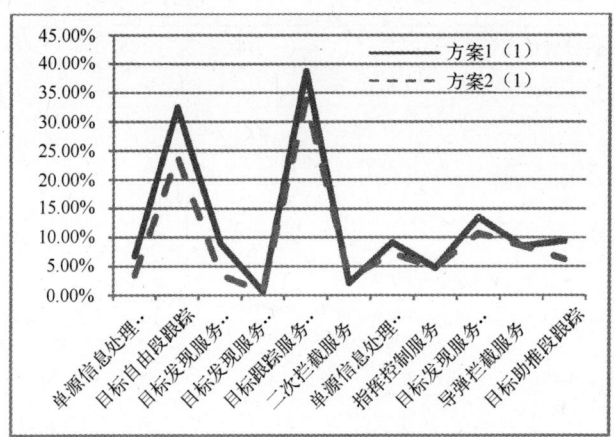

图 4-45　方案 1(1)和方案 1(2)服务行为节点繁忙程度

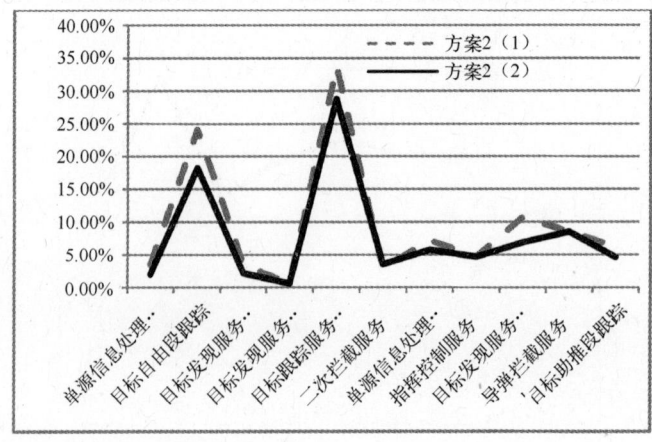

图 4-46　方案 2(1)和方案 2(2)服务行为节点繁忙程度

第4章 面向服务的天基预警系统体系结构设计技术

表 4-10 拦截数据统计

方案	仿真对象总数	成功拦截总数	袭击成功总数	总拦截概率/%
方案 1(1)	2000	1751	249	87.55
方案 1(2)、方案 2(1)	2000	1810	190	90.50
方案 2(2)	2000	1852	148	92.60

综合以上统计数据和图表可以得出如下结论。

(1) 预警资源本身的服务能力是影响服务效率的重要因素。方案 2(1) 和方案 2(2) 进行对比,在方案 2(2) 中天基预警服务资源能力高于方案 2(1),服务效率指标更好。如低轨预警信息处理节点繁忙程度小于 3% 以上,拦截成功概率高 2%。

(2) 增加天基服务资源的数量可提高服务的效率。方案 1(1) 和方案 1(2) 进行对比,方案 1(2) 的服务资源数更多,系统可选择服务能力更高资源组合执行服务,服务效率指标更好。如低轨预警信息处理节点资源的繁忙程度小 6% 以上,拦截成功概率高近 3%。

因此,为提高天基预警系统服务效率,一方面提高系统本身服务能力(传感器性能或是优化空间布局);另一方面可以增加可供选择的服务资源,在可供选择的资源中选择具有较优服务能力的传感器组合对目标进行探测和跟踪。

参 考 文 献

[1] 熊伟,刘德生,简平,等. 空间信息系统建模仿真与评估技术[M]. 北京:国防工业出版社,2016.

[2] [美]Thomas Erl. SOA 概念、技术和设计[M]. 王满红,陈荣华 译. 北京:机械工业出版社,2006.

[3] DoD CIO. Department of Defense Global Information Grid Architectural Vision1.0 for a Net-Centric,Service-OrientedDoD Enterprise[R]. Washington:DoD,2007:11-31.

[4] DoD Architecture Framework Working Group. DOD Architecture Framework 1.5 Volume I [R]. Washington:DoD,2007:4-6.

[5] DoD Architecture Framework Working Group. DOD Architecture Framework 2.0 Volume I [R]. Washington:DoD,2009:13-28.

[6] Lee, Shelton. DoDAF V2.0 Overview[R]. Addepartment of defense washingdon DC chief information officer, 2010(4):1-38.

[7] 简平,熊伟. 基于活动的 C⁴ISR 体系结构建模方法研究[J]. 装备指挥技术学院学报, 2009,20(5):50-55.

[8] 王磊,罗雪山,罗爱民. C⁴ISR 体系结构服务视图产品描述方法研究[J]. 科学技术与工程,2010,10(10):2323-2329.

[9] 于晓浩. 面向任务的军事信息服务组合方法与关键技术研究[D]. 长沙:国防科技大学,2011.

[10] Cheng Kai, Zhang, Hong-Jun. Framework to evaluate operational effectiveness based on extended IDEF3 method[C]. 2011 International Conference on Advanced Materials and Computer Science, ICAMCS, 2011, 2329-2334.

[11] Huihua Cheng, Benli Wang, Changjun Wei. Research of Information Weapon System Performance Evaluation Based-on DoDAF[C]. Optoelectronics and Image Processing (ICOIP), 2010, 192-195.

[12] 姜军,吕翔,罗爱民,等. IDEF 3 过程模型执行性研究[J]. 计算机仿真,2009,26(7):325-328.

[13] 张帆. 导弹预警卫星系统分析与仿真[D]. 北京:装备指挥技术学院,2007.

第 5 章 天基预警系统的组网及优化设计

低轨预警系统凝视型传感器的探测视场具有窄视场和灵活指向等特点,光轴可在俯仰向和方位向一定范围内灵活转向,可提供一个较大的总探测视场,传感器的性能是影响系统能力的关键因素。本章着重从系统中发挥监视功能的凝视型传感器性能出发,从空间覆盖、定位精度和星座成本等角度对低轨预警星座系统进行优化设计,以提高系统对星空背景下自由段导弹目标(包括其他空间目标)的探测和跟踪能力,提高面向服务体系结构下系统服务能力。

5.1 天基预警系统组网及星座设计约束

5.1.1 目标可见性约束

从原理上讲,监视的实质就是探测目标的信号,包括目标发射、辐射或反射可被探测到的电磁波或红外信号。就导弹目标而言,探测涉及的因素有导弹飞行过程中的红外特性、探测背景特性、大气衰减、传感器光学系统性能及工作模式等。将导弹目标和背景及大气衰减合为光学可见,而将传感器光学系统和传感器工作模式等作为载荷可见。另外,若导弹目标与监视卫星间有遮挡,即不满足几何可见,则视为不可探测。卫星只有做到几何可见、光学可见和载荷可见,才能实现实际的可见,即卫星的可观测范围是上述 3 种可见范围的交集,如图 5-1 所示。在某一时刻,给定低轨预警卫星 S_1 的位置矢量 $\boldsymbol{P}_S = (x_S, y_S, z_S)$,导弹目标 S 的位置矢量 $\boldsymbol{P}_T = (x_T, y_T, z_T)$,在惯性坐标系中与预警卫星 S_1 满足几何可见、载荷可见与光学可见的区域分别记为 $R_{geometry}$, $R_{equipment}$, R_{optics},这 3 个区域取交集即得预警卫星对导弹目标的可观测区域: $R_{visible} = R_{geometry} \cap R_{equipment} \cap R_{optics}$。

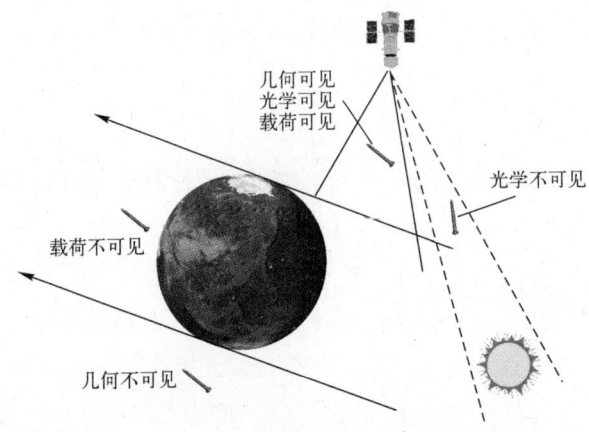

图 5-1 卫星的可见性示意图

预警卫星在惯性空间中按轨道力学的轨道运动，导弹目标的运动也是有规律的，几何可见是指预警卫星与导弹目标间可通视，即两者间的连线不受地球遮挡，同时连线不与地球相交，以及观测方向不以地球为背景。考虑到大气层的影响，地球半径和大气层厚度之和，记为 R，在 J2000 坐标系中，卫星的位置矢量为 $P_S = (x_S, y_S, z_S)$，目标的位置矢量为 $P_T = (x_T, y_T, z_T)$，如图 5-2 所示，r, r_1, h 分别表示地心 O_e 到 S 和 S_1，以及 S 到 S_1 之间的距离，h 为边 $S_1 S$ 上的高。由几何关系可得 $r_1^2 = r_0^2 + r^2 - 2rr_0\cos\theta$，当 $\cos\theta \leq 0$ 时，几何可见；否则，当 $h \geq R$ 时几何可见，$h = r\sin\theta$。综上所述，得 S_1 几何可见区域 $R_{\text{geometry}} : \theta \geq 90°$ 或 $r\sin\theta \geq h$。

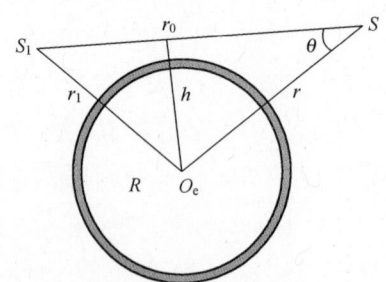

图 5-2 几何可见示意图

光学可见取决于传感器的工作波段，这里仅考虑探测系统对导弹目标在红外波段的感应。探测系统在对目标跟踪过程中的背景是星空，星空背景的辐射亮度不高。对光学可见约束分析中，天基传感器应注意避开太阳、地球和月球

第5章 天基预警系统的组网及优化设计

等自然天体的反射区,即上述天体不在传感器的视场内。将太阳视为一个应避开的小空域。太阳、导弹目标与预警卫星的关系如图5-3所示,其中 d_{ot} 为卫星到目标之间的距离,d_{os} 为卫星到太阳之间的距离,d_{ts} 为目标到太阳之间的距离。由于 d_{ot} 远远小于日地距离,故 $d_{ts} \approx d_{os}$。因此,问题便转化为 α 是否在以 d_{os} 为轴 α_0 度的视锥内。根据余弦定理,有

$$\cos\alpha = \frac{d_{ts}^2 - d_{os}^2 - d_{ot}^2}{-2d_{os}d_{ot}} \approx \frac{d_{ot}}{2d_{os}} \tag{5-1}$$

从而得出不受太阳背景影响的区域需要满足的条件:$\alpha \geq \alpha_0$。

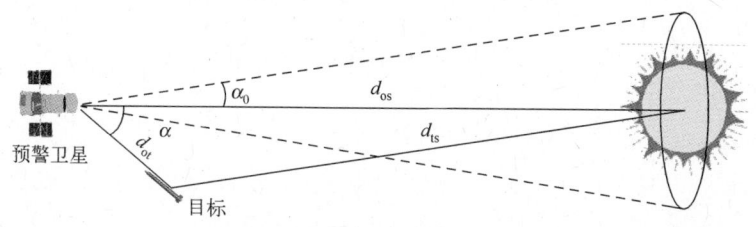

图5-3 太阳背景计算模型示意图

对于载荷可见传感器的光学系统和工作模式,本书将低轨道预警卫星系统的作用范围(覆盖范围)简化为由方位角、俯仰角和传感器作用距离决定的视锥模型以及视锥在方位、俯仰方向的转动范围决定。传感器可采用圆形视锥和矩形视锥两种形式,如图5-4所示,将视锥的中心轴线看作一条自卫星原点出发的射线,该射线表征了视锥在坐标系中的朝向,称为视锥的光轴指向,光轴可在俯仰向和方位向一定范围内灵活转向。传感器采用临边工作模式,如图5-4所示,临边工作模式是指传感器的光轴指向始终在地球某一个高度(切线高度)与水平面平行的平面之上(包含),保证在星空背景下对导弹目标进行观测。切线高度 h_m 是与地球临边相关的一个常用参数,在视线上任意点的目标,无论高度如何,都是在相同的星空背景下观测的。其中 $h_m = R_m - R_e$,$R_m = |OO'|$,R_e 为地球半径。因此,载荷瞬时可见是指在传感器临边工作模式下,某时刻导弹目标在由光学系统的方位角、俯仰角和作用距离决定的视锥内。视锥大小用作用距离 R 和锥角 Φ 表示,在图5-4的圆形视锥中,圆锥角 $\angle BSO$ 和作用距离 R 决定传感器的瞬时视场;在图5-4的矩形视锥中,水平半角 $\angle ESO$、垂直半角 $\angle FSO$ 和作用距离 R 决定传感器的瞬时视场。因此,载荷可见区域 $R_{equipment}$(覆盖范

围)表示为四元组:$(\Phi, R, \Delta\alpha, \Delta\beta)$,其中 $\Delta\alpha = [\alpha_{\min}, \alpha_{\max}]$ 为传感器光轴相对于卫星与地心连线在水平方向的转动范围,$\Delta\beta = [\beta_{\min}, \beta_{\max}]$ 为传感器光轴相对于卫星与地心连线在俯仰方向的转动范围。

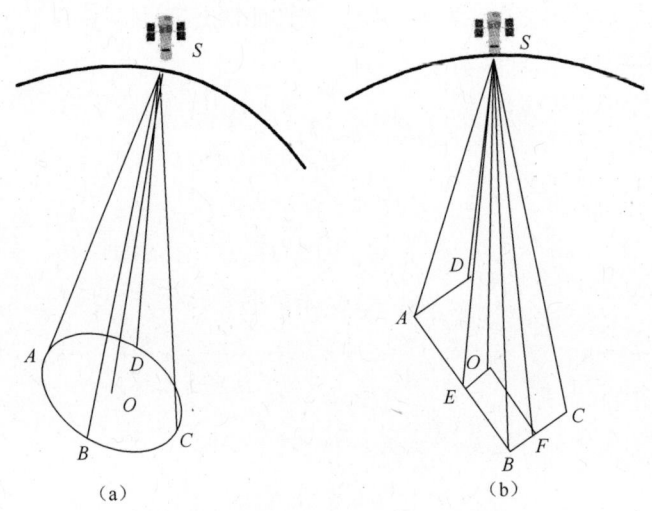

图 5-4 凝视型传感器视锥示意图

(a) 传感器圆形视锥;(b) 传感器矩形视锥。

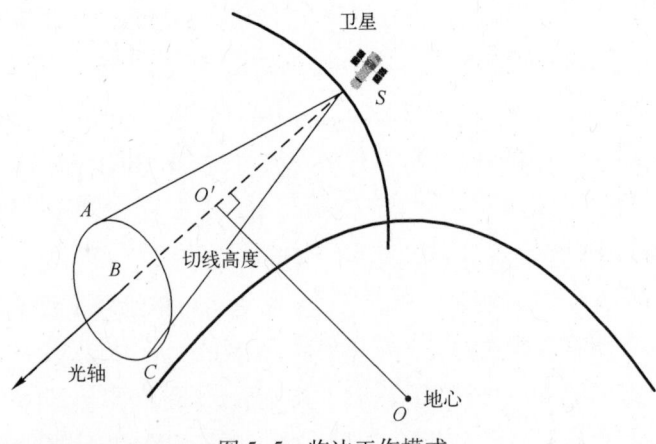

图 5-5 临边工作模式

5.1.2 传感器覆盖建模

5.1.2.1 传感器性能模型

天基预警系统以红外探测为主要手段,需要考虑背景对红外传感器探测距

第5章 天基预警系统的组网及优化设计

离的影响。在天基探测系统中,目标相对于红外系统所张的立体角远小于红外系统的瞬时视场,可视为点目标,在探测器上一般不超过探测器像元的大小。天基红外传感器性能指标模型包括探测距离模型、空间分辨率模型和视场角模型。传感器系统最大作用距离是反映探测性能的主要战术指标。

1. 天基红外传感器探测距离模型

红外系统的作用距离为

$$R = \left[\frac{(I_s(\lambda) - I_b(\lambda)) \cdot \pi \cdot D_0 \cdot (NA \cdot K_{op})}{2 \times SNR} \frac{D^*}{(\omega \Delta F)^{1/2}} \right]^{1/2} \quad (5-2)$$

式中,$I_s(\lambda, T)$ 为被测目标在 λ 波长的辐射强度(W/sr);$I_b(\lambda)$ 为目标所处背景在 λ 波长的辐射强度(W/sr);D_0 为光学系统的有效通光孔径(cm);(NA) 为光学系统的数值孔径,(NA)= $D_0/2f$;f 为焦距(cm);K_{pp} 为光学系统损耗;D^* 为传感器的探测率(cm·Hz$^{1/2}$·W^{-1});SNR 为红外系统的信噪比(dB);ω 为光学系统的瞬时视场(μrad);ΔF 为传感器的等效噪声带宽(MHz)。

2. 天基红外传感器的空间分辨率模型

天基红外相机的空间分辨率为瞬时视场(IFOV=d/f)对应的最小像元。其中,d 为像元尺寸,f 为焦距。

设像元个数为 $n \times m$,像面面积为 $S_n \times S_M$,则像元尺寸为 $\frac{S_n}{n} \times \frac{S_m}{m}$,垂直向瞬时视场 VIFOV 和水平向瞬时视场 HIFOV 为

$$VIFOV \times HIFOV = \frac{S_n}{nf} \times \frac{S_m}{mf}$$

3. 天基红外传感器视场角模型

视场 FOV 由垂直向视场 VFOV 和水平向视场 HFOV 组成,即

$$VFOV \times HFOV = \frac{S_n}{f} \times \frac{S_m}{f} \quad (5-3)$$

目标在助推段飞行时,对应的背景主要是地面背景,地面辐射强度较大。弹道导弹在飞行中段一般处于地球大气层之外。本书主要考虑红外传感器对中段导弹目标的作用距离。地球大气层外的空间背景是温度约 4K 的深空冷背景,根据普朗克定律,4K 所对应的峰值波长为 827.9μm。红外传感器工作波段一般在 2~14μm,因此,4K 的深空冷背景在红外探测器上产生的光辐射很小,可

忽略不计。表5-1给出了红外系统探测距离计算参数列表。由表5-1可得红外系统200km处的空间分辨率为4m,视场角为0.6°×0.6°。

表5-1 红外传感器探测距离计算参数列表

像元个数 $n×m$	像元尺寸 d	像面面积	孔径 D_0	焦距
512×512	6μm×6μm	3072μm×3072μm	0.4m	0.3m
数值孔径(NA)	瞬时视场 ω	探测率 D^*	等效噪声带宽 ΔF	系统损耗 K_{op}
0.6667	20μrad	$10^9 m \cdot Hz^{1/2} \cdot W^{-1}$	100Hz	0.8

红外传感器的探测距离与目标辐射强度的平方根、光学系统有效孔径的平方根、数值孔径的平方根、探测率的平方根、光学系统损耗 K_{op} 的平方根成正比,与信噪比的平方根、瞬时视场的四次方、等效噪声带宽的四次方成反比。其中,探测器的探测率与目标的辐射强度对红外传感器作用距离的影响比其他变量的影响显著。不同信噪比下传感器作用距离 R 与目标辐射强度 I_s 的关系,如图5-6所示。可见,信噪比越小,目标辐射强度越大,红外传感器的作用距离越大,即对于一定距离的目标,系统的信噪比越小红外传感器探测需要的目标辐射强度越小。当信噪比取6,可得不同探测率下传感器作用距离 R 与目标辐射强度 I_s 的关系,如图5-7所示。可见,探测率越大,对于一定距离的目标红外传感器探测需要的目标辐射强度越小。

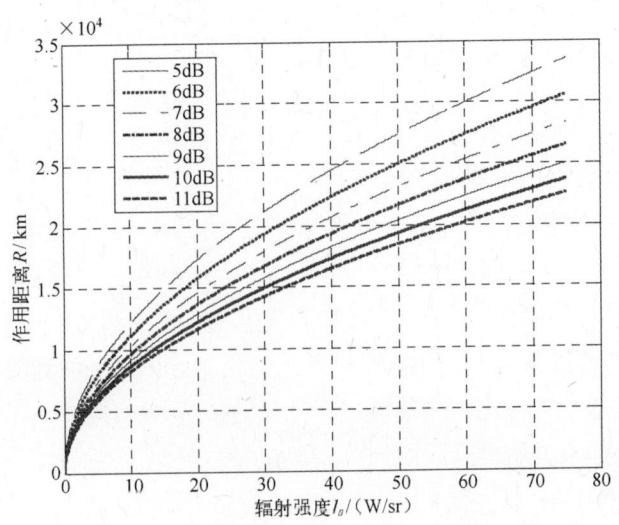

图5-6 不同信噪比下距离与目标辐射强度关系

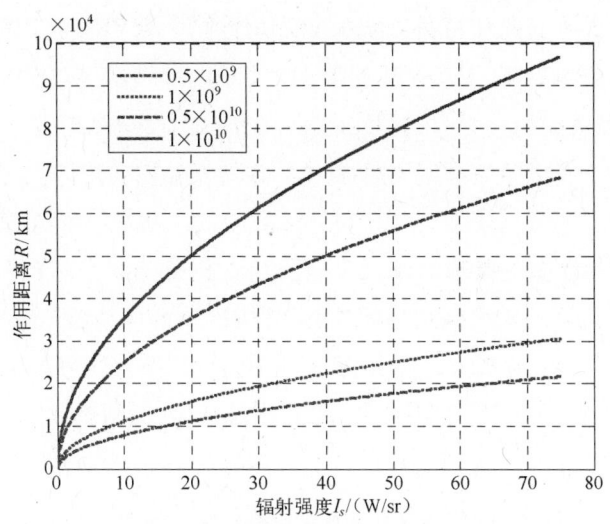

图 5-7 不同探测率下距离与目标辐射强度的关系

5.1.2.2 天基凝视型传感器覆盖模型

低轨预警系统包括扫描型和凝视型两种传感器,在实际使用中,扫描型传感器用于搜索目标,发现目标后用凝视型传感器进行监视。本书对系统的覆盖分析进行简化:凝视型传感器根据其光轴指向范围形成一个视锥,当目标在该视锥内时,相对传感器即为可见。该简化的含义是:只要目标出现在凝视型传感器的视锥内,扫描型传感器就能够将其捕获并立即将信息传给凝视传型感器,且凝视传型感器将其小范围精密跟踪视场指向目标实施跟踪。因此,对于天基低轨预警系统覆盖模型,本书用凝视型传感器覆盖模型来体现。

星座中的凝视型传感器对关注空域的覆盖性能反映了低轨星座对深空背景目标的覆盖能力。凝视型传感器覆盖性能主要由探测距离和光轴转向范围来衡量,凝视型传感器采用临边工作模式和圆形视锥,由光轴在俯仰方向具有一定的转动范围,因此视锥在对地观测俯仰方向的剖面会形成最大指向角和最小指向角(角度对应光轴在俯仰方向的转动范围),其中最大指向角为 δ_{max} ,最小指向角为 δ_{min} 。卫星红外传感器的最大探测距离为 R_{max} ,最小探测距离为 R_{min} 。根据所需分析圆球面 Λ_n 的半径 R_n 与卫星轨道半径 R_s 和最小指向角时的工作切线半径 R_m 的位置关系不同,对应的空间覆盖范围也不同。假设分析球面 Λ_n 的高度 h_n ,球面距离地心的半径为 $R_n : R_n = h_n + R_e$,其中 R_e 为地球半径。

卫星在传感器最小指向角时的工作视线的切线半径 $R_m = R_e + h_m$，其中 h_m 为最小指向角对应的切线高度，卫星在传感器最大指向角时的工作视线半径 $R'_m = R_e + h'_m$，其中 h'_m 为最大指向角对应的切线高度。同时，假设卫星高度 h_s，则卫星轨道半径 $R_s = h_s + R_e$。根据传感器作用距离和传感器光轴转动范围，下面分 4 种情况建立传感器的空间覆盖模型。

（1）当目标所处的圆球面 Λ_n 的半径 R_n 在传感器最小指向角时的切线高度和最大指向角时的切线高度之间时，即 $|OH| \leq R_n \leq |OH'|$，$|OH| = R_m = R_s \sin\delta_{\min}$，$|OH'| = R'_m = R_s \sin\delta_{\max}$，如图 5-8 所示，其中，$O$ 为地心，虚线球为地球，S 表示卫星，P_1、P_2、P_3、P_4 所在的球面为目标所处的圆球面 Λ_n，$|OH'|$ 为探测器最大指向角时的切线高度，$|OH|$ 为探测器最小指向角时的切线高度，$\delta_{\max} = \angle H'SO$，$\delta_{\min} = \angle HSO$，$\varphi_{\min}$ 为探测器最小指向视线与圆球面 Λ_n 相交的最小的地心角 $\angle SOP_1$，$\varphi_{\max}$ 为探测器最小指向视线与圆球面 Λ_n 相交的最大的地心角 $\angle SOP_2$，$\theta_{\min}$ 为在圆球面 Λ_n 上满足最小有效作用距离时的点的地心角 $\angle SOP_3$，$\theta_{\max}$ 为在圆球面 Λ_n 上满足最大有效作用距离时的点的地心角 $\angle SOP_4$，且 $|SP_3| = R_{\min}$，$|SP_4| = R_{\max}$。以 ϕ 表示卫星与目标的地心角距，因此，目标在弧段 $\overset{\frown}{P_1P_2}$ 内被卫星 S 覆盖，其覆盖的判据为

$$\begin{cases} \varphi_{\min} \leq \phi \leq \varphi_{\max} \\ \theta_{\min} \leq \phi \leq \theta_{\max} \end{cases} \quad (5-4)$$

式中，$\varphi_{\min} = \angle HOS - \angle HOP_1$，$\angle HOS = \arccos\dfrac{R_m}{R_s}$，$\angle HOP_1 = \arccos\dfrac{R_m}{R_n}$，$\varphi_{\max} = \angle HOS + \angle HOP_2$，$\angle HOP_2 = \arccos\dfrac{R_m}{R_n}$，$R_m = R_s \sin\delta_{\min}$，$\theta_{\min}$、$\theta_{\max}$ 根据三角形的余弦定理求出：$\cos\theta_{\min} = \dfrac{R_s^2 + R_n^2 - R_{\min}^2}{2R_sR_n}$，$\cos\theta_{\max} = \dfrac{R_s^2 + R_n^2 - R_{\max}^2}{2R_sR_n}$。

（2）当目标所处的圆球面 Λ_n 的半径 R_n 在传感器最大指向角的切线高度和卫星轨道高度之间时，即 $|OH'| \leq R_n \leq R_s$，$|OH'| = R'_m = R_s\sin\delta_{\max}$，如图 5-9 所示。$P_1$、$P_2$、$P'_1$、$P'_2$ 所在的球面为目标所处的圆球面 Λ_n，$\delta_{\max} = \angle H'SO$ 为最大指向角，$\delta_{\min} = \angle HSO$ 为最小指向角，$\varphi_{\min}$ 为探测器最小指向视线与圆球面 Λ_n 相交的最小的地心角 $\angle SOP_1$，$\varphi_{\max}$ 为探测器最小指向视线与圆球面 Λ_n 相交的最大的

地心角 $\angle SOP_2$,$\varphi'_{\min}$ 为探测器最大指向视线与圆球面 Λ_n 相交的最小的地心角 $\angle SOP'_1$,$\varphi'_{\max}$ 为探测器最大指向视线与圆球面 Λ_n 相交的最大的地心角 $\angle SOP'_2$。因此,目标在弧段 $P_1P'_1$ 和 P'_2P_2 内被卫星 S 覆盖,其覆盖的判据为

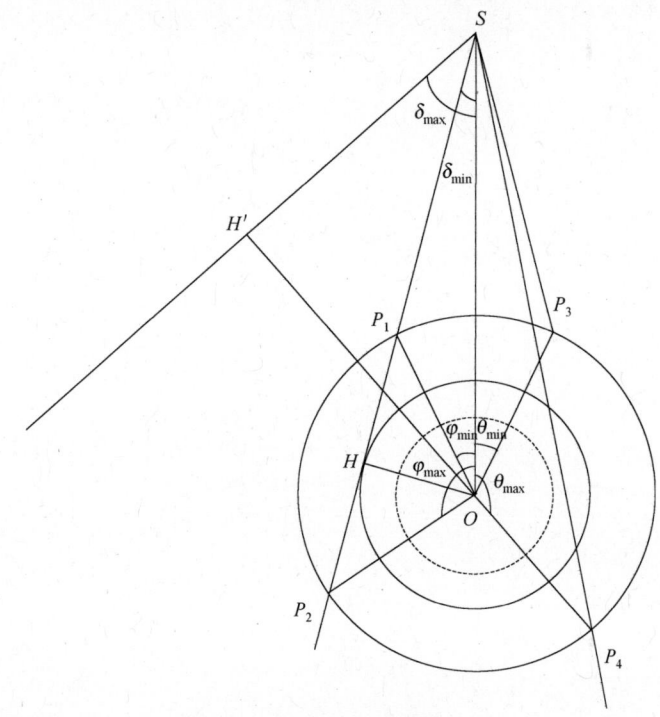

图 5-8 覆盖分析示意图(一)

$$\begin{cases} \varphi_{\min} \leqslant \phi \leqslant \varphi'_{\min} \\ \theta_{\min} \leqslant \phi \leqslant \theta_{\max} \end{cases} \text{或} \begin{cases} \varphi'_{\max} \leqslant \phi \leqslant \varphi_{\max} \\ \theta_{\min} \leqslant \phi \leqslant \theta_{\max} \end{cases} \tag{5-5}$$

式中,$\varphi_{\min}$、$\varphi_{\max}$ 求解方法和情况(1)相同,$\varphi'_{\min} = \angle H'OS - \angle HOP'_1$,$\angle H'OS = \arccos\dfrac{R'_m}{R_s}$,$\angle H'OP'_1 = \arccos\dfrac{R'_m}{R_n}$,$\varphi'_{\max} = \angle H'OS + \angle H'OP'_2$,$\angle H'OP'_2 = \arccos\dfrac{R'}{R_n}$,$R_m = R_s\sin\delta_{\min}$,$R'_m = R_s\sin\delta_{\max}$。$\theta_{\min}$、$\theta_{\max}$ 根据三角形的余弦定理求出,和情况(1)相同。

(3) 当目标所处的圆球面 Λ_n 的半径 R_n 大于卫星轨道高度之间时,即 $R_n \geqslant R_s$,如图 5-10 所示。P、P' 所在的球面为目标所处的圆球面 Λ_n,φ 为探测器最小指向视线与圆球面 Λ_n 相交的地心角 $\angle SOP$,φ' 为探测器最大指向视线与圆球面

Λ_n 相交的地心角 $\angle SOP'$，$\theta_{\min}$ 为在圆球面 Λ_n 上满足最小探测距离时的点的地心角 $\angle SOP_2$，$\theta_{\max}$ 为在圆球面 Λ_n 上满足最大探测距离时的点的地心角 $\angle SOP_3$，且 $|SP_2|=R_{\min}$，$|SP_3|=R_{\max}$。以 ϕ 表示卫星与目标的地心角距，因此，目标在弧段 $P'P_1$ 内被卫星 S 覆盖，其覆盖的判据为

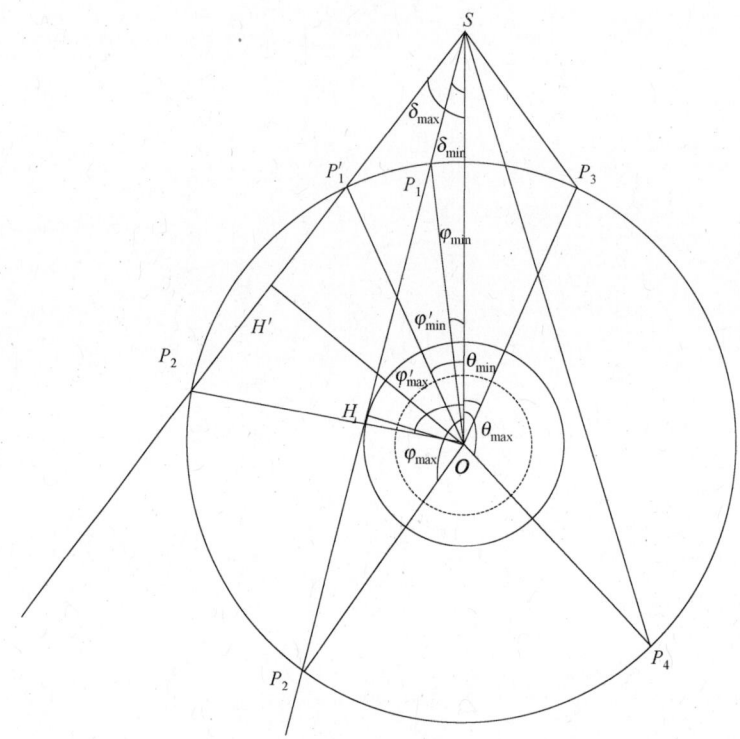

图 5-9　覆盖分析示意图（二）

$$\begin{cases} \varphi' \leqslant \phi \leqslant \varphi \\ \theta_{\min} \leqslant \phi \leqslant \theta_{\max} \end{cases} \quad (5-6)$$

式中，$\varphi = \angle HOS + \angle HOP$，$\angle HOS = \arccos \dfrac{R_m}{R_s}$，$\angle HOP = \arccos \dfrac{R_m}{R_n}$，$\varphi' = \angle H'OS + \angle H'OP'$，$\angle H'OS = \arccos \dfrac{R'_m}{R_s}$，$\angle H'OP' = \arccos \dfrac{R'_m}{R_n}$，$R'_m = R_s \sin \delta_{\max}$，$\theta_{\min}$、$\theta_{\max}$ 根据三角形的余弦定理求出，和情况（1）相同。

第5章 天基预警系统的组网及优化设计

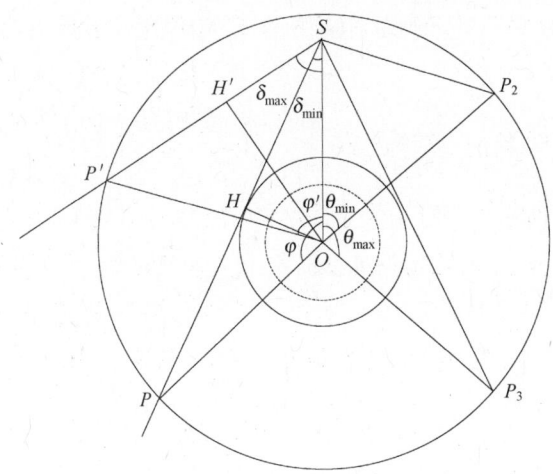

图 5-10 覆盖分析示意图(三)

(4)当目标所处的圆球面 Λ_n 的半径 R_n 在传感器的最小指向角的切线高度以内时,即 $|OH| \leq R_n \leq R_e$,$|OH| = R_m = R_s \sin\delta_{\min}$,$R_e$ 为地球半径,如图 5-11 所示。由于球面 Λ_n 不在卫星 S 传感器的视线范围内,因此目标不能被卫星 S 覆盖和探测。

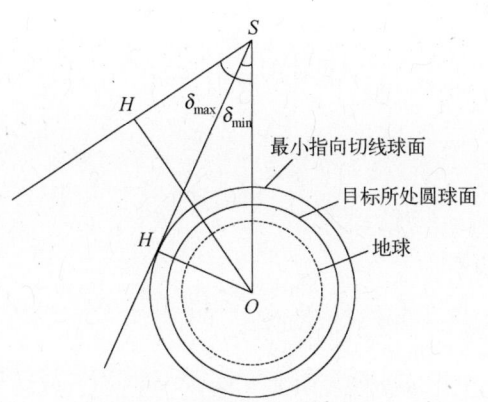

图 5-11 覆盖分析示意图(四)

另外,需要首先判断目标是否在卫星 S 探测器视线方向一侧,如果不是则目标不可见,不能被覆盖,判断条件是:取卫星运动方向的单位矢量 e_s,判断 e_s 和 SP(最小指向角方向)的夹角,如果为锐角则在视线一侧,然后进行以上的覆盖判断;如果为钝角则在卫星探测器视线的另一侧,目标不可见,不能被覆盖。

5.1.3 定位精度模型

为简化描述目标与卫星几何关系对定位精度的影响,可将其几何关系转化到二维平面内,因此整个定位系统可抽象为一个只测角定位系统。假设二维平面内目标的位置矢量为 $E(x,y)$,两颗卫星的位置矢量分别为 $M(x_1,y_1)$ 和 $N(x_2,y_2)$,2 颗卫星分别测得目标的观测角为 θ_1 和 θ_2,如图 5-12 所示。

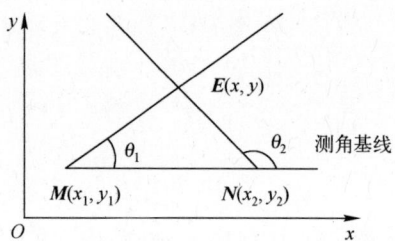

图 5-12 二维平面测角定位示意图

由图 5-12 可知:

$$\begin{cases} \theta_1 = \arctan\left(\dfrac{y-y_1}{x-x_1}\right) \\ \theta_2 = \arctan\left(\dfrac{y-y_2}{x-x_2}\right) \end{cases} \tag{5-7}$$

根据式(5-7),得

$$\begin{cases} x' = \dfrac{y_2 - y_1 + x_1 \tan\theta_1 - x_2 \tan\theta_2}{\tan\theta_1 - \tan\theta_2} \\ y' = \dfrac{y_2 \tan\theta_1 - y_1 \tan\theta_2 + (x_1 - x_2)\tan\theta_1 \tan\theta_2}{\tan\theta_1 - \tan\theta_2} \end{cases} \tag{5-8}$$

在图 5-12 中,2 颗卫星位于测角基线上,因此可以假设

$$\begin{cases} x_2 - x_1 = L \\ y_2 - y_1 = 0 \end{cases} \tag{5-9}$$

式中,L 为基线长度。

第5章 天基预警系统的组网及优化设计

凝视型传感器的像平面测量误差和欧拉角测量误差在二维平面内都可以等效为测角误差。如果只考虑测角误差,则根据上述分析可得

$$H_\theta = \begin{bmatrix} \dfrac{\partial x}{\partial \theta_1} & \dfrac{\partial x}{\partial \theta_2} \\ \dfrac{\partial y}{\partial \theta_1} & \dfrac{\partial y}{\partial \theta_2} \end{bmatrix} = \dfrac{L}{2\sin^2(\theta_2-\theta_1)} \begin{bmatrix} \sin(2\theta_2) & -\sin(2\theta_1) \\ 2\sin^2(\theta_2) & -2\sin^2(\theta_1) \end{bmatrix} \quad (5-10)$$

假设两颗卫星的测角误差均为 σ_θ,则跟踪误差协方差矩阵为

$$\boldsymbol{P}_\theta = \boldsymbol{E}\left\{ \begin{bmatrix} \mathrm{d}x \\ \mathrm{d}y \end{bmatrix} \begin{bmatrix} \mathrm{d}x & \mathrm{d}y \end{bmatrix} \right\} = \boldsymbol{H}_\theta \begin{bmatrix} \sigma_\theta^2 & 0 \\ 0 & \sigma_\theta^2 \end{bmatrix} \boldsymbol{H}_\theta^\mathrm{T} \quad (5-11)$$

进一步可得到跟踪精度

$$\mathrm{GDOP}_\theta = \sqrt{\mathrm{Trace}(\boldsymbol{P}_\theta)} = L\sigma_\theta \sqrt{\dfrac{\sin^2\theta_1+\sin^2\theta_2}{\sin^4(\theta_2-\theta_1)}} \quad (5-12)$$

由式(5-12)可知,测角精度引起的误差与 θ_1 和 θ_2 有关。

采用24/3/1星座方案中第2个轨道面的第1颗和第2颗卫星Satellite21、Satellite22对导弹目标(发射点为(N33,E55,落点为N48,E99,弹道飞行时间1200s)的定位精度进行计算仿真,其中Satellite21对导弹目标的覆盖时间为1 Jul 2012 12:01:40.278至1 Jul 2012 12:18:39.075,时长1018.797s,Satellite21对导弹目标的覆盖时间为1 Jul 2012 12:00:02.953至1 Jul 2012 12:16:49.679,时长为1006.726s。

在1 Jul 2012 12:05:00至1 Jul 2012 12:16:40时段内(时长700s),双星Satellite21、Satellite22对导弹目标的定位精度变化如图5-13所示,可以看出大部分时间双星对目标的定位精度在300~400m,定位效果较好,在650s后(1 Jul 2012 12:15:50)定位误差显著增加,需要选择其他传感器组合才能获得较好的定位效果。不同传感器组合在不同时刻对目标的观测角不同,对目标的定位精度也不同,因此,在导弹目标飞行的不同时刻需要根据传感器和目标的相对位置关系选择合适的传感器组合对其进行观测,以获得较好的定位效果。

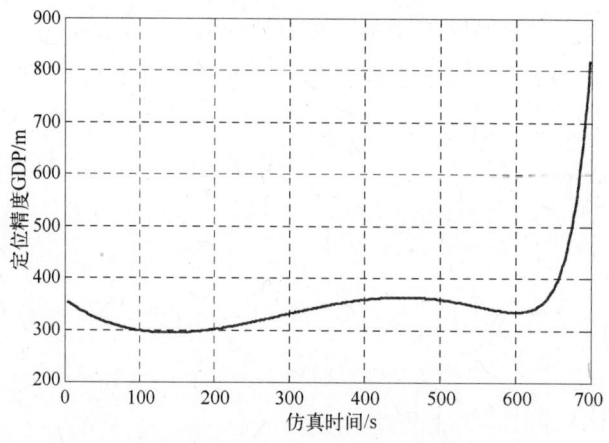

图 5-13 双星对导弹定位精度图

5.2 基于 selfGDE3 的低轨预警星座系统优化设计

5.2.1 低轨预警系统星座构型分析

星座构型可以采用每颗卫星的空间位置来描述,如给出每个星座中每颗卫星的轨道参数,也可以通过采用卫星之间的相对位置关系描述。前者适应描述由较少数目卫星组成的星座,如由 3 颗卫星组成的天基多基地雷达星座,在星座构型设计时的设计变量不多;后者适于描述具有特定构型的由多颗卫星组成的星座,如果仍然采用卫星的空间位置描述,则星座设计中设计变量的数目将是不可接受的,也无法获得满意解。例如 Walker-δ 星座通过卫星总数、轨道面数目、相位因子、轨道高度和轨道倾角等变量描述,采用相对位置关系变化来描述星座构型的变化,反映了星座构型的相对稳定性。在进行星座设计过程中,需要考虑星座任务需求对卫星轨道的基本约束,同时通过构型描述模型来建立状态变量,从而简化设计空间。

低轨预警系统采用 Walker-δ 星座构型进行设计。Walker-δ 星座是设计南北纬度带均匀覆盖比较有效的星座,并且在大量星座中得到了广泛的应用,特别是全球覆盖星座,例如,GPS、GLONASS、GALILEO、COMPASS、Globalstar、Iridiu 等都是采用的这种构型。Walker-δ 星座由轨道高度和倾角都相同的圆轨道卫星构成的一类均匀对称星座,主要摄动源对 Walker-δ 星座中所有卫星的长期影响的主要部分都相同,因此星座的相对几何结构保持不变,以利于保持星座构型的长期稳定性。星座采用 S/P/F 描述几何结构,总共由 7 个要素确定:卫星数量 S,轨道面数 P,谐参数 F,轨道高度 H,轨道倾角 I,第 1 个轨道面升交点赤经 Ω_0,第 1 个轨道面第 1 颗卫星初始时刻纬度幅角 u_0。Walker-δ 星座中第 i 个轨道面上第 j 颗卫星的升交点赤经 $\Omega_{i,j}$ 和纬度幅角 $u_{i,j}$ 就可表示为

$$\begin{cases} \Omega_{i,j}=\Omega_0+(i-1)\dfrac{360}{P} \\ u_{i,j}=u_0+(i-1)F\dfrac{360}{S}+(j-1)P\dfrac{360}{S} \end{cases} \quad (5-13)$$

采用 Walker-δ 星座构型模型来进行设计只需要对 7 个设计变量进行优化,称为星座的特征码,S、P、F 存在一些约束,这将进一步减少设计空间,如 S 能整除 P 等,在进行全球星座设计时,轨道面数一般不少于 3。

5.2.2 基于自适应通用差异演化算法的优化设计方法

5.2.2.1 通用差异演化原理

差异演化算法是一种基于种群演化的实数编码多目标优化算法,其演化过程与遗传算法类似,包括种群初始化、变异、交叉和选择操作。根据父代种群个体间的差异产生子代,其子代的产生受变异概率和交叉概率的影响。通用差异演化算法共发展了三代,GDE1 修改了基本演化算法 DE 的选择算子,从而可以支持有约束的多目标优化问题,其选择的基本思想是如果试验个体优于上一代的个体,则在下一代用试验个体取代父代个体,但在优化过程中没有对非劣个体进行排序,优化解对控制参数依赖大;GDE2 引入拥挤距离对在目标函数空间互不占优的试验个体和父代个体进行决策,提高优化解的扩展性和分布性,但是降低了种群的聚集程度;针对这些问题,GDE3 对原有的 GDE1 和 GDE2 进行了改进,将 DE 方法应用到具有 M 个目标函数和 V 个约束函数的问题。通用差异演化算法的基本流程。

(1) 输入初始化参数 $D,G_{\max},\mathrm{NP}\geqslant 4,F\in(0,1+]$,初始基矢量:$x^{(lo)},x^{(hi)}$。

(2) 初始化父代种群。$\forall i\leqslant \mathrm{NP} \wedge \forall j\leqslant D:x_{j,i,G=0}=x_j^{(lo)}+\mathrm{rand}_j[0,1]\cdot(x_j^{(hi)}-x_j^{(lo)})$,$i=\{1,2,\cdots,\mathrm{NP}\}$,$j=\{1,2,\cdots,D\}$,$G=0,m=0,\mathrm{rand}_k[0,1]\in[0,1]$。

(3) 交叉变异产生父代个体的试验个体。任意选择 $r_1, r_2, r_3 \in \{1, 2, \cdots, NP\}$ 用来生成 $x_{j,i,G}$ 的试验个体，其中 r_1, r_2, r_3 与 i 两两互异，并产生随机参数 $j_{rand} = rand(1, D)$。则试验个体 $u_{j,i,G}$ 的每个决策变量为

$$\text{for}(j=1; j \leq D; j=j+1)$$
$$\{$$
$$\quad if(\text{rand}_j[0,1) < CR \vee j = j_{rand})$$
$$\quad\quad u_{j,i,G} = x_{j,r_3,G} + F(x_{j,r_2,G} - x_{j,r_1,G}) \quad (5-14)$$
$$\quad else$$
$$\quad\quad u_{j,i,G} = x_{j,i,G}$$
$$\}$$

CR 控制交叉操作，代表试验个体选择 3 个父代个体线性组合的概率；F 控制问题解的搜索速度和鲁棒性。采用这种交叉策略可以确保下一代个体中至少 1 个染色体来源于试验个体 $u_{j,i,G}$。

(4) 选择操作。对父代个体和其试验个体进行比较选择产生下一代个体，遵循的规则：对于两个不可行解，选择试验个体和父代个体中占优的解，如果互不占优，则选择父代个体；对于可行解和不可行解，选择可行的个体；如果试验个体和父代个体均可行，选择占优的解，如果互不占优，同时选择两个解，且 $m = m+1$。

(5) $i = i+1$，如果 $i < NP$ 转步骤(3)。

(6) 非劣排序。选择合适个体，保持 $G+1$ 代种群规模为 NP。对 $G+1$ 代的种群 $P_{G+1} = \{x_{1,G+1}, x_{2,G+1}, \cdots, x_{NP,G+1}, \cdots, x_{NP+m,G+1}\}$（规模为 NP~2NP），通过非劣排序和计算拥挤距离的方法对种群个体进行选择，使得种群规模为 NP。

(7) 若 $G < G_{max}$，$G = G+1$，返回步骤(3)。

(8) 输出当前种群即为帕累托最优解。

5.2.2.2 非支配排序和拥挤距离

在个体的选择过程中，本书设计快速非支配排序方法，具体排序过程为：对种群中每一个个体 p 计算种群中支配该个体的个体数量 n_p，同时使用 S_p 记录该个体支配的所有个体；将 $n_p = 0$ 的所有个体归为第一非支配前沿；依次访问第一非支配前沿个体的 S_p 中的每一个个体，并将该个体对应的 n_p 减一，如果此时

$n_p=0$,则该个体被归为第二非支配前沿;依次访问第二非支配前沿个体的 S_p 中的每一个个体,并将该个体对应的 n_p 减一,如果此时 $n_p=0$,则该个体被归为第三非支配前沿;重复该过程直到种群中所有个体均分配了前沿。该排序方式的时间复杂度为 $O(kN^2)$。

采用如表 5-2 所列的拥挤距离计算方法,其中,$I[i].m$ 表示在 I 中的第 i 个个体的第 m 个目标函数值,$f_m^{\max}$ 和 $f_m^{\min}$ 分别表示 I 中的第 m 个目标函数的最大、最小值。对于拥有较小拥挤距离值的解,在一定程度上,可以认为它的周围有更多近似解,因此,为保持种群的多样性,在同一个前沿条件下,拥有越小拥挤距离的个体被保留进入下一代种群的概率越小。对于种群中的每一个个体 i 包含两个特征:所属前沿级数 i_{rank} 和拥挤距离 i_{distance}。定义偏好顺序 $<_n$:当 $i_{\text{rank}} < j_{\text{rank}}$ 时,$i <_n j$;当 $i_{\text{rank}} = j_{\text{rank}}$ 且 $i_{\text{distance}} > j_{\text{distance}}$ 时,$i <_n j$,即算法在运行过程中,对于不同的非支配前沿的解,偏好选择低级数的前沿个体,对于同一个前沿个体,偏好选择拥挤距离大的个体,即处于个体密度较低的区间。

表 5-2 拥挤距离计算

算法描述	拥挤距离计算
1	设置 I 为当前种群;
2	对于每一个个体,设置初始拥挤距离 $I[i]_{\text{distance}}=0$;

3	for i = 1:m　//每一个目标 m
	　　$I=\text{sort}(I,m)$; //按照种群的第 m 个目标函数值的大小对种群排序;
	end

4	for i = 2:(n-1)　//n 为种群规模 　　$I[i]_{\text{distance}}=I[i]_{\text{distance}}+(I[i+1].m-I[i-1].m)/(f_m^{\max}-f_m^{\min})$; end

5.2.2.3 控制参数自适应调整策略

控制参数对差异演化算法的优化能力和收敛速度等性能会产生较大的影响。在通用差异演化算法中主要有 3 个控制参数:种群规模 NP,缩放因子 F 和交叉概率 CR。种群规模太小,会使种群失去多样性,陷入局部极小点;种群规模太大,会导致大量的个体适应度评估运算。F 决定了差矢量对基矢量的影响程度,F 取值太大,使算法迭代增多,收敛慢;F 取值太小,会加快算法的收缩速度,从而使算法错过全局最优点,陷入局部极小点。CR 用来控制交叉操作生成的矢量中哪些分量由变异矢量贡献,哪些分量由目标矢量贡献,CR 的值越大,变异矢量的贡献就越大。

在通用差异演化算法中,这3个参数是保持不变的。对于一个具体问题,要获得最优的参数设置比较困难,因此,有学者提出了自适应调整控制参数的策略,在演化过程中 F 和 CR 以概率的形式随种群发生变化,但未考虑个体的适应度和多目标的情况,具有一定的盲目性。相对于 NP,差异演化算法的性能对 F 和 CR 更敏感,自适应技术主要应用于 F 和 CR 参数。当利用当前的 F 和 CR 产生的新个体的适应度优于父代个体时,说明这两个参数是合适的,则无需对这两个参数进行调整,基于这种思想并借鉴单目标优化自适应参数控制方法,将个体的适应度作为参数调整的依据,并结合一定的调整概率提出一种新的对 F 和 CR 参数自适应控制策略,提高算法的搜索能力。在调整过程中加入了个体适应度的比较,目标是让缩放因子向当前种群中较好的参数方向取值。具体方法:对种群个体采用不同的 F 和 CR,在演化过程中则按如下公式自动调整(以最小化目标为例):

$$F_{i,G+1} = \begin{cases} \alpha \times F_{\text{best},G} + (1-\alpha) \times \text{rand}_1, & \boldsymbol{u}_{i,G} < \boldsymbol{x}_{i,G}, \text{rand}_2 < \tau_1 \\ F_{i,G} & \text{其他} \end{cases} \quad (5-15)$$

$$\text{CR}_{i,G+1} = \begin{cases} \text{rand}_3, & \boldsymbol{u}_{i,G} < \boldsymbol{x}_{i,G}, \text{rand}_4 < \tau_2 \\ \text{CR}_{i,G}, & \text{其他} \end{cases} \quad (5-16)$$

式中,$\text{rand}_k, k \in \{1,2,3,4\}$ 为 $[0,1]$ 区间的随机数;$F_{\text{best},G}$ 为当前种群中非劣排序后第一个体对应的缩放因子;$\boldsymbol{u}_{i,G} < \boldsymbol{x}_{i,G}$ 表示试验个体劣于(非支配)父代个体。从式(5-15)和式(5-16)可以看出,如果个体 i 用其对应的 F_i 和 CR 值生成的新个体的适应度优于该个体当前适应度,则表明该个体的缩放因子和交叉概率取值是有效的,保留该缩放因子和交叉概率到下一代。只有在 $\boldsymbol{u}_{i,G}$ 的适应度劣于 $\boldsymbol{x}_{i,G}$ 的适应度值,并且随机数小于调整概率 τ_1、τ_2 时,才生成新的缩放因子和交叉概率。α 是向 $F_{\text{best},G}$ 的趋向率,即

$$\alpha = \frac{1}{1 + e^{\frac{1}{M}\sum_{j=1}^{M} \frac{f_j(\boldsymbol{x}_{\text{best},G}) - f_j(\boldsymbol{x}_{i,G})}{f_j(\boldsymbol{x}_{\text{best},G})}}} \quad (5-17)$$

式中,$f_j(\boldsymbol{x}_{\text{best},G})$ 为当前种群中非劣排序后第一的个体对应的第 j 个目标适应值;M 为优化目标数。

随着个体 $\boldsymbol{x}_{i,G}$ 与种群最优个体几何平均距离的增加,其对应参数 $F_{i,G+1}$ 向

$F_{\text{best},G}$ 的趋向率 α 也越大,相应的随机扰动越小;当个体 $x_{i,G}$ 与最优个体接近时,其对应参数的随机扰动就会增加。参数的自适应控制使种群中适应度较差的个体向着种群中的最优个体趋近,提高算法的性能。基于自适应控制参数的通用差异演化算法(selfGDE3)流程,如图 5-14 所示,描述如下:

(1) 设定种群规模 NP,最大演化代数 $G_{\max}$ 及 τ_1,τ_2 的值;

(2) 随机初始化种群及种群中每个个体对应的参数 F_i 和 CR_i;$G=0$;

(3) $i=0$;

(4) 利用个体 $x_i(t)$ 对应的参数 F_i 和 CR_i,按照 GDE3 算法的工作策略执行变异、交叉和选择操作,生成新一代个体 $x_{i,G+1}$;

(5) 按照式(5-17)计算趋向率 α;

(6) 按照式(5-15)和式(5-16)更新个体 $x_{i,G+1}$ 对应的 $F_{i,G+1}$,$CR_{i,G+1}$;

(7) $i=i+1$;

(8) 如果 $i<$NP,转步骤(4);

(9) 通过快速非劣排序保持种群规模为 NP;

(10) 如果 $G<G_{\max}$,$G=G+1$,转步骤(3)继续执行;

(11) 输出当前种群即为帕累托最优解。

5.2.3 星座优化设计及验证

采用基于 selfGDE3 算法对天基低轨预警星座系统设计的流程,如图 5-15 所示。在仿真时间内:①初始化算法参数和构建初始种群;②在每一次迭代过程中计算当代种群中个体(星座系统方案)的覆盖性能、平均定位精度和星座成本目标的计算值为个体的 3 个适应度,作为进化个体编码的一部分;③进行交叉和变异产生试验个体,并对进化个体进行选择作为下一代种群;④对算法的控制参数进行自适应调整;⑤判断是否演化迭代的终止条件并输出最优解集。

下面就低轨预警星座系统优化目标函数、个体编码、优化设计相关问题进行实例分析。

5.2.3.1 优化指标和目标函数

选用目前对低轨红外星座设计中常用的优化指标,即平均覆盖率、平均定

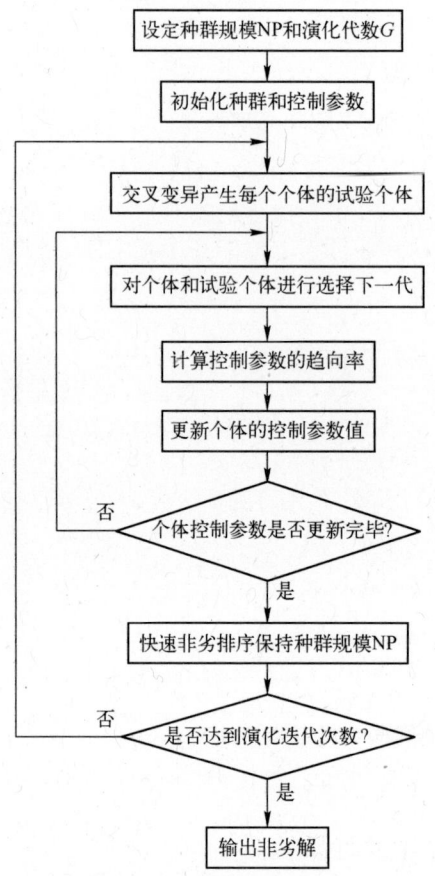

图 5-14 selfGDE3 算法流程

位精度和星座成本,作为星座优化设计的目标。

1. 平均覆盖率指标

在优化设计中以平均 N 重几何覆盖面积百分比 $CovN_g$ 为覆盖优化目标:

$$CovN_g = \sum_{i=1}^{T}\left(\sum_{j=1}^{P}S_{i,j}/T\right)/S_{sum}, S_{ij} = \begin{cases} S_j, & k_{ij} \geq N \\ 0, & k_{ij} < N \end{cases} \quad (5-18)$$

这里的覆盖表示满足定位精度的有效覆盖,即星座对网格点的定位精度 GDOP 值小于一定的阈值。由于 2 颗卫星即能对目标形成立体观测,本书 $N = 2$,并在优化过程中采用网格点仿真方法求取覆盖优化指标。

2. 平均定位精度指标

在优化设计中以平均定位精度 $GDOP_{avg}$ 为优化目标:

第5章 天基预警系统的组网及优化设计

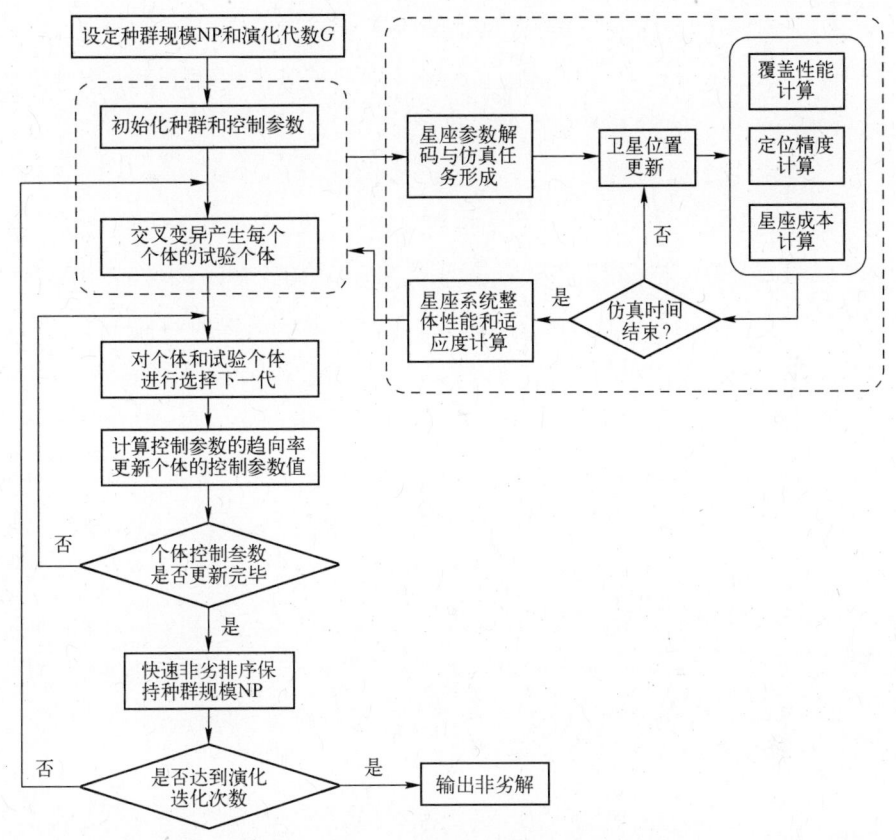

图 5-15 基于 selfGDE3 的星座系统设计流程

$$\text{GDOP}_{\text{avg}} = \sum_{i=1}^{T} \left(\sum_{j=1}^{P} \text{GDOP}_{i,j} / T \right) / P_{\text{sum}} \quad (5-19)$$

式中,$\text{GDOP}_{i,j}$ 为 i 时间点 j 网格区域的定位精度。系统对目标的覆盖在二重覆盖率以上,需要两两计算卫星对目标的定位精度取最小值作为 $\text{GDOP}_{i,j}$ 值。

3. 星座成本指标

卫星数量是影响星座成本的主要因素,在卫星数目一定的情况下,轨道面数越少成本越低,轨道高度越低轨道倾角越低,则所需的发射能量越小,成本也随之减少。成本估算主要考虑其制造、发射和保险成本,这3个方面与卫星质量、轨道高度密切相关。卫星星座成本(以 C_{cons} 表示,单位为亿美元)估算如下:

$$C_{\text{cons}} = (S+P) \cdot (1+\beta) \cdot \left(\frac{W_{\text{sat}}}{824.73} + \left(\lambda_1 + \frac{P}{N}\lambda_2 + \frac{i}{i_h - i_1}\lambda_3 \right) \frac{H^{0.43} W_{\text{sat}}}{113587} \right) \quad (5-20)$$

式中,β 为保险费所占比例,一般为 0.2;H 为卫星轨道高度(km);λ_1、λ_2 和 λ_3 为权重因子,$\lambda_1+\lambda_2+\lambda_3=1$;$P$ 为轨道面数;N 为星座卫星配置数量;i 为卫星轨道倾角(°);i_h 和 i_1 为轨道倾角的上下限值。

4. 多目标函数及编码

本模型的决策变量代表星座系统参数的选择。由于 Walker-δ 星座具有良好的全球覆盖特性,本书采用 Walker 星座构型,星座由 7 个要素确定:卫星数量 S,轨道面数 P,谐参数 F,轨道高度 H,轨道倾角 I,第一轨道面升交点赤经 Ω_0,第 1 个轨道面第 1 颗卫星初始时刻纬度幅角 u_0。$\Omega_{i,j}$ 和 $u_{i,j}$ 分别表示 Walker 星座中第 i 个轨道面上第 j 颗卫星的升交点赤经和纬度幅角 $u_{i,j}$。考虑 selfGDE3 算法的控制参数,采用实数进行编码,编码后的染色体信息为 $X^k = \{S^k, P^k, F^k, H^k, I^k, \Omega_0^k, u_0^k, CF^K, CR^k\}$,$CF^k$ 和 CR^k 分别为 selfGDE3 算法的缩放因子和交叉概率,将二重覆盖率、定位精度、星座成本设计为系统优化设计的 3 个目标函数,染色体中基因的取值范围构成系统优化设计目标的变量约束(取值空间),取值范围如下:$20 \leq S \leq 32, 3 \leq P \leq 8, 0 \leq F \leq P-1, 1000 \leq H \leq 1600, 30° \leq I \leq 90°, 0 \leq \Omega_0 \leq 2\pi/P, 0 \leq u_0 \leq 2\pi/P/S$。模型中每个染色体解码后,对应到网格空间中计算出目标函数值。函数的优化目标为

$$\min \bar{f}(x) = \{1-\mathrm{Cov}N_g, \mathrm{GDOP}_{\mathrm{avg}}, C_{\mathrm{cons}}\} \tag{5-21}$$

运用 selfGDE3 算法进行优化设计时,有如下特殊情况需要说明。

(1) 离散型变量的编码问题。

由于星座系统优化设计的变量 S、P 和 F 属于离散型的整数,因此在对这几个变量进行交叉变异后需要取整数,同时 S 必须能够整除 P,所以设置以下规则,其中 $\mathrm{mod}(S,P)$ 表示 S 除 P 取余数:

$$\begin{aligned}&\mathrm{if}(\mathrm{mod}(S,P) \sim = 0)\\&\quad \mathrm{if}((S-\mathrm{mod}(S,P))<20)\\&\quad\quad S=S+P-\mathrm{mod}(S,P);\\&\quad \mathrm{else}\\&\quad\quad S=S-\mathrm{mod}(S,P);\\&\quad \mathrm{end}\end{aligned} \tag{5-22}$$

(2) 趋向率问题。由于在低轨预警系统优化设计中的有关覆盖率优化目

标为:$1-\text{Cov}N_g$,取最小值,如果覆盖率达到100%,$f_1(\boldsymbol{x}_{\text{best},G}) \to 0$,因此趋向率公式中求和的分母接近0,程序中无法计算,因此针对预警系统的覆盖优化目标将趋向率改为

$$\alpha = \frac{1}{1 + e^{\frac{1}{M}\left(\sum_{j=2}^{M}\frac{f_j(\boldsymbol{x}_{\text{best},G}) - f_j(\boldsymbol{x}_{i,G})}{f_j(\boldsymbol{x}_{\text{best},G})} + f_1(\boldsymbol{x}_{\text{best},G}) - f_1(\boldsymbol{x}_{i,G})\right)}} \quad (5-23)$$

5.2.3.2 基于理想点的多目标决策处理

本书的星座优化设计属于多目标优化问题,其本质是求一个决策变量矢量,这里的"优化"意味着求一个解矢量使得目标函数矢量中的所有目标函数的值满足设计者的要求,但并不是所有目标矢量达到最优。常用的处理多目标决策问题方法是加权决策方法,对于本书研究的问题,覆盖率指标、定位精度指标分别与成本指标具有一定的矛盾关系,不适合简单使用加权法。星座优化的非支配方案数目较多,如果重点考虑某一相关因素(某一个指标),可以初步选择指标值相对较好的方案,如果关注点较为分散(不是特定某一优化目标),在最终选择方案时需要综合考虑各个因素,选择一个使各个目标都较优的综合性的方案。一种基于理想点的TOPSIS(Technique for Order Performance by Similarity to Ideal Solution)方法可用来处理这种情况下的多目标最终方案选择的决策问题。基于理想点的决策方法的决策规则是选取一组最接近理想方案(或最远离负理想方案)的可行方案作为最终决策,容易理解,便于实施和调整。TOPSIS通过综合与理想解的接近度和与负理想解的远离度提出了接近度的指标。基本思路是定义多目标决策问题的理想和负理想点,然后在可行方案集中找到一个方案,使其既靠理想点的距离最近,又离负理想点的距离最远。TOPSIS方法的基本步骤如下。

(1) 设多目标问题的决策矩阵为 $\boldsymbol{A}$,由 $\boldsymbol{A}$ 构建规范化的决策矩阵 $\boldsymbol{Z}'$,其元素为 Z'_{ij}:

$$Z'_{ij} = \frac{f_{ij}}{\sqrt{\sum_{i=1}^{n} f_{ij}^2}} \quad (5-24)$$

式中,$i=1,2,\cdots,n$,$j=1,2,\cdots,m$,n 为方案数目,m 为决策目标数目;f_{ij} 由矩阵 $\boldsymbol{A}$ 给出:

$$A = \begin{bmatrix} f_{11} & f_{12} & \cdots & f_{1m} \\ f_{21} & f_{22} & \cdots & f_{2m} \\ \vdots & \vdots & \vdots & \vdots \\ f_{n1} & f_{n2} & \cdots & f_{nm} \end{bmatrix} \qquad (5-25)$$

(2) 构造规范化的加权决策矩阵 Z，其元素为 Z_{ij}：

$$Z_{ij} = \omega_j Z'_{ij} \qquad (5-26)$$

式中，$i=1,2,\cdots,n$，$j=1,2,\cdots,m$；ω_j 为第 j 个目标的权重值。

(3) 确定理想点和负理想点。设 J 代表效益型目标的子集，J' 代表成本型目标子集，则理想点 Z^+ 和负理想点 Z^- 分别为

$$Z^+ = \{(\max_i Z_{ij} | j \in J), (\min_i Z_{ij} | j \in J')\} = \{Z_1^+, Z_2^+, \cdots, Z_m^+\} \qquad (5-27)$$

$$Z^- = \{(\min_i Z_{ij} | j \in J), (\max_i Z_{ij} | j \in J')\} = \{Z_1^-, Z_2^-, \cdots, Z_m^-\} \qquad (5-28)$$

(4) 计算每个方案到理想点的距离 S_i^+ 和到负理想点的距离 S_i^-：

$$S_i^+ = \sqrt{\sum_{j=1}^m (Z_{ij} - Z^+)^2} \qquad (5-29)$$

$$S_i^- = \sqrt{\sum_{j=1}^m (Z_{ij} - Z^-)^2} \qquad (5-30)$$

(5) 计算每个方案接近理想点的相对接近度 C_i^*：

$$C_i^* = \frac{S_i^-}{S_i^+ + S_i^-} \qquad (5-31)$$

(6) 按照每个方案的相对接近度 C_i^* 的大小降序排序，取排在前面的方案。

5.2.3.3 系统优化结果及验证

1. 仿真参数

地球模型为球模型，根据传感器作用距离的分析，红外传感器探测距离范围选为 50~7000km，俯仰方向光轴指向范围为 $-45°$~$90°$（要保证传感器视线在最小切线高度之上），水平方位光轴指向方位为 $-60°$~$60°$，引入的测角误差为 80μrad，星座成本模型中的 λ_1、λ_2 和 λ_3 分别为 0.5，0.4 和 0.1；根据低轨预警系统特点，系统设计的优化空间（观测空间）为：高度范围选为 50~1000km，纬度范围选为 $-60°$~$60°$，经度范围为 $-180°$~$180°$；网格划分精度为 0.0001°，网格数为 45000000，定位精度阈值为 4km；根据算法参数分析，selfGDE3 算法参数

第5章 天基预警系统的组网及优化设计

CR 和 F 初始值都为 0.8，调整概率 τ_1 和 τ_2 取 0.9，种群规模为 50，进化代数 100；仿真周期为 3600s，步长为 5s。

2. 实验结果及系统性能分析

在本书的仿真参数条件下，采用 selfGDE3 算法进行仿真实验，得到多个最优解，如表 5-3 列出的 1~20 方案，其中表中的方案相关文献采用多学科优化设计方法得出的最佳星座系统方案，方案 b 为文献采用 GDE3 优化设计方法得出的较佳星座系统方案，方案 c 为通过分析得出 STSS 可能的星座方案，方案中的性能指标值是根据本书的优化模型求得的，Ω_0、u_0 指标文献中没有给出，在后面对比分析中随机生成。下面针对以上文献得出的星座方案，对本书算法及其星座优化结果的有效性进行验证。

表 5-3 星座系统方案

方案	S/P/F	H/km	i/(°)	Ω_0/(°)	u_0/(°)	CovN_g/%	GDOP/m	Cost/亿美元	CF	CR
1	30/5/0	1582.35	67.391	2.396	48.043	0.9834	477.3713	114.17	0.45	0.83
2	30/3/1	1549.44	58.784	5.502	39.440	0.9806	493.451	106.82	0.46	0.89
3	30/6/5	1208.11	48.418	2.001	47.895	0.9881	427.5873	115.65	0.64	0.56
4	28/4/2	1471.47	40.018	0	39.183	0.9804	449.271	103.04	0.88	0.84
5	28/4/2	1065.29	53.066	82.141	65.218	0.9794	491.188	102.11	0.89	0.96
6	28/4/0	1300.52	90.000	55.289	68.056	0.9719	511.7845	104.00	0.68	0.81
7	28/7/0	157.10	79.595	3.216	0	0.9597	444.87	115.14	0.64	0.07
8	28/7/2	157.99	55.192	1.840	44.054	0.9689	433.29	114.32	0.39	0.44
9	27/3/2	1443.87	50.022	0	16.200	0.9795	517.295	96.629	0.80	0.80
10	27/3/0	1600.00	40.018	4.447	39.181	0.9773	494.8141	96.748	0.79	0.78
11	27/3/2	1484.83	72.642	4.442	35.357	0.9514	421.5620	97.4046	0.69	0.76
12	25/5/3	1555.25	57.328	30.715	61.404	0.9780	508.9754	97.159	0.73	0.39
13	25/5/2	1286.82	46.347	2.878	33.328	0.9033	401.07	96.567	0.83	0.29
14	25/5/2	1307.52	45.454	39.330	54.212	0.9652	547.4728	95.2072	0.49	0.53
15	24/3/2	1577.93	51.856	44.702	29.694	0.9733	389.1090	87.418	0.26	0.79
16	24/6/1	1355.61	44.564	2.499	20.946	0.9581	439.65	97.01	0.47	0.012
17	24/6/0	1484.84	42.907	2.499	42.013	0.9679	559.99	97.347	0.86	0.77
18	24/3/2	1587.12	42.179	4.998	42.265	0.9754	409.23	87.177	0.88	0.63

（续）

方案	S/P/F	H/km	$i/(°)$	$\Omega_0/(°)$	$u_0/(°)$	$CovN_g/\%$	GDOP/m	Cost/亿美元	CF	CR
19	24/6/4	1476.05	53.547	2.499	42.265	0.9375	370.29	97.632	0.64	0.86
20	24/3/2	1600.00	44.071	4.499	50.451	0.9516	508.69	87.259	0.39	0.44
a	28/4/2	1596.00	77.800	—	—	0.9505	508.7688	104.61	—	—
b	27/3/2	1449.04	56.349	—	—	0.9619	598.903	96.828	—	—
c	24/3/1	1600.00	102.49	—	—	0.9440	500.6616	88.864	—	—

由表 5-3 中的方案分布可以看出，星座卫星数量越多，平均空间覆盖率较高，但成本也相对较高，相同卫星数量的不同轨道分布星座的覆盖和定位精度指标有差异，为客观地比较采用 selfGDE3 算法设计的低轨预警星座方案和其他文献中的星座方案的优劣，采取卫星数量相同的方案与之进行性能对比分析，因此，本书分别选择方案 4 与方案 a、方案 9 与方案 b、方案 15 与方案 c 进行星座系统性能仿真对比分析，验证本书算法在低轨预警星座设计中的适用性和优越性。

在本书的仿真条件下，与方案 a 相比，方案 4 的平均二重覆盖百分比高 2.99%，平均定位精度值小 59.497m，星座成本少 1.57 亿美元，针对不同高度，两个方案的二重覆盖率对比如图 5-16 所示（由于 600km 空间高度两种方案的

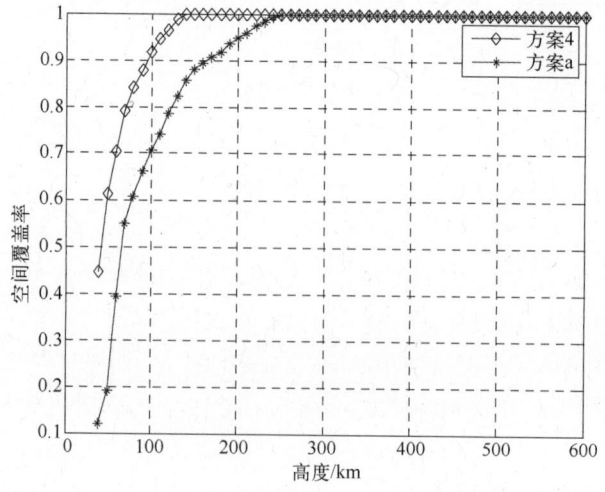

图 5-16　方案 4 和方案 a 二重覆盖随高度变化对比

覆盖率都在100%以上,图中只列出600km以内的覆盖率对比,不影响分析结果,下同),方案4在高度140km左右达到100%平均二重覆盖率,而方案a在220km左右才达到100%平均二重覆盖率,在此高度之前,方案4的平均二重覆盖率都比方案a高。两个方案的定位精度随高度变化的对比如图5-17所示,除了100km之下部分高度之外,方案4在其他高度下定位精度值都低于方案a的值,定位效果明显好于方案a。

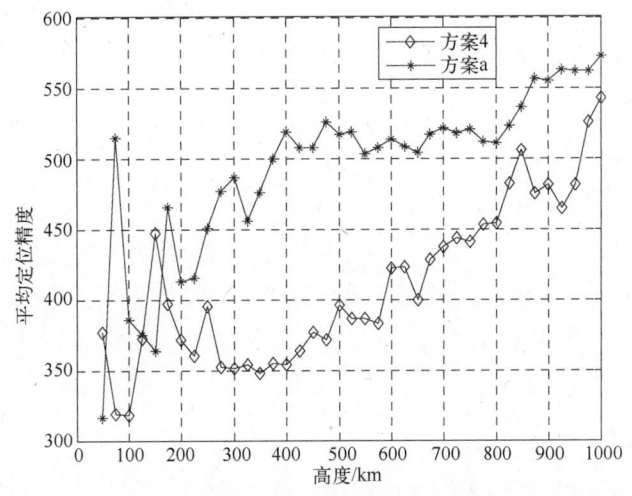

图5-17 方案4和方案a平均定位精度随高度变化对比

方案9相对于方案b的平均二重覆盖百分比高1.76%,平均定位精度值小81.608m,星座成本少0.199亿美元,两个方案的平均二重覆盖率随高度变化的对比如图5-18所示,方案9和方案b在高度200km左右均达到100%平均二重覆盖率,但在此高度之前,方案9的平均二重覆盖率明显比方案b高。两个方案的定位精度随高度变化的对比如图5-19所示,在空间高度550km左右以内,方案9和方案b定位效果基本相当,但在此高度之上方案9的定位精度小于方案b,效果较好些。

方案15与方案c进行对比分析,方案15相对于方案c的平均二重覆盖百分比高2.93%,平均定位精度值小111.552m,星座成本少1.446亿美元,针对不同的空间高度,两个方案的平均二重覆盖率对比如图5-20所示,方案15在高

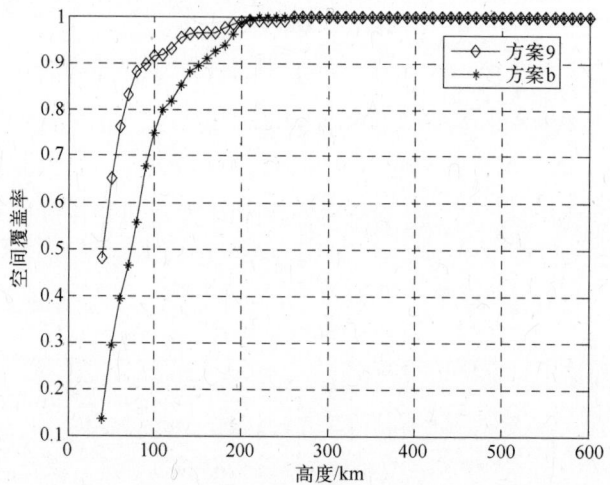

图 5-18　方案 9 和方案 b 二重覆盖随高度变化对比

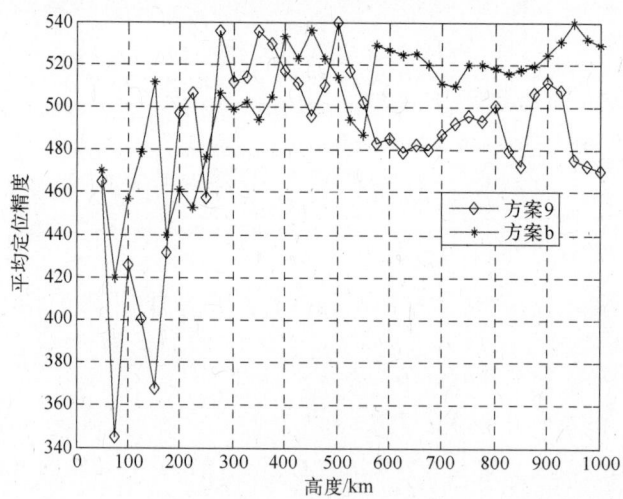

图 5-19　方案 9 和方案 b 平均定位精度随高度变化对比

度 170km 左右达到 100%平均二重覆盖率,而方案 c 在 300km 左右才达到 100% 平均二重覆盖率(本节方案 c 的覆盖率是在纬度带-60°～60°范围内仿真的覆盖 结果),在此高度之前,方案 15 的二重覆盖率都比方案 c 高。两个方案的定位 精度随高度变化的对比如图 5-21 所示,在空间高度 800km 左右以内,方案 15 比方案 c 定位精度明显小,定位效果更好,在此高度之上二者的定位精度相差不大。

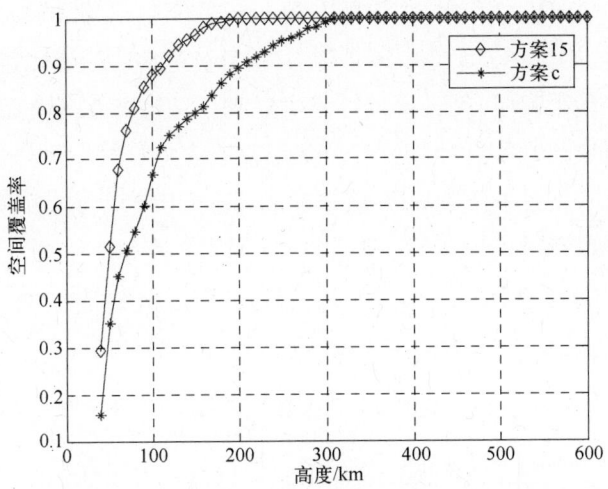

图 5-20　方案 15 和方案 c 二重覆盖随高度变化对比

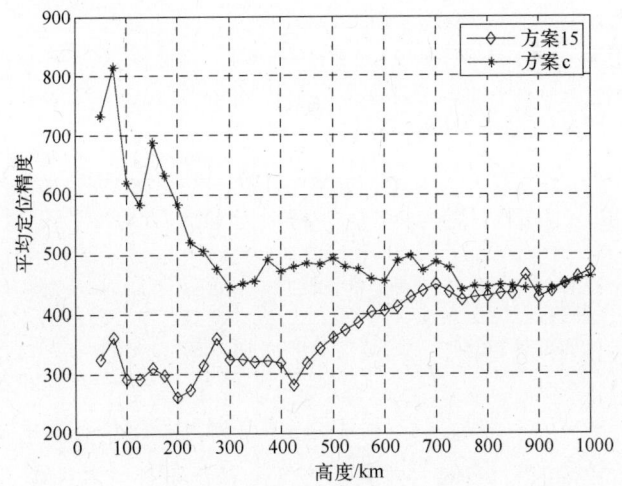

图 5-21　方案 15 和方案 c 平均定位精度随高度变化对比

通过以上的仿真分析可以看出，本书方法设计的方案 4 的性能整体优于方案 a，方案 9 的性能整体优于方案 b，方案 15 的性能整体优于方案 c，验证了 self-GDE3 优化设计方法的适用性和有效性。

根据不同的考虑侧重因素，可以初步选择不同目标相对较好的不同星座系统方案,如果以覆盖率为唯一优先考虑目标,则选择方案 3(30/6/5);如果考虑以定位精度为唯一考虑目标,则选择方案 19(24/6/4);如果以星座成本为唯一优先考虑目标,则选择方案 20(24/3/2)。本书讨论多目标优化问题,关注点不是特定某一个优化目标,在最终选择方案时需要综合考虑各个因素,选择一个使各个目标都较优的综合性的方案。采用基于理想点的方法处理这种情况下的多目标最终方案选择的决策问题。表 5-4 通过 TOPSIS 方法计算各个方案对于理想点 Z^+ 和负理想点 Z^- 的接近度 C_i^*,选择接近度最大的方案,其中方案 15(24/3/2)的接近度最大($C_{15}^* = 0.8999$),因此选择方案 15 作为低轨预警星座系统优化设计结果。

表 5-4 基于 TOPSIS 的低轨预警星座系统方案选择

方案	1	2	3	4	5	6	7	8	9	10
理想点距离 S^+	0.0168	0.0141	0.0163	0.0105	0.0120	0.0140	0.0169	0.0159	0.0118	0.0105
负理想点距离 S^-	0.0126	0.0127	0.0151	0.0150	0.0139	0.0120	0.0114	0.0129	0.0152	0.0154
接近度 C_i^*	0.4285	0.4750	0.4810	0.5886	0.5351	0.4625	0.4028	0.4469	0.5631	0.5948
方案	11	12	13	14	15	16	17	18	19	20
理想点距离 S^+	0.0085	0.0115	0.0131	0.0138	0.0025	0.0085	0.0150	0.0033	0.0091	0.0111
负理想点距离 S^-	0.0157	0.0150	0.0152	0.0143	0.0221	0.0155	0.0135	0.0216	0.0175	0.0175
接近度 C_i^*	0.5631	0.5948	0.6492	0.5076	0.8999	0.6460	0.4747	0.8674	0.6581	0.6111

在选择方案 15 的基础上,采用卫星仿真工具包 STK(Satellite Tool Kit)软件对星座的覆盖性能进行分析,并将其与方案 c 进行对比。星座覆盖仿真时间为 1 Jul 2012 12:00:00.000 至 2 Jul 2012 12:00:00.000,仿真中设导弹目标 1 发射点 S-13,E76,落地为 N48,E106,导弹飞行时间为 1550 s,发射时间为 1 Jul 2012 12:10:00.000。

星座方案 15 和方案 c 对导弹目标的覆盖时段及对其覆盖可见的卫星传感器,如表 5-5 和表 5-6 所列。其中,星座方案 15 对目标有 10 个可见卫星的传感器,并有 11 个覆盖时段,平均每个时段为 868.832s,总的覆盖时长为 9557.147s,每

第5章 天基预警系统的组网及优化设计

一时段最少有3个、最多有8个卫星传感器对目标可见;而方案c只有8个卫星的传感器对目标可见,覆盖时段有8个,平均每个时段为955.484s,总的覆盖时长为7643.875s,同时每一个时段最少有3个、最多有6个卫星传感器对目标可见。可以看出,无论是覆盖密度还是覆盖时长,星座方案15都优于方案c。

表5-5 低轨预警星座方案15对导弹目标的覆盖时段

Access	Access Start(UTCG)	Access End(UTCG)	Duration/s	Asset Full Name
1	1 Jul 2012 12:10:00.000	1 Jul 2012 12:32:58.863	1378.863	(方案15)18-1-8
2	1 Jul 2012 12:10:02.253	1 Jul 2012 12:26:36.997	994.744	(方案15)25-2-5
3	1 Jul 2012 12:10:13.712	1 Jul 2012 12:16:43.626	389.914	(方案15)33-3-3
4	1 Jul 2012 12:10:35.262	1 Jul 2012 12:27:49.896	1034.634	(方案15)32-3-2
5	1 Jul 2012 12:11:29.249	1 Jul 2012 12:21:43.210	613.961	(方案15)31-3-1
6	1 Jul 2012 12:11:50.030	1 Jul 2012 12:35:35.419	1425.389	(方案15)17-1-7
7	1 Jul 2012 12:12:10.667	1 Jul 2012 12:32:23.996	1213.329	(方案15)11-1-1
8	1 Jul 2012 12:13:14.560	1 Jul 2012 12:20:58.104	463.545	(方案15)26-2-6
9	1 Jul 2012 12:17:54.969	1 Jul 2012 12:35:50.450	1075.481	(方案15)38-3-8
10	1 Jul 2012 12:23:18.745	1 Jul 2012 12:33:57.630	638.885	(方案15)31-3-1
11	1 Jul 2012 12:29:35.563	1 Jul 2012 12:35:03.965	328.402	(方案15)37-3-7

表5-6 低轨预警星座方案c对导弹目标的覆盖时段

Access	Access Start(UTCG)	Access End(UTCG)	Duration/s	Asset Full Name
1	1 Jul 2012 12:10:09.966	1 Jul 2012 12:27:25.739	1035.773	(方案c)33-3-3
2	1 Jul 2012 12:10:11.964	1 Jul 2012 12:35:38.702	1526.738	(方案c)28-2-8
3	1 Jul 2012 12:10:55.493	1 Jul 2012 12:19:47.276	531.783	(方案c)34-3-4
4	1 Jul 2012 12:11:44.021	1 Jul 2012 12:33:02.318	1278.297	(方案c)27-2-7
5	1 Jul 2012 12:13:36.755	1 Jul 2012 12:27:31.962	835.208	(方案c)21-2-1
6	1 Jul 2012 12:14:11.749	1 Jul 2012 12:33:13.234	1141.485	(方案c)32-3-2
7	1 Jul 2012 12:20:39.179	1 Jul 2012 12:35:39.777	900.598	(方案c)31-3-1
8	1 Jul 2012 12:29:01.788	1 Jul 2012 12:35:35.782	393.993	(方案c)38-3-8

参 考 文 献

[1] 刁华飞. 天基光学空间目标监视系统设计与仿真分析[D]. 北京:装备指挥技术学

院,2009.

[2] 张秉华,张守辉. 光电成像跟踪系统[M]. 成都:电子科技大学出版社,2003.

[3] 郭秀梅. 星载红外传感器探测距离研究[J]. 中国电子科学研究院学报,2005(3):41-44.

[4] 王博,许丹,等. 低轨星座红外凝视传感器覆盖性能分析[J]. 湖南大学学报(自然科学版),2009,36(10):68-73.

[5] 王博,安玮,周一宇. 跟踪传感器空域覆盖性能分析[J]. 航天控制,2009,27(6):90-94.

[6] 薛永宏,王博,安玮,等. 低轨星座传感器调度方法[J]. 飞行器测控学报,2009,28(5):19-23.

[7] 王博,周一宇,鲁建华,等. 基于实值粒子群优化的STSS系统传感器管理算法研究[J]. 系统仿真学报,2009,21(22):7287-7292.

[8] Abbass H A, Sarker R. The Pareto Differential Evolution Algorithm[J]. International Journal on Artificial Intelligence Tools,2002,11(4):531-550.

[9] 程思微,张辉,等. 基于GDE3算法的侦察卫星星座优化设计[J]. 系统仿真学报,2009,21(2):586-589.

[10] Swagatam Das, Amit Konar. Two improved differential evolution schemes for faster global search[C]. Proceeding of the 2005 Conference on Genetic and Evolutionary Computation,2005:991-998.

[11] Brest J, Boskovic B, Greiner S. Performance comparison of self-adaptive and adaptive differential evolution algorithms [J]. Soft Computing:A Fusion of Foundations Methodologies and Applications,2007,11(7):617-629.

[12] 武志峰. 差异演化算法及其应用研究[D]. 北京:北京交通大学,2009.

[13] Feng S, Xu L D. Decision support for fuzzy comprehensive evaluation of urban development [J]. Fuzzy Sets and Systems, 1999, 105:1-12.

[14] 佘二永,徐学文. STSS星座空间覆盖性能分析方法研究[J]. 计算机仿真,2010,27(6):103-106.

[15] 牛轶峰,梁光霞,沈林成. 空间预警系统建立导弹目标优先级的多属性决策[J]. 现代防御技术,2006,34(4):1-5.

第6章 天基低轨预警系统初始任务规划和资源调度技术

由于天基低轨预警系统的凝视型传感器视场及目标和传感器几何关系的限制,通常单个凝视型传感器不能完成对自由段导弹目标的全程连续跟踪,也不能保证在每一时刻都是最优跟踪。因此,需要对有限的传感器资源进行合理的调度,以满足系统对导弹探测和跟踪的需求。为提高系统跟踪服务效率,本章介绍系统初始任务规划和资源调度。首先,系统地阐述了天基低轨预警系统任务规划问题;然后,在任务分解的基础上,通过相关假设和简化,建立了基于动态优先级低轨预警系统初始任务规划模型;最后,针对所建立的规划模型,设计并实现求解任务规划模型的智能算法,并进行实例验证分析。

6.1 任务规划和资源调度问题分析

天基低轨预警系统任务规划问题,是指当出现一个或多个可疑目标跟踪监视任务需求时,根据系统状态调用卫星传感器资源,合理安排其对目标的探测跟踪序列方案的过程。任务规划的实质是在合适的时候选择合适的传感器对合适的目标做合适的服务。

6.1.1 低轨预警系统任务规划调度概念模型

低轨预警卫星搭载的扫描型传感器一直采取固定扫描程序,所以系统任务规划实际上是指对其搭载的凝视型传感器的调度。卫星传感器和目标之间必须要有可见时间窗口,才能执行对目标的跟踪任务。可见时间窗口是由卫星轨道、传感器性能、目标位置共同确定,同一个传感器资源对于某一个任务的全过程可能有多个时间窗口,如图6-1所示,其中"1"表示在当前时间窗口传感器资源和目标是可见的;"0"表示在当前时间窗口传感器资源和目标不可见。

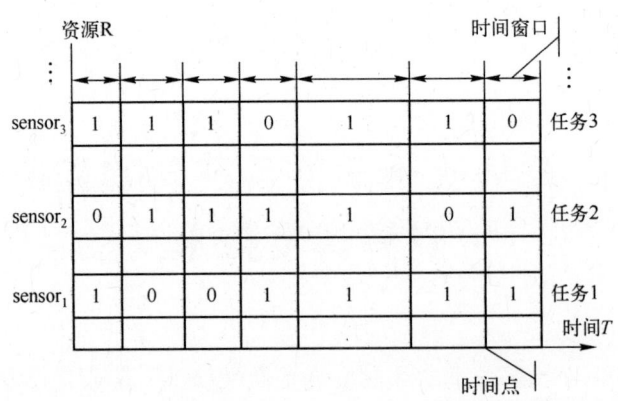

图 6-1 传感器资源和任务可见时间窗口示意图

低轨预警系统任务规划的三大关键要素是传感器资源、目标任务和时间,任务规划调度问题如图 6-2 所示。初始时刻系统发现并确认若干导弹目标,需要进行任务规划,安排传感器资源对目标进行跟踪。首先根据对导弹目标已经获得的助推段信息及初步参数估计信息和目标数据库中相关信息等,进一步估计目标关键参数,并利用弹道预测技术,计算在规划周期时段内目标的飞行弹道及位置信息;然后根据导弹目标和低轨预警卫星传感器资源之间的相对位置关系,判断其在规划周期内的覆盖时段,构建传感器和导弹目标的可见时间窗口集。由于不同传感器组合在不同时刻对目标的观测角不同,对目标的定位精度也不同,因此,针对导弹目标飞行的不同时刻,需要根据传感器和目标的相对位置关系,在相关约束下,选择合适的传感器组合对其进行观测,以获得较好的定位效果,得出任务规划方案,指导系统在任务规划周期内对导弹目标的观测。

根据图 6-2,低轨预警任务规划处理及传感器资源调度问题中包含的要素有:低轨预警系统资源状态信息 Resources State,包括位置姿态信息,传感器的工作状态等;待跟踪监视的可疑目标集及其可用信息集 Targets Information,包括可疑目标的先验信息、目标数据库、测量数据和预测数据等;约束集 Constraint,包括资源约束,时间性约束和任务约束;任务规划目标集 Objectives。因此,任务规划即是在一定的约束条件下,按照给定的优化目标,将卫星凝视型传感器按时间段分配给不同的导弹目标进行跟踪,其概念模型可表示为

第6章 天基低轨预警系统初始任务规划和资源调度技术

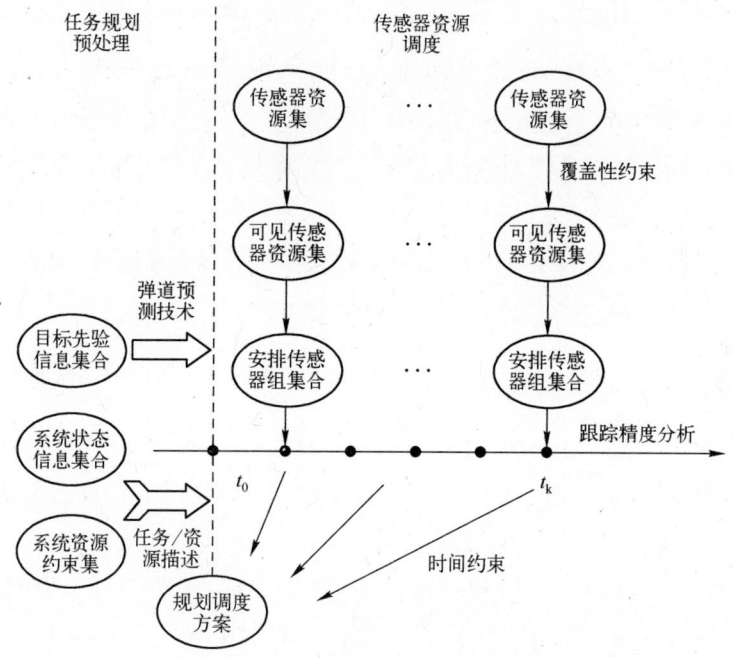

图 6-2 任务规划调度问题示意图

$$\text{Pro}: \begin{cases} \underset{\text{Decision}^t}{\text{opt}} \text{ Objectives} \\ \text{s.t.} \begin{cases} \text{Decision}^t = ((\text{work}_i^r)_t)_{M \times N_t} \\ C1: ((\text{work}_i^r)_t)_{M \times N_t} \in \text{Constraint}(\text{Resources}) \\ C2: ((\text{work}_i^r)_t)_{M \times N_t} \in \text{Constraint}(\text{Acess}) \\ C3: ((\text{work}_i^r)_t)_{M \times N_t} \in \text{Constraint}(\text{task}) \end{cases} \end{cases} \quad (6-1)$$

其中,规划目标集 Objectives = Object(Task,URsc);一是从跟踪任务 Task 的角度包括目标的跟踪精度高,高优先级的任务完成率高,获取的导弹目标信息量大等;二是从预警卫星传感器资源使用 URsc 的角度包括传感器切换率最低,传感器分配的任务均匀等。因此可以采用的优化参数主要有多传感器跟踪定位精度 GDOP、资源松弛度(或称资源利用率)、资源分配均衡因子、目标估计误差协方差矩阵等。对多个目标可加权为一个综合性的单目标,便于规划模型的求解。

$\text{Decision}^t = ((\text{work}_i^r)_t)_{M \times N_t}$ 为传感器资源对任务的分配决策矩阵,$(\text{work}_i^r)_t =$

1时代表传感器资源r在t时刻分配给目标i进行跟踪,若$(work_i^r)_t=0$表示传感器资源r在t时刻没有分配给目标$i(i=1,2,\cdots,M,r=1,2,\cdots,N_t,t\geq 0)$。

$C1$表示传感器资源自身状态约束,描述传感器的可用性;$C2$表示传感器资源与可疑目标时间可见性约束(是否具有可见窗口),需要根据已获可疑目标的方位角信息或先验信息、预警卫星位置信息、传感器有效监视范围等数据进行覆盖分析计算;$C3$表示导弹目标跟踪监视过程中完成任务要求,如同一个传感器同一个时间只能对一个目标进行跟踪监视,即$\sum_i (work_i^r)_t = 1$;同一时刻需要有两个或以上的传感器对目标进行立体观测等,即$\sum_r (work_i^r)_t \geq 2$;单个目标至少需要连续跟踪一定时间,才能达到稳定跟踪要求,即$T \cdot (work_i^r)_t \geq T_{during}$($T$为本次跟踪的时间长度)。在任务规划具体的建模和求解时,需要根据实际情况简化或假设相关约束,提高任务规划效率。

6.1.2 规划调度问题形式化描述

6.1.2.1 资源集描述

资源集 Resources = {Resource$_1$, Resource$_2$, $\cdots$, Resource$_R$}:Resourece$_r$表示第r号预警资源,R为可用资源总数。假定每颗卫星只携带一个扫描型探测器和一个凝视型探测器,则 Resourece$_r$特指第r号卫星上的凝视型探测器。下面对单个探测器资源的属性进行描述:Resource$_r$ = {$TW_r^i, V_r^{ij}, (work_r)^t, Capability_r$}

(1) TW_r^i = {$(TW_r^i)_1, (TW_r^i)_2, \cdots, (TW_r^i)_k$}, $(TW_r^i)_k = [TWst_r^i, TWend_r^i]_k$:$TW_r^i$为 Resourece$_r$对目标$i$可见时间窗口序列,$(TW_r^i)_k$表示第$k$个可见窗口,$K$为可见窗口总数,$TWst_r^i$和$TWend_r^i$为时间窗口的开始和结束时间。

(2) V_r^{ij}表示探测器资源 Resourece$_r$是否能执行任务 Ttask$_{ij}$的决策变量。一般情况下,Resourece$_r$在子任务 Ttask$_{ij}$时间段若能对目标i可见,则认为 Resourece$_r$可执行该子任务。设 st$_{ij}$, end$_{ij}$分别为 Ttask$_{ij}$的开始和结束时间点,则

$$V_r^{ij} = \begin{cases} 1, & (\exists k \in [1,K], [st_{ij}, end_{ij}] \subseteq (TW_r^i)_k) \\ 0, & 其他 \end{cases} \quad (6-2)$$

(3) $(work_r)^t$表示探测器资源 Resourece$_r$在t时刻的工作状态。每个探测器的工作状态可分为三种情况,即故障、空闲可用、正常工作。故障状态下,

Resourece$_r$ 不能执行任何任务;空闲可用状态下,Resourece$_r$ 可被安排执行具有可见时间窗口的任务;正常工作状态下,Resourece$_r$ 可从正在执行的任务中被抢夺,而执行其他可执行的任务。例如:

$$(\text{work}_r)^t = \begin{cases} -\infty, & \text{资源故障} \\ 0, & \text{空闲可用} \\ n, & \text{正常工作} \end{cases} \tag{6-3}$$

式中,n 为探测器 r 在 t 时刻所跟踪的目标数目,默认为 1。

(4) Capability 表示探测器的探测性能信息,如探测精度、探测距离、相机视场角等信息。为了简化问题,只考虑探测器的探测距离、相机视场角、探测视角区间,即{Range,ConeAngle,AEAngle}。

6.1.2.2 任务集描述

任务集 Tasks = {Task$_1$,Task$_2$,…,Task$_N$}:由单个导弹目标自由段的(低轨)预警任务 Task$_i$ 组成,i 为导弹目标编号,并以其代表对应导弹目标,N 为导弹目标总数,Task$_i$ 形式化描述示意图如图 6-3 所示。

图中,持续时间 L_i 为导弹目标自由段的持续时间;最早开始时间 st$_i$ 理论上为目标被低轨卫星上的扫描型探测器捕获完成的时间点,最晚结束时间 end$_i$ 理论上为目标进入大气层(再入段),红外探测手段失效的时间点;执行时间窗 [st$_i$,end$_i$] 为任务执行的时间区间,满足 $L_i=\text{end}_i-\text{st}_i$;任务初始优先级 ω_i 是指在 st$_i$ 时间时目标的优先级,一般通过对目标进行威胁度评估而确定,其值越小优先级越高。可用资源集 resources^i 由每个精确跟踪子任务的可用资源集 resourece^{ij} 组成,即 resources^i = {resource^{i1},resource^{i2},…,resource^{iN_i}}。

根据天基预警系统作战流程可知,每个 Task$_i$ 又可分解为一个搜索确认任务 Stask$_i$ 和若干个精确跟踪任务 Ttask$_{ij}$,设 N_i 为 Task$_i$ 中的精确跟踪子任务总数,则 Task$_i$ = {Stask$_i$,(Ttask$_{i1}$,Ttask$_{i2}$,…,Ttask$_{iN_i}$)}。由于搜索确认任务 Stask$_i$ 不存在资源调度问题,因此本书所指的预警子任务特指精确跟踪子任务。每个 Ttask$_{ij}$ 的形式化描述示意图如图 6-3 所示。

图中,l_{ij}、st$_{ij}$、end$_{ij}$ 分别表示 Ttask$_{ij}$ 的任务持续时间、开始时间、结束时间,且满足 $L_{ij}=\text{end}_{ij}-\text{st}_{ij}$。任务决策变量 x_{ij} 是指任务是否被执行的决策变量,则

$$x_{ij} = \begin{cases} 1, & \text{Ttask}_{ij} \text{被执行} \\ 0, & \text{Ttask}_{ij} \text{未被执行} \end{cases} \tag{6-4}$$

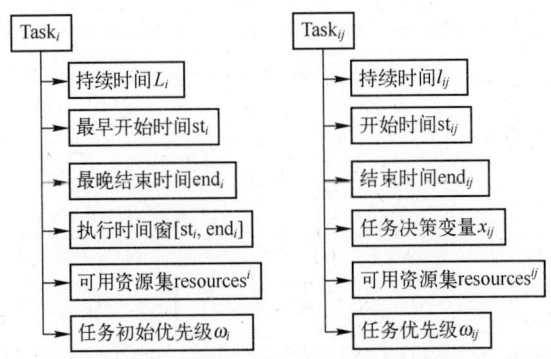

图 6-3　预警任务形式化描述示意图

$Ttask_{ij}$ 的可用资源集 $resourece^{ij}$ 包含所有能够执行其所有探测器资源,即 $resource^{ij}=\{resource_1^{ij},resource_2^{ij},\cdots,resource_{r_{ij}}^{ij}\}$,$resourece_r^{ij}$ 表示第 r 号可用资源,r_{ij} 为 $Ttask_{ij}$ 的可用资源总数。其中,$resourece_r^{ij}$ 可用 $Angle_r^{ij}$ 和 x_r^{ij} 描述。

(1) $Angle_r^{ij}=\{Angle_{r-}^{ij},Angle_{r\perp}^{ij}\}$ 表示 $Ttask_{ij}$ 可用探测器资源 $resourece_r^{ij}$ 的探测视角区间,包括水平和俯仰两个方向,即 $Angle_{r-}^{ij}=[Ang\_low_{r-}^{ij},Ang\_up_{r-}^{ij}]$,$Angle_{r\perp}^{ij}=[Ang\_low_{r\perp}^{ij},Ang\_up_{r\perp}^{ij}]$。目标 i 必须在一定的探测视角范围内才能被探测,即 $Angle_{min}\leq\forall\{Ang\_low_{r-}^{ij},Ang\_up_{r-}^{ij},Ang\_low_{r\perp}^{ij},Ang\_up_{r\perp}^{ij}\}\leq Angle\ max$。

(2) x_r^{ij} 表示探测器 $resourece_r^{ij}$ 是否执行 $Ttask_{ij}$ 任务的决策变量:

$$x_r^{ij}=\begin{cases}1,&执行\\0,&不执行\end{cases} \quad (6-5)$$

6.1.2.3　目标可用信息集描述

星载凝视型探测器的调度还需要数据融合信息,以及目标所处环境信息的支持,即目标可用信息集 Information。通过传感器数据融合,可以得到可疑目标的弹道预测信息、身份识别信息、目标类型信息等。由此可将目标可用信息集 Information 划分为 6 类:目标的先验信息 prior,测量数据 measured,识别信息 recognition 和预测数据 prediction,威胁评估信息 assessment,环境信息 environment。

其中,prior 是指存放于数据库中的各类导弹信息及相关参数,为导弹确认识别提供依据;measured 是指目标的位置和运动信息,包括其方位角和俯仰角的测量数据,速度和加速度预测数据;recognition 是指利用先验信息和目标的监测数据推断得出的目标身份和类型信息;prediction 是指对可疑目标当前未知属

第6章 天基低轨预警系统初始任务规划和资源调度技术

性的估计,如弹道轨迹等;assessment 是指通过对来袭导弹种类的识别,以及弹道、落点等信息的预测,从而评估导弹的威胁程序,生成该导弹目标预警的任务的初始优先级;environment 是指导弹目标所处的环境信息,反映影响目标被探测的环境信息,如环境的红外特性等。

6.1.2.4 约束集描述

根据约束的主/客观性,可将约束集 Constraint 分为两类,即问题本质约束 Essential 和用户需求约束 Demand。问题本质约束是客观存在的,直接决定调度方案的可行性;用户需求约束只影响调度方案的用户满意度,不影响调度方案的可行性。约束集的具体组成如图 6-4 所示。

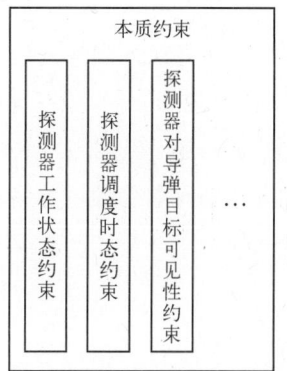

图 6-4 约束集组成示意图

(1)本质约束主要是从探测器资源方面考虑,即低轨预警系统的探测能力约束,包括:①探测器工作状态约束,涉及探测器的能量供给、计算能力,通信链路畅通等;②探测器调度时态约束,强调探测器调度活动(如任务交接)的时序关系和信息传输时延问题;③探测器对导弹目标可见性约束,涉及探测器与目标的空间几何关系、探测器的探测性能、探测环境等。

(2)用户需求约束主要从用户需求出发,即从任务的角度考虑,包括任务重要性约束、调度时长约束、立体跟踪约束等用户指定性需求约束条件,它们的组成和数值因用户不同而不同。

6.1.2.5 优化目标集描述

优化目标主要从调度方案的收益和鲁棒性两个方面考虑。收益主要反映预警效果,如跟踪精度、资源利用率、任务完成率等,可从资源和任务两个方面进行考虑。

调度方案鲁棒性是指在给定的调度方案在面临扰动时,应用某种特定的动态调整方法既能保持调度方案的良好收益,又能保持新老调度方案尽可能小的差异,则称该调度方案是鲁棒的。调度方案的鲁棒性主要反映系统运行的稳定性或抗变换性,以及方案在不确定性扰动下的适应性。例如,在新任务插入或探测器资源故障等情况下,鲁棒性指标能够反映新任务能够安排执行,或者故障资源所执行的任务能够重新安排的可能性大小。它对预警系统的稳定运行,以及作战效能的发挥至关重要。

6.1.3 低轨预警系统任务规划调度输入和输出

在天基低轨预警系统任务规划过程中,其主要输入和输出信息如图 6-5 所示,输入信息主要包括目标跟踪任务信息、任务规划周期、天基平台、载荷信息,输出信息的表现形式是目标跟踪监视计划,主要包括选择执行的观测活动、活动分配的监视资源、活动的起止时间及对应任务规划总效用等信息。

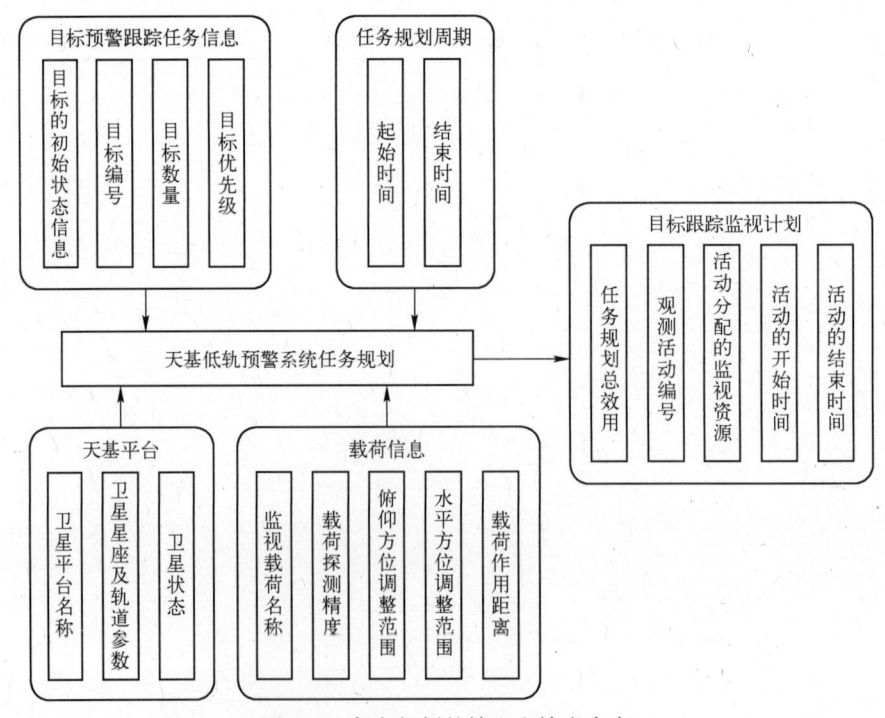

图 6-5 任务规划的输入和输出内容

第6章 天基低轨预警系统初始任务规划和资源调度技术

1. 主要输入要素

1) 规划周期

规划周期是指低轨预警卫星任务规划问题考虑的时间范围,可以定义为 $t_{\text{Schedule}}=[t_S,t_E]$,$t_S$ 为规划起始时间,t_E 为规划结束时间。

2) 目标跟踪任务信息

目标跟踪任务信息是指在经过高轨预警卫星或低轨卫星扫面相机捕获确认后得到的有关导弹目标初始信息,同时还包括目标的先验信息。目标跟踪任务信息包括:t 时刻待跟踪的可疑目标集 $\text{target}_t=\{\text{target}_1^t,\text{target}_2^t,\cdots,\text{target}_{N_t}^t\}$、目标编号 ID,目标数量 N_t,目标估计的状态信息 $[W_i,V_i]$,其中 W_i 为导弹目标 i 的估计位置,V_i 为导弹目标 i 的估计速度,导弹目标 i 弹道飞行时间以及对目标的预测落地点和目标的优先级等。

3) 卫星平台信息要素

(1) 卫星名称:卫星名称是低轨预警卫星的标识,用来说明具体的卫星。

(2) 卫星星座:天基低轨预警系统采用的星座构型为 Walker 星座,星座由 7 个要素确定,即卫星数量 S,轨道面数 P,谐参数 F,轨道高度 H,轨道倾角 I,第一轨道面升交点赤经 Ω_0,第一轨道面第 1 颗卫星初始时刻纬度幅角 u_0。

(3) 卫星状态:卫星轨道参数;卫星的运行轨道一般通过 6 个经典轨道参数定义,即轨道半长轴 a,偏心率 e,倾角 I,升交点赤经 Ω,近地点角 ω,过近地点时刻 T。卫星的轨道参数决定了其在轨运行过程中与目标之间的几何关系。

卫星运动状态 $[W_r,V_r]$:表示预警资源 r 在规划初始时刻的状态信息,其中 $W_r=(x_r,y_r,z_r)$,$V_r=(v_{x_r},v_{y_r},v_{z_r})$,各时刻的状态可以根据初始时刻的值再通过星历表查询或轨道预推计算得到。

4) 传感器载荷信息

目标跟踪任务主要由凝视型传感器执行,在任务规划中,凝视型传感器相关的输入信息包括:传感器的名称(与卫星平台对应),载荷的最大探测距离 R_i,传感器水平调整范围 $[\alpha_{\min},\alpha_{\max}]$ 和俯仰方位的调整范围 $[\beta_{\min},\beta_{\max}]$。导弹目标只有在传感器探测距离范围内,且其相对于卫星载荷的方位角 $[\alpha\ \beta]$ 属于传感器水平和俯仰方位的调整范围时,该传感器才能安排到对该目标跟踪任务中。

2. 任务规划主要输出要素

天基低轨预警系统任务规划问题的输出结果是一个观测活动序列集合形

成的规划方案,即对导弹目标集的跟踪监视计划,其输出信息要素包括以下 4 项内容。

(1) 对导弹目标集观测的活动系列,即各原子任务集 $\text{Task}_i = \{\text{task}_i^1, \text{task}_i^2, \cdots, \text{task}_i^{NT_i}\}$。

(2) 导弹目标 i 的每个原子的执行时间 Δt_i^j 以及起始时刻 $[\text{Tbeg}_i^j, \text{Tend}_i^j]$。

(3) 导弹目标 i 的每个原子任务分配的监视传感器载荷资源 URsc_i^j。

(4) 根据任务规划优化目标,此次任务规划总效用(适应度值)。

6.1.4 低轨预警系统任务规划调度求解过程

一般问题的求解过程基本上可以划分为建模和求解两个阶段。就规划问题而言,约束条件比较复杂,因此,在建模前添加了任务处理阶段,用于分析任务需求,处理任务约束,并对任务进行规范化处理及任务分解,为建模过程准备数据。低轨预警系统任务规划求解思路可以划分为 3 个主要阶段,如图 6-6 所示。

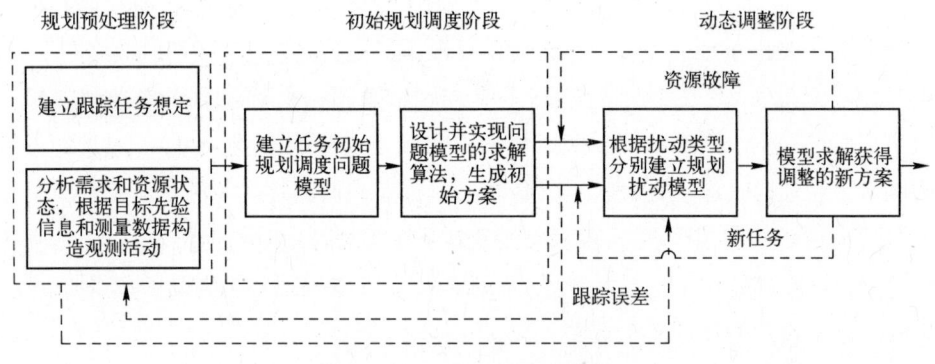

图 6-6 任务规划的求解思路

第一阶段:规划预处理阶段。这一阶段分两步:①获取任务需求、卫星的轨道信息、传感器资源信息,根据任务需求与资源信息建立天基低轨预警系统跟踪任务想定;②根据资源状态和可疑目标的先验信息、测量数据,预测导弹弹道信息,得出卫星和目标的空间几何关系,构造卫星资源对目标的可观测活动,并对任务进行分解,使问题得到了一定程度的简化。分解形成的原子任务,作为模型的输入数据。

第二阶段：初始规划调度阶段。将原子任务作为调度的基本对象，并依据卫星资源状态、任务约束和规划目标等建立天基低轨预警系统任务初始规划模型。设计并实现问题模型的求解算法，对模型进行求解，输出初始任务规划调度方案，即各卫星传感器对目标最优的跟踪序列。

第三阶段：动态调整阶段。在初始方案执行过程中，可能会出现各种扰动因素，需要根据扰动类型，对问题进行重新建模求解，以满足扰动的条件。当有扰动发生时（主要指卫星系统故障或者新任务增加），需要对新增任务进行规划调度预处理，进行重规划调度建模和求解。这是一个根据实际需要而重复执行的过程。第5章对动态任务规划问题进行建模和优化求解。

6.2 基于补偿跟踪机制的初始任务规划调度建模

综上所述，初始调度问题是一类复杂约束条件下的确定性优化组合问题，需建立合理的调度问题模型，利用实时高效的算法对模型进行求解，从而生成初始调度方案。这里提出一种补偿跟踪机制，并将其引入初始调度问题建模过程中，建立初始调度 CSP 模型。针对所建的初始调度问题模型，设计一种基于动态优先级的启发式算法对模型进行求解，从而生成满足用户需求初始调度方案。

6.2.1 补偿跟踪机制

6.2.1.1 基本思路

针对导弹目标自由段预警过程，可将其跟踪状态分为正常跟踪和候控，分别对应的导弹运行时段为正常跟踪时段和候控时段。在正常跟踪状态下，探测器对导弹目标进行正常跟踪；在候控状态下，没有安排探测器对导弹目标进行跟踪。整个导弹目标运行自由段可包括多个正常跟踪段和候控段。

在实际预警过程中，星载红外探测器对导弹目标跟踪是一个对其弹道进行不断预测和拟合更新的过程。虽然可根据弹道导弹在自由段的运动特性和地球自转模型对整个自由段的弹道进行预测，但其存在较大误差，需要在探测器跟踪过程中进行不断拟合更新。若导弹目标的单个候控段持续时间过长，则无法完成后续弹道的预测更新，仅依靠前期的弹道预测信息可能会造导弹目标的丢失。

从导弹中段拦截的角度看,若单个候控段持续时间过长,则会造成弹道累积误差增大,从而导致拦截失败。虽然导弹在自由段仅在地球引力作用下运行,但不能排除导弹变轨和多弹头的可能性,以及其他环境因素和导弹自身状态变化等随机因素对弹道的影响。假设导弹在某个候控段发生变轨或多弹头分离,若该候控段持续时间过长,则不利于导弹目标或多弹头的捕获,甚至造成目标丢失。

从导弹信息采集的角度看,虽然导弹在自由段的运行特性相似,但每个时段所采集的导弹信息并不完全相同,且信息采集具有连续性。若单个候控段持续时间过长,则会造成该时段过多信息的永久损失,不利于导弹信息的更新和继续跟踪。

因此,在导弹自由段跟踪过程中,单个候控段的持续时间过长不利于导弹的重新捕获和断续跟踪,甚至会造成导弹目标的丢失。因此,探测器对导弹目标跟踪存在最大候控时间。若导弹目标的某个候控段的持续时间超过最大候控时间,则认为导弹目标丢失,不能对其继续跟踪。否则,在候控段结束后,探测器能够对目标进行跟踪补偿,补偿段结束后进入持续跟踪段。补偿段和持续跟踪段均属于正常跟踪段,该时段的导弹目标被所分配的探测器进行正常跟踪。它们的区别在于每个补偿段的前一时段必须对应一个候控段,由于补偿段会对导弹弹道等信息进行快速纠正,其持续时间要小于对应候控段的持续时间。本书将这类对存在候控段的目标进行补偿跟踪的机制称为"补偿跟踪机制"(图6-7)。

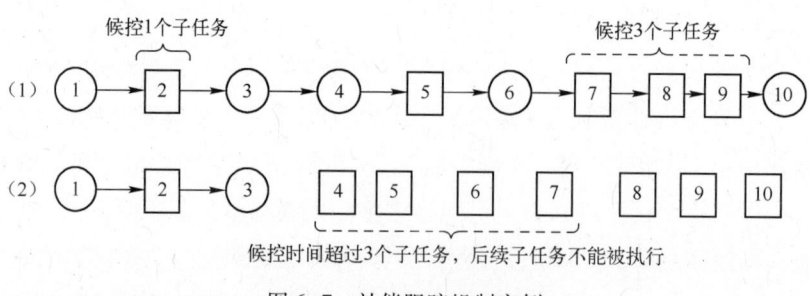

图6-7 补偿跟踪机制实例

例如,如图6-7所示,设某一个导弹目标自由段有10个子任务,其中方框"□"代表该子任务未被执行,圆圈"○"代表该子任务被成功执行。每个子任

第6章 天基低轨预警系统初始任务规划和资源调度技术

务必须按时序依次被执行,即不能先执行第 i 个,再执行第 $j(j<i)$ 个。设该目标最大候控时间限制为 3 个子任务,即执行过程中可连续缺失执行的子任务数的最大值为 3。若导弹目标连续不执行的子任务数不超过 3 个,则在候控段结束后对其进行跟踪补偿。如图 6-7(a)所示,在执行完第 6 个子任务后,最多可不执行第 7~9 子任务,直接执行第 10 个子任务而不会造成目标丢失。若连续不执行的子任务超过 3 个,则会造成导弹目标丢失,后续子任务不能被执行。如图 6-7(b)所示,在子任务 4~7 没有被执行情况下,由于目标的候控时间超过了最大候控时间,认为目标丢失,子任务 8~10 就不能被执行。

6.2.1.2 导弹跟踪状态的确定方法

下面阐明确定导弹目标所处状态的方法,即如何判断导弹目标处于持续跟踪段、候控段或补偿段。设 $s(i,j)$ 表示 end_{ij}(子任务 Ttask_{ij} 结束)时刻第 i 号目标所需的候控时间,其具体定义为

$$s(i,j)=\begin{cases}\neg x_{ij}\cdot l_{ij}, & j=1\\ \max\{0,s(i,j-1)+(\neg x_{ij}-\lambda x_{ij})l_{ij}\}, & j>1\end{cases} \quad (6-6)$$

式中,x_{ij} 为任务 Ttask_{ij} 被执行的决策变量;$\neg *$ 为取反符号;$\lambda(\lambda>1)$ 为补偿段持续时间相关系数,称为快速补偿系数。

补偿段会快速对导弹目标进行跟踪补偿,对弹道等信息快速纠正和更新,其持续时间相对较短,快速补偿系统值大于 1。由于在不同时段对导弹目标候控相同时间长度,需要的补偿段的持续时间也是不相同的,且安排不同的探测器对导弹目标的补偿段进行跟踪,也会对补偿段的持续长度造成影响。因此,快速补偿系数不是一个固定值,而由补偿段对应候控段所含的信息量和补偿段所选择的跟踪探测器动态决定,为了简化问题,将其近似为一个固定值。

设 TH_t 表示第 i 号目标所允许的最大候控时间阈值,当导弹目标的候控时间 $s(i,j)$ 小于 TH_t 时,即导弹目标未丢失时,可定义目标在 Ttask_{ij} 的任务执行时间区间的状态参数 $M(i,j)$,从而判断该时段目标所处的状态:

$$M(i,j)=\begin{cases}s(i,j)-s(i,j-1)>0, & \text{候控段}\\ s(i,j)-s(i,j-1)<0, & \text{含补偿段} \\ s(i,j)-s(i,j-1)=0, & \text{持续跟踪段}\end{cases} \quad (6-7)$$

若 $M(i,j)<0,s(i,j)>0$,则目标在 Ttask_{ij} 时段处于补偿段,Ttask_{ij} 中补偿段所

持续的时间 $l_{ij}^b = l_{ij}$；若 $M(i,j)<0, s(i,j)=0$，则目标在 Ttask_{ij} 时段除了包含补偿段，还有可能包含正常跟踪段。

令

$$s(i,j-1) = (\neg x_{ij} - \lambda x_{ij}) l_{ij}^b \tag{6-8}$$

则 $[st_{ij}, st_{ij}+l_{ij}^b]$ 为补偿跟踪段，$[st_{ij}+l_{ij}^b, end_{ij}]$ 为正常跟踪段。

6.2.2 初始任务规划调度模型

6.2.2.1 优化指标设计

1. 收益指标参数

本书以跟踪精度作为调度的收益指标。低轨预警系统是测角无源定位系统，以几何精度衰减因子（Geometric Dilution of Precision，GDOP）作为跟踪精度指标。GDOP 的表达式为

$$\text{GDOP} = \sqrt{\text{Trace}(P_\theta)} = L\sigma_\theta \sqrt{\frac{\sin^2\theta_1 + \sin^2\theta_2}{\sin^4(\theta_2-\theta_1)}} \tag{6-9}$$

根据上述定义可知，GDOP 值越小，跟踪精度越高。针对某一个跟踪子任务 Ttask_{ij}，若安排探测器组合（$\text{resource}_{r_1}^{ij}$，$\text{resource}_{r_2}^{ij}$）对其执行，则其跟踪精度指标 $\text{GDOP}_{ij}(r_1,r_2)$ 可表示为任务区间的几何精度因子的均值，即

$$\text{GDOP}_{ij}(r_1,r_2) = \sum_{t=st_{ij}}^{end_{ij}} [\text{GDOP}(r_1,r_2)]^t / l_{ij} \tag{6-10}$$

式中，$[\text{GDOP}(r_1,r_2)]^t$ 表示 t 的几何精度因子；st_{ij} 和 end_{ij} 分别为子任务 Ttask_{ij} 的开始和结束时间。

2. 鲁棒性指标参数

从探测器资源的角度来说，在某个时段会对 K 个目标可见，即可执行多个子任务，那么 K 值较大的探测器资源的可调度性就强。针对某个子任务，会有多个可调度性不同的探测器资源可供选择。如果优先选择可调度性强的资源，那么就会减弱该资源可执行的其他子任务可选资源的可调度性，降低它们可安排执行的概率。若初始调度方案中每个子任务的剩余可用资源的调度性强，或预留可调度性强的资源，则在方案执行过程中，面临不确定性动态扰动时，其鲁棒性就强。因此，鲁棒性指标定义的思路如图 6-8 所示。

第6章 天基低轨预警系统初始任务规划和资源调度技术

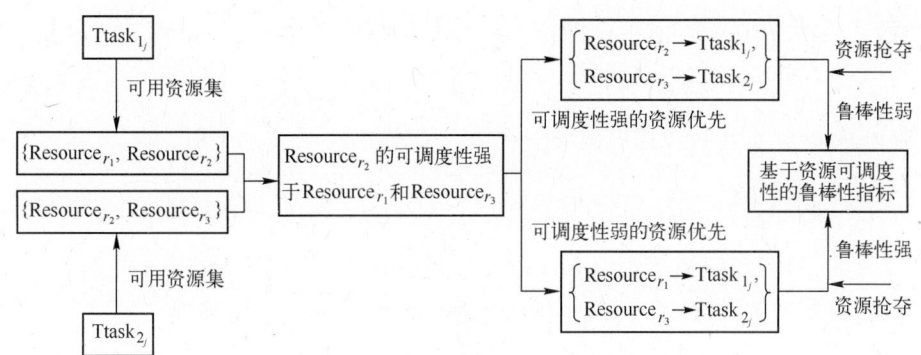

图 6-8 鲁棒性指标定义的思路

同一时刻有两个子任务 $Ttask_{1j}$ 和 $Ttask_{2j}$,可选资源集分别为 $\{Resource_{r_1}, Resource_{r_2}\}$ 和 $\{Resource_{r_2}, Resource_{r_3}\}$,由此可知 $Resource_{r_2}$ 的可调度性要强于 $Resource_{r_1}$ 和 $Resource_{r_3}$。

(1) 若优先选择可调度性强的资源,则生成的调度方案为 $\{Resource_{r_2} \rightarrow Ttask_{1j}, Resource_{r_3} \rightarrow Ttask_{2j}\}$。当面临扰动时,如 $Resource_{r_3}$ 资源故障或被抢占,则 $Ttask_{2j}$ 任务将不能被重新安排执行。

(2) 若优先选择可调度性弱的资源,则生成的调度方案为 $\{Resource_{r_1} \rightarrow Ttask_{1j}, Resource_{r_3} \rightarrow Ttask_{2j}\}$。当面临扰动时,如 $Resource_{r_1}$ 或 $Resource_{r_2}$ 资源故障或被抢占时,则 $Ttask_{1j}$ 或 $Ttask_{2j}$ 可由资源 r_2 重新安排执行。

在上例中,如果 $Ttask_{2j}$ 的可用资源仅为 $Resource_{r_2}$,且其优先级低于 $Ttask_{1j}$ 的,若优先选择可调度性强的资源,则 $Resource_{r_2} \rightarrow Ttask_{1j}$,$Ttask_{2j}$ 无可用资源执行。

因此,每个任务所选用的探测器组合的可调度性是反映调度方案鲁棒的重要指标。另外,一个探测器资源在同一时刻可执行任务的优先级也不相同,若任务优先级高,则该资源被重新安排执行任务的概率就大,或者将其优先剩余或预留,则其可调度性就强。

综上所述,本书拟结合资源可执行任务的优先级定义其可调度性指标,并以子任务所选用探测器组合后,剩余可用资源的可调度性之和定义其鲁棒性指标。

(1) 针对某一个跟踪子任务 $Ttask_{ij}$ 的可用资源集 $resource^{ij}$ 中的某一个资

源$resource_r^{ij}$,设其在$Ttask_{ij}$时段可被安排执行的子任务集为$\{Ttask_{1j}^r, Ttask_{2j}^r,$ $\cdots, Ttask_{Kj}^r\}$,其对应的任务优先级为$\{\omega_{1j}^r, \omega_{2j}^r, \cdots, \omega_{Kj}^r\}$,$K$为可执行的任务总数,则$resource_r^{ij}$在该时段的可调度性指标定义为

$$S_r^{*j} = \sum_{i=1}^{K} 1/\omega_{ij}^r \quad (6-11)$$

(2) 若安排探测器组合($resource_{r_1}^{ij}$, $resource_{r_2}^{ij}$)执行子任务$Ttask_{ij}$,设r_{ij}为$Ttask_{ij}$可用资源总数,则$Ttask_{ij}$的鲁棒性指标$Ro_{ij}(r_1, r_2)$定义为

$$Ro_{ij}(r_1, r_2) = \sum_{r=1}^{r_{ij}} S_r^{ij} - (S_{r_1}^{ij} + S_{r_2}^{ij}) \quad (6-12)$$

6.2.2.2 调度目标函数定义

这里结合前面所述的补偿跟踪机制、子任务的动态优先级,以及调度目标的收益指标和鲁棒性指标,定义调度目标函数。

(1) 定义单个子任务的调度目标函数$f(i,j)$。设第i号导弹目标的某一个子任务$Ttask_{ij}$,所选择的探测器组合为($resource_{r_1}^{ij}$, $resource_{r_2}^{ij}$),则

$$f(i,j) = \left(\frac{GDOP_{ijmin}}{GDOP_{ij}(r_1, r_2)}\right)^{\zeta} \cdot \left(\frac{Ro_{ij}(r_1, r_2)}{Ro_{ijmax}}\right)^{1-\zeta} \cdot (\omega_{ij})^{-1} \quad (6-13)$$

式中,$GDOP_{ijmin}$和Ro_{ijmax}分别为收益最高和鲁棒性最强的探测器组合所对应的收益值和鲁棒性指标值;ζ为收益指标所占的权重值;ω_{ij}为子任务$Ttask_{ij}$的优先级,且不等于0。当$\omega_{ij}=0$时,子任务的调度目标函数也为0。

由此可知,$GDOP_{ij}(r_1, r_2)$值越小,跟踪精度越高,$f(i,j)$值越大;$Ro_{ij}(r_1, r_2)$值越大,鲁棒性越强,$f(i,j)$值越大;ω_{ij}值越小,优先级越高,$f(i,j)$值越大。

(2) 定义单个导弹目标的调度目标函数。以所有子任务的调度目标之和定义单个导弹目标的调度目标函数$f(i,*)$,设N_i为第i号目标的子任务数,则

$$f(i,*) = \sum_{j=1}^{N_i} f(i,j) \quad (6-14)$$

(3) 定义所有目标的调度目标函数。为了既能反映单个导弹目标的目标函数值,又使导弹目标不被丢失,这里以所有未丢失的导弹目标函数之和与导弹目标总数的比值作为最终的调度目标函数f,则

$$f = \frac{\sum_{i=1}^{N} X_i \cdot f(i,*)}{N} \quad (6-15)$$

式中，N 为导弹目标总数；X_i 为目标最终是否丢失的决策变量，将在后续章节中进行定义。

6.2.2.3 基本假设

为了使模型既能反映调度问题的实质，又便于计算求解，可以在建模前对调度问题作如下假设和简化。

（1）假设低轨预警系统资源初始调度的时间基点为高轨探测器搜索确认目标或低轨扫描型探测器捕获到目标时，即导弹目标的搜索确认子任务 $Stask_i$ 完成的时刻。初始调度的作用时间区间为导弹运行的自由段，即约为导弹运行周期内最中间的占总周期90%的时间段。

（2）这里所指的低轨预警系统资源特指低轨卫星上所携带的凝视型红外探测器，每颗卫星上只携带一个凝视型探测器，且每个凝视型探测器在其可见时间窗口内只能对一个目标进行精确跟踪。

（3）凝视型探测器所获取的目标的相关数据必须先经过简单的计算处理，再由中继星、通信卫星传回地面站。另外，由调度系统生成的调度方案转化为各个探测器的调度指令，必须经地面站注入卫星。由于星载处理器的计算能力、天地间数据传输速率有限，会造成时间延迟，影响探测器对目标的精确跟踪。为了简化问题，这里忽略调度过程中数据计算、通信、数据传输等约束条件对资源调度所造成的影响。

6.2.2.4 问题模型

基于以上的分析和假设，建立低轨预警系统资源初始调度 CSP 模型，具体描述为包括目标函数、约束条件、决策变量三大部分，现分别对其进行说明。

（1）所有未丢失的导弹目标函数之和与导弹目标总数的比值最大作为模型的目标函数。

（2）s.t. Essential 表示本质性约束条件，分别表示能量约束、存储容量约束、探测器可同时跟踪目标数目约束、探测器与目标可见性约束、子任务时序约束、最短任务持续时间约束。

（3）s.t. Demand 表示用户需求性约束条件，依次表示立体跟踪约束、子任务优先级约束、调度目标参数权值约束。

式

$$x_{ij} = \begin{cases} 1, & (\sum_{r=1}^{r_{ij}} x_r^{ij} = 2) \\ 0, & 其他 \end{cases}$$

表明子任务 Ttask$_{ij}$ 是否被执行的决策变量的取值条件:若在其任务执行时间区间安排两个探测器对其进行跟踪,则认为 Ttask$_{ij}$ 被成功执行;否则 Ttask$_{ij}$ 未被执行。

式

$$X_i = \begin{cases} 1, & (s(i,N_i)<TH_t) \\ 0, & 其他 \end{cases}$$

定义导弹目标 i 在最后一个子任务 Ttask$_{iN_i}$ 结束时刻 end$_{iN_i}$ 是否丢失的决策变量。若在 end$_{iN_i}$ 时刻目标 i 的候控时间 $s(i,N_i)$ 小于最大候控时间阈值 TH$_t$,则认为目标 i 未被丢失;否则目标 i 丢失。

Objects:

$$\max \left\{ f = \frac{\sum_{i=1}^{N} X_i \cdot f(i,*)}{N} \right\} \tag{6-16}$$

Constraint:

s.t. Essential
$$\begin{cases} \forall r \in [1,r_{ij}], \sum_{i=1}^{N}\sum_{j=1}^{N_i} x_r^{ij} l_{ij} e_r \leq E_r & (6\text{-}17) \\[6pt] \forall r \in [1,r_{ij}], \sum_{i=1}^{N}\sum_{j=1}^{N_i} x_r^{ij} l_{ij} s_r \leq S_r & (6\text{-}18) \\[6pt] \forall r \in [1,R], (work_r)^t \leq 1 & (6\text{-}19) \\[6pt] \forall r \in [1,R], if(V_r^{ij}=1), Resource_r \in resources^{ij} & (6\text{-}20) \\[6pt] \forall i \in [1,N], \begin{cases} St_i \leq st_i, end_i \leq End_i \\ \forall j \in [1,N_i], end_{ij} \leq st_{i(j+1)}, [st_{ij},end_{ij}] \subseteq [st_i,end_i] \\ Ttask_{i1} \to Ttask_{i1} \to \cdots \to Ttask_{iN_i} (执行序列) \end{cases} & (6\text{-}21) \\[6pt] \forall i \in [1,N], \forall j \in [1,N_i], t_{adjust}+t_{image} \leq l_{ij} \leq l_{max} & (6\text{-}22) \end{cases}$$

$$\text{s.t. Demand}\begin{cases} \forall (i,j), \sum_{r=1}^{r_{ij}} x_r^{ij} = 0 \vee \sum_{r=1}^{r_{ij}} x_r^{ij} = 2, r \in \text{resource}^{ij} & (6-23) \\ \forall (i,j), \omega_{ij} = \omega_{ij}^s \cdot \omega_{ij}^d, \omega_{ij} < 2 & (6-24) \\ \zeta \in [0,1] & (6-25) \end{cases}$$

Decision：

$$x_{ij} = \begin{cases} 1, & (\sum_{r=1}^{r_{ij}} x_r^{ij} = 2) \\ 0, & \text{其他} \end{cases} \quad (6-26)$$

$$X_i = \begin{cases} 1, & (s(i,N_i) < \text{TH}_t) \\ 0, & \text{其他} \end{cases} \quad (6-27)$$

6.3 初始规划调度模型求解

针对提出的基于补偿跟踪的初始调度问题模型,设计一种基于动态优先级的启发式算法对模型进行求解。首先,在算法设计前应该将单个导弹目标整个自由段的预警任务 进行分解,确定每个跟踪子任务 的执行时间窗口,以及可用探测器资源集;其次,基于任务分解的结果和初始调度问题模型,设计有效的算法对模型进行求解,从而输出调度方案。

6.3.1 任务分解

任务分解的目标是将导弹目标整个自由段精确跟踪任务分解为多个不交叉的精确跟踪子任务,且分解成的每个子任务的执行时间区间满足时序约束和持续时间约束。此处忽略单个导弹目标自由段预警任务中的搜索确认任务。

这里以每个子任务在导弹目标自由段均匀分布的原则,将每个子任务的持续时间相对固定,且满足时序约束和持续时间约束。同时,通过添加虚拟子任务的方法,使不同导弹目标的子任务总数相同,且使其对应序号子任务执行时间窗口是一致的。从而在模型求解算法的编程实现中,可方便地使用固定维的矩阵运算。

(1) 获取所有导弹目标的数目 N 及初始的弹道预测信息,并由此推断出各个目标自由段的开始和结束时间,从而确定每个导弹目标自由段的预警任务 $Task_i$,生成调度任务集 $Tasks = \{Task_1, Task_2, \cdots, Task_N\}$。

(2) 确定调度任务集 Tasks 中开始最早和结束最晚的任务 $Task_m$ 和 $Task_n$,记 $[st_i, end_i]$ 为 $Task_i$ 的执行时间区间,则

$$\begin{cases} st_m = \min\{st_1, st_2, \cdots, st_N\}, \\ end_n = \max\{end_1, end_2, \cdots, end_N\} \end{cases} \quad (6-28)$$

$$L = end_n - st_m \quad (6-29)$$

$$M = \left\lfloor \frac{L}{l} \right\rfloor, \delta = L \bmod l \quad (6-30)$$

式中,$\lfloor * \rfloor$ 表示向下取整;$* \bmod *$ 表示取余。

(3) 以 st_m 为每个目标的预警任务的第一个子任务的开始时刻,以 l 为单个子任务的持续时间,将其均匀分解为 M 个子任务,最后一个子任务的结束时刻为 $end_n - \delta$。设 N_i 为第 i 个导弹目标的子任务总数,则

$$\forall i \in [1, N], N_i = M \quad (6-31)$$

针对单个目标的预警任务 $Task_i$ 而言,所有执行时间区间完全落在或近似落在 $[st_i, end_i]$ 内的子任务记为实际子任务,其余的均记为虚拟子任务。在调度模型求解过程中,认为每个虚拟子任务的可用资源集为空,任务优先级为 2,执行决策变量为 1。即虚拟子任务虽被执行,但无实际收益,即 $f(i,j) = 0$。

下面以 4 个导弹目标的实例,对任务分解步骤进行较为形象的说明,如图 6-9 所示。首先,图中黑色部分为每个导弹目标自由段预警任务的实际执行时间区间,无颜色填充的部分是为了任务分解而扩展的任务虚拟执行时间区间,从而使每个导弹目标的任务执行时间区间均被扩展为 $[st_m, end_n]$,由图中可知 $m=2, n=4$;其次,以固定的子任务持续时间 l,对扩展后的各个目标的预警任务执行时间区间进行分割;最后,每个导弹目标生成相同总数的子任务,且相同序号的子任务的执行时间区间相同。但每个目标的子任务中,只有其执行时间区间完全或近似(大于 50%)落在深色区间内的才是该目标的实际子任务,其余为虚拟子任务。如导弹目标 1 的实际子任务为第 5~17 个子任务,导弹目标 4 的实际子任务为第 4~20 个子任务。

第 6 章 天基低轨预警系统初始任务规划和资源调度技术

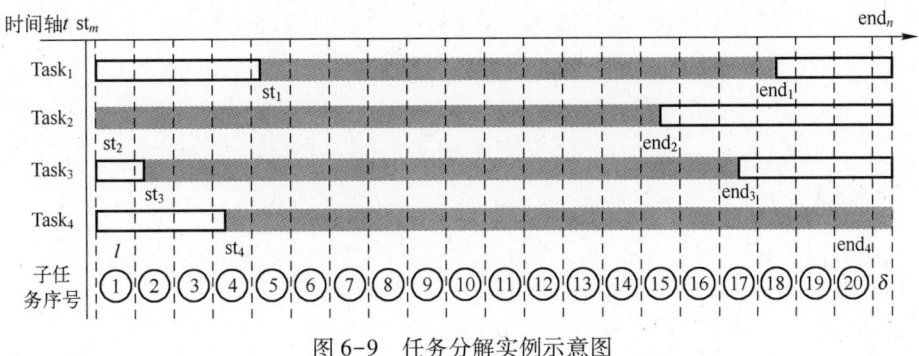

图 6-9 任务分解实例示意图

此种任务分解方法主要解决两个问题:①在初始调度中,由于各个导弹目标的自由段的开始时刻和结束时刻不相同,而造成不同目标相同编号的子任务的执行时间区间不同;②在动态重调度过程中,由于新目标的插入而造成任务分解困难。

6.3.2 基于动态优先级的启发式算法

在任务分解完成后,初始调度问题模型的求解就是为每个导弹目标的实际子任务分配探测器组合,从而使模型的目标函数达到最大值。CSP 模型的求解算法主要有最优化算法、智能算法、基于规则的启发式算法。最优化算法只适用于问题规划较小的模型,不适用于初始调度问题模型的求解;智能算法虽然能获得用户较为满意的解,但其存在求解速度慢、易陷入局部最优解,不能很好地满足低轨预警系统资源调度的特点需求。基于规则的启发式算法虽然不能获得最优解,但其求解速度快,实时性强。因此,这里设计一种基于动态优先级的启发式算法对初始调度问题模型进行求解。

6.3.2.1 基本思想

针对单个导弹目标的某个子任务 $Ttask_{ij}$ 而言,根据动态优先级的定义可知,其优先级 ω_{ij} 包括静态 ω_{ij}^s 和动态 ω_{ij}^d 两部分。ω_{ij}^s 与导弹目标本身属性有关,目标基本参数确定后其为固定值;ω_{ij}^d 则与前面子任务的执行情况,以及 $Ttask_{ij}$ 执行前导弹目标的候控时间有关。优先级越高的子任务,其目标函数值 $f(i,j)$ 越大。

另外,子任务 $Ttask_{ij}$ 的执行可有多个探测器组合供其选择,不同的探测器组合也会影响子任务的调度目标函数值 $f(i,j)$ 的大小。每个导弹目标相同编号的子任务的执行时间区间是相同的。

因此,针对 N 个导弹目标相同编号 j 的子任务集 $\{Ttask_{1j}, Ttask_{2j}, \cdots, Ttask_{Nj}\}$,设各个子任务调度目标函数值之和为 $f(*,j)$,则

$$f(*,j) = \sum_{i=1}^{N} f(i,j) \tag{6-32}$$

$$\sum_{j=1}^{M} f(*,j) = \sum_{i=1}^{N} f(i,*) = \sum_{i=1}^{N}\sum_{j=1}^{M} f(i,j) \tag{6-33}$$

式中,$f(i,j)$ 为子任务 $Ttask_{ij}$ 的调度目标函数值;$f(i,*)$ 为第 i 号目标的调度目标函数值;M 为各个导弹目标的子任务总数。

若使单个子任务的调度目标函数值 $f(i,j)$ 尽可能大,则 $f(*,j)$ 值较大。因此,为了增大 $f(i,j)$ 值,这里设计按以下两条原则进行探测器分配,直到无探测器资源可用或全部子任务执行完毕:

规则一:根据各个子任务优先级的不同,优先级高的子任务优先执行,即优先分配探测器组合。

规则二:针对同一个子任务,在满足所有约束条件的情况下,优先选择使其目标函数值最大的探测器组合。

按子任务编号 $j=1\sim M$,依次对不同导弹目标的相同编号的子任务集,按以上原则分配探测器资源,$\sum_{i=1}^{N} f(i,*)$ 的值会增大。同时,根据动态优先级定义可知,候控时间长的任务会优先执行,有效降低各个子任务结束时刻目标的候控时间 $s(i,j)$。$s(i,j)$ 值越小,X_i 取 1 的概率就越大。

以上两条规则能够有效地增大 f 值,符合初始调度问题模型的调度目标为

$$f = \frac{\sum_{i=1}^{N} X_i \cdot f(i,*)}{\sum_{i=1}^{N} X_i} \tag{6-34}$$

$$\max\left\{f = \frac{\sum_{i=1}^{N} X_i \cdot f(i,*)}{\sum_{i=1}^{N} X_i}\right\} \tag{6-35}$$

这里所设计的基于动态优先级的启发式算法就是以这两条原则作为规则,对所有目标的相同序号的子任务依次执行,从而实现初始调度问题模型的调度目标。下面对算法的具体流程进行详细阐述。

6.3.2.2 算法流程

(1) 定义3个矩阵,即任务决策矩阵 T_{mat}、优先级矩阵 P_{mat}、调度目标函数矩阵 E_{mat}。任务决策矩阵是所由子任务的决策变量 x_{ij} 和目标是否丢失的决策变量 X_i 组成;优先级矩阵是由所有子任务的优先级 ω_{ij} 组成;调度目标函数矩阵是由所有子任务的调度目标函数值 $f(i,j)$ 和单个导弹目标的调度目标函数值 $f(i,*)$ 组成。设有 N 个导弹目标,每个导弹目标有 M 个子任务,则任务决策矩阵、优先级矩阵、调度目标函数矩阵的定义如下:

$$T_{mat}=\begin{bmatrix} x_{11} & x_{12} & \cdots & x_{1M} & X_1 \\ x_{21} & x_{22} & \cdots & x_{2M} & X_2 \\ \vdots & \vdots & \ddots & \vdots & \vdots \\ x_{N1} & x_{N2} & \cdots & x_{NM} & X_N \end{bmatrix} \tag{6-36}$$

$$P_{mat}=\begin{bmatrix} \omega_{11} & \omega_{12} & \cdots & \omega_{1M} \\ \omega_{21} & \omega_{22} & \cdots & \omega_{2M} \\ \vdots & \vdots & \ddots & \vdots \\ \omega_{N1} & \omega_{N2} & \cdots & \omega_{NM} \end{bmatrix} \tag{6-37}$$

$$E_{mat}=\begin{bmatrix} f(1,1) & f(1,2) & \cdots & f(1,M) & f(1,*) \\ f(2,1) & f(2,2) & \cdots & f(2,M) & f(2,*) \\ \vdots & \vdots & \ddots & \vdots & \vdots \\ f(N,1) & f(N,2) & \cdots & f(N,M) & f(N,*) \end{bmatrix} \tag{6-38}$$

在默认状态下,任务决策矩阵和调度目标函数矩阵的所有元素均为0,优先级矩阵除第1列元素为对应导弹目标的初始静态优先级外,其他列的元素均为0。

(2) 每个任务决策矩阵均有一个所选择探测器组合的附属矩阵 TG_{mat}。设 $(r_1,r_2)_{ij}$ 为子任务 $Ttask_{ij}$ 所选择的探测器组合,r_1 和 r_2 分别为探测器编号,其定义为

$$TG_{mat}=\begin{bmatrix} (r_1,r_2)_{11} & (r_1,r_2)_{12} & \cdots & (r_1,r_2)_{1M} \\ (r_1,r_2)_{21} & (r_1,r_2)_{22} & \cdots & (r_1,r_2)_{2M} \\ \vdots & \vdots & \ddots & \vdots \\ (r_1,r_2)_{N1} & (r_1,r_2)_{N2} & \cdots & (r_1,r_2)_{NM} \end{bmatrix} \tag{6-39}$$

若某一个子任务未被执行,则 r_1 和 r_2 均为0。

（3）定义每个子任务可用探测器组合的被选概率。根据算法规则，使子任务的调度目标函数值 $f(i,j)$ 较大的探测器组合会被优先选择，即该探测器组合被选择的概率值较大。设某一个子任务的可用探测器组合为 $(r_1,r_2)_{ij}$，则其被选择的概率为

$$p_{ij}(r_1,r_2) = \left(\frac{\text{GDOP}_{ij\min}}{\text{GDOP}_{ij}(r_1,r_2)}\right)^{\zeta} \cdot \left(\frac{\text{Ro}_{ij}(r_1,r_2)}{\text{Ro}_{ij\max}}\right)^{1-\zeta}, \ p_{ij}(r_1,r_2) \in (0,1]$$

(6-40)

式中，$\text{GDOP}_{ij\min}$ 和 $\text{Ro}_{ij\max}$ 分别为收益最高和鲁棒性最强的探测器组合所对应的收益值和鲁棒性指标值；ζ 为收益指标所占的权重值。

根据单个子任务的调度目标函数 $f(i,j)$ 的定义，有

$$f(i,j) = p_{ij}(r_1,r_2)(\omega_{ij})^{-1} \tag{6-41}$$

由式（6-41）可知，当且仅当探测器组合的收益最高，鲁棒性最强时，其被选择的概率值为 1。

因此，选择被选择概率值越大的探测器组合，其对应子任务的调度目标函数值也越大。

（4）结合所定义的各类矩阵和探测器组合被选择的概率，阐明基于动态优先级的启发式算法的具体流程，如图 6-10 所示。该算法包括两大部分：① 按列依次更新优先级矩阵 P_{mat}、任务决策矩阵 T_{mat} 及其附属矩阵 TG_{mat} 和调度目标函数矩阵 E_{mat} 的循环结构；② 根据任务决策矩阵和调度目标函数矩阵的最后一列，计算初始调度问题模型的调度目标函数 f。

第一部分包括两个子流程：① 计算更新优先级矩阵 $P_{\max}$ 的第 j 列；② 计算更新任务决策矩阵 $T_{\max}$ 及其附属矩阵 $TG_{\max}$ 和调度目标函数矩阵 $E_{\max}$ 的第 j 列。两个子流程间存在相互制约的关系：根据规则一可知，必须通过更新优先级矩阵 $P_{\max}$ 第 j 列的元素才能确定更新任务决策矩阵 $T_{\max}$ 第 j 列的子任务执行顺序，进而按规则二更新任务决策矩阵 $T_{\max}$ 和调度目标函数矩阵 $E_{\max}$ 的第 j 列；根据动态优先级的定义，必须通过更新任务决策矩阵 $T_{\max}$ 的前 j 列元素，才能计算更新导弹目标的候控时间和累积跟踪时间，进而更新优先级矩阵 $P_{\max}$ 的第 $j+1$ 列。

第二部分中包括两个具体步骤：① 更新任务决策矩阵 $T_{\max}$ 和调度目标函数矩阵 $E_{\max}$ 最后一列的更新；② 调度目标函数的计算。设 N 为导弹目标的数目，每个导弹目标有 M 个子任务，则调度目标函数 f 由下式计算：

第6章 天基低轨预警系统初始任务规划和资源调度技术

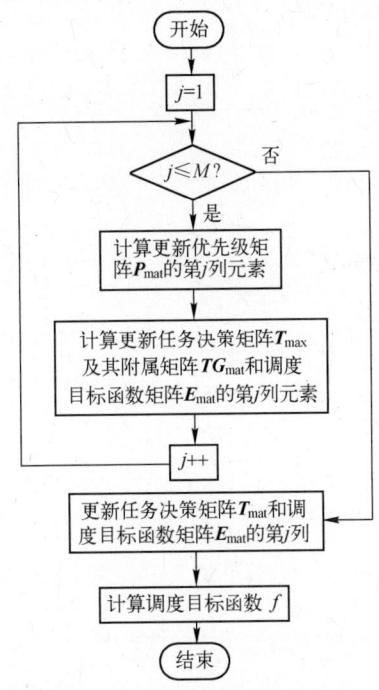

图 6-10 基于动态优先级的启发式算法流程图

$$f = \frac{\sum_{i=1}^{N} X_i \cdot f(i, *)}{\sum_{i=1}^{N} X_i} = \frac{\sum_{i=1}^{N} (\boldsymbol{T}_{\mathrm{mat}_{i(M+1)}} \cdot \boldsymbol{E}_{\mathrm{mat}_{i(M+1)}})}{\sum_{i=1}^{N} \boldsymbol{T}_{\mathrm{mat}_{i(M+1)}}} \tag{6-42}$$

下面对算法第一部分中的两个子流程进行详细说明。

1. 计算更新优先级矩阵 $\boldsymbol{P}_{\max}$ 第 j 列

该子流程是一个优先级矩阵 $\boldsymbol{P}_{\max}$ 第 j 列元素的按行(导弹目标编号)更新循环结构,如图 6-11 所示。针对每行元素 ω_{ij},首先判断该行对应的子任务是否为虚拟子任务。若该子任务为虚拟子任务,将其任务优先级置为1,可用资源集置为空集;否则,计算该子任务的优先级。当第 N 号导弹目标第 j 个子任务的优先级计算完成后,循环结束。

2. 计算更新任务决策矩阵 $\boldsymbol{T}_{\max}$ 及其附属矩阵 $\boldsymbol{TG}_{\max}$ 和调度目标函数矩阵 $\boldsymbol{E}_{\max}$ 第 j 列

该子流程的详细流程图如图 6-12 所示,具体包括两个步骤:①将更新优先

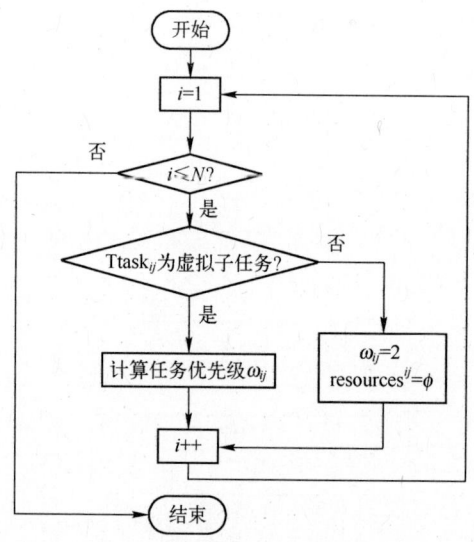

图 6-11 计算更新 $\boldsymbol{P}_{mat}$ 第 j 列子流程图

级矩阵 $\boldsymbol{P}_{max}$ 第 j 列元素,按优先级从高到低排序,即从小到大顺序,并建立原先行号 i 与排序后新行号 k 的对应关系;②按优先级从高到底的顺序,计算更新任务决策矩阵 $\boldsymbol{T}_{max}$ 及其附属矩阵 $\boldsymbol{TG}_{max}$ 和调度目标函数矩阵 $\boldsymbol{E}_{max}$ 对应行元素,以及该行对应导弹目标的候控时间 $s(i,j)$ 和累积跟踪时间 δ_{ij}。

下面重点阐述第二个步骤的详细过程,它是一个按优先级从小到大而重新定义的行号 k,逐行更新任务决策矩阵 $\boldsymbol{T}_{max}$ 及其附属矩阵 $\boldsymbol{TG}_{max}$ 和调度目标函数矩阵 $\boldsymbol{E}_{max}$ 对应行元素的循环结构。设更新优先级矩阵 $\boldsymbol{P}_{max}$ 第 j 列元素按从小到大顺序排列后,第 k 个元素对应的原行号为 i,则第 i 行的循环过程如下。

(1) 通过子任务 $Ttask_{ij}$ 优先级的大小,判断其是否为虚拟子任务。若优先级值 $\omega_{ij}=2$,则其为虚拟子任务,令其对应的任务决策矩阵中的元素 $x_{ij}=1$,所选择的探测器组合 $(r_1,r_2)_{ij}=(0,0)_{ij}$;否则,该子任务为实际子任务。

(2) 若该子任务为实际子任务,则判断其对应的导弹目标是否处于丢失状态。根据子任务动态优先级的定义,若子任务优先级为 $\omega_{ij} \leq 0$,则导弹目标丢失。令更新任务决策矩阵 $\boldsymbol{T}_{max}$ 及其附属矩阵 $\boldsymbol{TG}_{max}$ 和调度目标函数矩阵 $\boldsymbol{E}_{max}$ 对应的元素 x_{ij}、$(r_1,r_2)_{ij}$ 和 $f(i,j)$ 均为 0,候控时间 $s(i,j)$ 增加子任务的持续时间 l_{ij},累积跟踪时间 δ_{ij} 不变。否则,导弹目标未丢失。

若导弹目标未丢失,首先通过探测器与目标可见性约束计算获取子任务的

第6章 天基低轨预警系统初始任务规划和资源调度技术

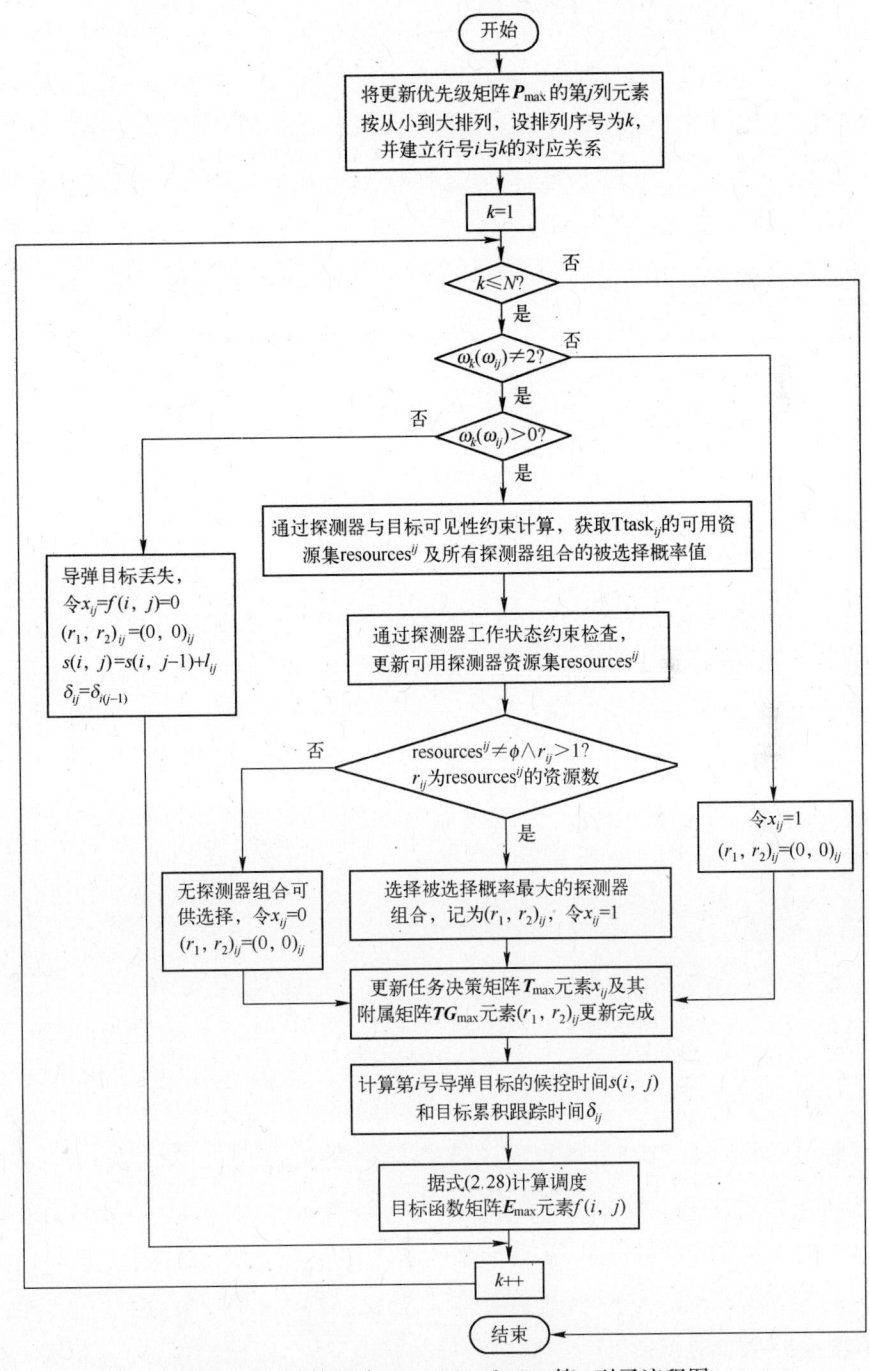

图6-12 计算矩阵 T_{mat}、TG_{mat} 和 E_{mat} 第 j 列子流程图

可用资源集,并计算各个探测器组合被选择的概率;然后通过探测器工作状态约束检查,去除不符合约束条件的探测器组合,更新该子任务的探测器资源集。若更新后的资源集仍有满足立体跟踪约束的探测器组合,则选择被选择概率值最大的探测器组合,并记录所选择探测器组合为$(r_1,r_2)_{ij}$,令$x_{ij}=1$;否则无探测器组合可供选择,该子任务不能被执行,令$(r_1,r_2)_{ij}=(0,0)_{ij}$,$x_{ij}=0$。至此,更新任务决策矩阵$T_{max}$及其附属矩阵$TG_{max}$对应行的元素更新完成。最后根据更新任务决策矩阵$T_{max}$前$j$列的元素值,计算当前导弹目标的候控时间和累积跟踪时间,并计算调度目标函数矩阵E_{max}对应行的元素$f(i,j)$。

(3) 行号k增1,继续下一行的循环。

6.4 算例与分析

针对初始调度方法研究中所建立的初始调度问题模型和模型求解算法,本节通过仿真实例,分资源是否具有冗余两种情况进行计算分析,从而说明模型和算法的合理性和有效性。资源冗余是指探测器资源能够实现所有导弹目标整个自由段的全程跟踪,但使用不同的调度方案,其跟踪效果有所不同。初始调度是在预警系统首次面临导弹目标威胁时,生成有效的调度方案,要求所有导弹目标的发射时间相同或相近。为了简化问题,本节初始调度实例中的导弹目标均是在相同时刻发射。

6.4.1 仿真想定

本节用于构建调度方法有效性验证的仿真环境,包括低轨预警星座、星载探测器模型、导弹模型3个部分。其中,探测器模型和导弹模型皆为功能模型,不关注其具体原理、信息处理方法,以及内部参数等细节。

(1) 建立低轨预警星座。相关文献经过优化分析,设计了类似于美国SBIRS的天基低轨道预警星座,并给出了基本的星座参数,本书采用此星座模型。该星座为典型的Walker-δ星座构型,其星座参数和第1轨道面上第1颗卫星的轨道参数如表6-1所列。同时为每颗卫星编号,第1个轨道面上的第1颗卫星的编号为1,依此类推,第3个轨道面上的第8颗卫星的编号为24。

第6章 天基低轨预警系统初始任务规划和资源调度技术

表 6-1 仿真验证星座构型

卫星编号	S/P/F	H/km	i/(°)	Ω_0/(°)	u_0/(°)
1	24/3/2	1577.93	51.856	44.702	29.694

（2）建立星载探测器模型。由于这里只涉及凝视型探测器的调度问题，因此仅建立星载凝视型红外探测器模型。其基本参数为：探测距离范围为 50～7000km，俯仰方向光轴指向范围为-45°～90°，水平方位光轴指向方位为-60°～60°，引入的测角误差为 80μrad。每颗卫星只携带一个凝视型探测器，且探测器编号与卫星编号相同。

（3）建立导弹模型。导弹模型主要包括弹道信息和初始优先级两个部分。弹道信息由导弹的发射时间、发射点坐标、弹落点坐标、运行周期 5 个参数计算生成。初始优先级本应由相关领域的专家根据导弹和探测器资源的可用信息，经过评估计算而得。为了简化问题，这里采用伪随机数的方法随机生成导弹初始优先级。

设仿真时间为 2014/3/24 12:00:00 至 2014/3/25 12:00:00，采用内存为 2GB 的 Pentium(R) Dual-Core CPU E5500 @ 2.5GHz 的台式机，使用 VC++ 语言对算法进行编程实现，利用 STK 生成导弹与探测器间的可见时间窗口。

6.4.2 资源冗余条件下的初始调度实例

假设在 2014/3/24 12:10:00 时刻，同时发射 2 枚导弹，并以此时刻作为时间的 0 点，导弹的基本参数如表 6-2 所列。

表 6-2 导弹1和导弹2的基本参数

导弹	发射时间	运行周期/s	发射点	弹落点	初始优先级
导弹1	2014/3/24 12:10:00	1550	S-13,E76	N48,E106	0.6
导弹2	2014/3/24 12:10:00	1500	N3,E59	N30,E112	0.5

经过可见性仿真计算，可获得低轨星载凝视型探测器对导弹目标的可见时间窗口，如表 6-3 所列。

设两个导弹目标自由段由发射后的 1min 后开始，并在弹落的前 1min 结束，单个子任务持续时间为 1min，则根据任务分解方法，将两个导弹目标的自由段预警任务进行分解，其结果如表 6-4 所列。由于两个导弹目标的运行周期相差不大，且同时发射，因此它们自由段的重叠区域较多，自由段任务分解后不存在虚拟任务区间，即所有子任务皆为实际子任务。

表 6-3 低轨探测器对导弹 1 和导弹 2 的可见时间窗口

探测器编号	导弹 1			导弹 2		
	开始时刻/s	结束时刻/s	持续时间/s	开始时刻/s	结束时刻/s	持续时间/s
1	133	733	600	133	626	493
7	102	1550	1448	102	1499	1397
8	0	1534	1534	68	1500	1432
13	2	418	416	No Access Found		
17	88	727	639	88	649	561
	774	1437	663	777	1437	660
18	0	901	901	0	901	901
19	16	252	236	No Access Found		
23	1324	1506	182	No Access Found		
24	643	1550	907	643	1500	857

表 6-4 导弹 1 和导弹 2 任务分解结果

子任务编号	任务执行时间区间	导弹 1 子任务可用资源集	导弹 2 子任务可用资源集
1	[60,120]	8,13,18,19	8,18
2	[120,180]	1,7,8,13,17,18,19	1,7,8,17,18
3	[180,240]	1,7,8,13,17,18,19	1,7,8,17,18
4	[240,300]	1,7,8,13,17,18	1,7,8,17,18
5	[300,360]	1,7,8,13,17,18	1,7,8,17,18
6	[360,420]	1,7,8,13,17,18	1,7,8,17,18
7	[420,480]	1,7,8,17,18	1,7,8,17,18
8	[480,540]	1,7,8,17,18	1,7,8,17,18
9	[540,600]	1,7,8,17,18	1,7,8,17,18
10	[600,660]	1,7,8,17,18	7,8,17,18
11	[660,720]	1,7,8,17,18,24	7,8,18,24
12	[720,780]	7,8,18,24	7,8,18,24
13	[780,840]	7,8,17,18,24	7,8,17,18,24
14	[840,900]	7,8,17,18,24	7,8,17,18,24
15	[900,960]	7,8,17,24	7,8,17,24
16	[960,1020]	7,8,17,24	7,8,17,24
17	[1020,1080]	7,8,17,24	7,8,17,24
18	[1080,1140]	7,8,17,24	7,8,17,24
19	[1140,1200]	7,8,17,24	7,8,17,24
20	[1200,1260]	7,8,17,24	7,8,17,24
21	[1260,1320]	7,8,17,24	7,8,17,24
22	[1320,1380]	7,8,17,23,24	7,8,17,24
23	[1380,1440]	7,8,17,23,24	7,8,17,24

第6章 天基低轨预警系统初始任务规划和资源调度技术

针对任务分解结果,设初始调度问题模型中收益指标(GDOP)所占的权重 $\zeta=0.8$,导弹的候控时间阈值 $TH_t=190s$,快速补偿系数 $\lambda=1.2$,则利用本书所设计的基于动态优先级的启发式算法对初始调度问题模型进行求解,结果如表6-5所列。从表中所示的结果可知:①在资源冗余条件下,所有导弹目标的子任务均被执行,目标不会丢失;②由于所有子任务均被执行,则候控时间所造成的优先级的动态部分值为1,即导弹目标的动态优先级仅由累积跟踪。

表6-5 导弹1和导弹2初始调度问题模型求解结果

	初始调度目标函数值		38.4593				
	程序运行时间		3.0880s				
	目标函数值		22.2642		目标函数值		54.6544
	目标是否丢失		否		目标是否丢失		否
	探测器组合	决策变量	动态优先级	目标函数	探测器组合	决策变量	动态优先级	目标函数
导弹1	(13,19)	1	0.6000	1.1136	导弹2	(8,18)	1	0.5000	2.0000
	(1,19)	1	0.6261	1.0112		(8,18)	1	0.5217	1.9167
	(1,8)	1	0.6522	0.9841		(17,18)	1	0.5435	1.8400
	(1,8)	1	0.6783	0.9869		(17,18)	1	0.5652	1.7692
	(1,8)	1	0.7043	0.9746		(17,18)	1	0.5870	1.7037
	(1,8)	1	0.7304	1.0203		(17,18)	1	0.6087	1.6429
	(1,8)	1	0.7565	1.1644		(17,18)	1	0.6304	1.5862
	(1,8)	1	0.7826	1.1600		(17,18)	1	0.6522	1.5333
	(1,18)	1	0.8087	1.2176		(8,17)	1	0.6739	1.4839
	(1,18)	1	0.8348	1.0729		(8,17)	1	0.6957	1.4375
	(1,17)	1	0.8609	1.0730		(8,24)	1	0.7174	1.3939
	(7,18)	1	0.8870	1.0015		(8,24)	1	0.7391	1.3529
	(8,24)	1	0.9130	0.7469		(17,18)	1	0.7609	1.3143
	(7,8)	1	0.9391	0.9347		(17,24)	1	0.7826	1.2778
	(7,8)	1	0.9652	0.9827		(17,24)	1	0.8043	1.2432
	(7,8)	1	0.9913	0.9714		(17,24)	1	0.8261	1.2105
	(7,8)	1	1.0174	0.9491		(17,24)	1	0.8478	1.1795
	(7,8)	1	1.0435	0.9583		(17,24)	1	0.8696	1.1500
	(7,8)	1	1.0696	0.9350		(17,24)	1	0.8913	1.1220
	(7,8)	1	1.0957	0.9127		(17,24)	1	0.9130	1.0952
	(7,8)	1	1.1217	0.8915		(17,24)	1	0.9348	1.0698
	(7,17)	1	1.1478	0.6341		(8,24)	1	0.9565	1.0455
	(17,24)	1	1.1739	0.5676		(7,8)	1	0.9783	1.0222

根据探测器组合被选择的概率值的定义可知,选择概率值较大有探测器组合执行相应子任务,其子任务的调度目标函数值就越大。因此,针对单个导弹目标,以其子任务编号为横坐标,探测器组合被选择概率值为纵坐标,将每个子任务的所有探测器组合的概率值进行标记,如图 6-13 中每条竖线所示,并由此获得每个子任务所有探测器组合被选择的平均概率曲线。根据图 6-13 中调度方案,将每个子任务所选择的探测器组合的概率值连接成拆线图,如图 6-13 中

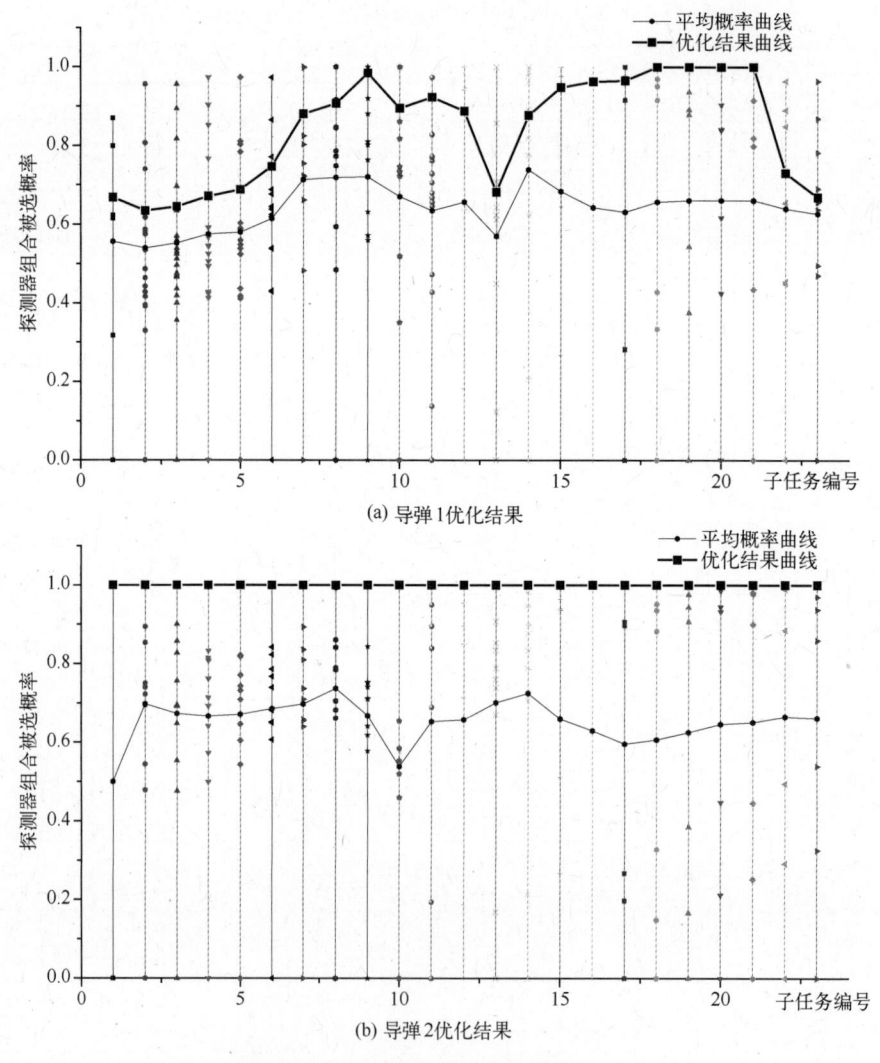

图 6-13 两个导弹目标优化结果分析图

第6章 天基低轨预警系统初始任务规划和资源调度技术

优化结果曲线。由此可知,导弹2始终由概率值为1的最优探测器组合进行跟踪,而导弹1的单个子任务所分配的探测器组合的概率值均大于其所有探测器组合概率值的均值。

为进一步说明所设计的基于动态优先级的启发式算法的优化性能,针对初始调度问题模型,设计两种改进粒子群算法对模型进行求解,将输出结果与这里的基于动态优先级的启发式算法进行比较。两个粒子群算法分别记为PSO_1和PSO_2:PSO_1为基于信息熵的免疫粒子群算法;PSO_2为对粒子的速度位置更新机制进行优化的粒子群算法。

设初始粒子的种群规模为50,迭代次数为50,每种粒子群算法分两种方式初始化种群,即随机生成可行粒子群和利用启发式算法的结果初始化种群,重复20次试验得出结果。在资源冗余条件下,针对导弹1和导弹2,粒子群算法与基于动态优先级的启发式算法求解结果对比,如表6-6所列,可得出如下结论。

(1)在调度结果方面。根据调度目标函数值和任务完成率可知,基于动态优先级的启发式算法的求解结果优于两种粒子群算法。针对本书所建立的基于补偿跟踪的初始调度问题模型,粒子群算法的求解精度低、适用性弱,主要基于两个方面的原因:①种群初始化机制存在缺陷;②所建立的初始调度问题模型约束条件过多,破坏了粒子的寻优机制,使粒子群算法的解更多依赖于粒子群的初始化。

表6-6 粒子群算法与启发式算法性能对比

算法		调度目标函数	任务完成率/%	程序运行时间/s
基于动态优先级启发式算法		38.4593	100	3.0880
PSO_1	随机初始化	37.3125	97.80	14.5540
	启发式结果初始化	38.4593	100	16.2400
PSO_2	随机初始化	36.8803	95.65	11.5900
	启发式结果初始化	38.4593	100	11.7310

(2)在算法运行性能方面。基于动态优先级的启发式算法在实时性方面优势明显,而粒子群算法的性能与种群规模、初始化方式,以及迭代次数相关。因此,本书所设计的基于动态优先级的启发式算法能很好地满足低轨预警系统

资源调实时性的要求。

6.4.3 资源无冗余条件下的初始调度实例

在资源冗余条件下,每个导弹目标的所有子任务均可以完成,不能体现所定义的补偿跟踪机制和动态优先级对调度过程的影响。因此,在导弹1和导弹2的基础上,再加入导弹目标3和导弹4,从而打破资源的冗余条件。

设导弹3和导弹4的发射时间与导弹1和导弹2相同,具体属性参数如表6-7所列。

表6-7 导弹3和导弹4的基本参数

导弹	发射时间	运行周期/s	发射点	弹落点	初始优先级
导弹3	2014/3/24 12:10:00	1500	N13,E77	N41,E101	0.55
导弹4	2014/3/24 12:10:00	1500	S-13,E59	N40,E116	0.45

与导弹1和导弹2的可见性计算相似,获取探测器对导弹3和导弹4的可见时间窗口,如表6-8所列。

表6-8 低轨探测器对导弹3和导弹4的可见时间窗口

探测器编号	导弹3			导弹4		
	开始时刻/s	结束时刻/s	持续时间/s	开始时刻/s	结束时刻/s	持续时间/s
1	133	733	600	144	733	589
7	553	1500	947	120	1498	1378
8	0	1500	1500	0	1456	1456
13	No Access Found			2	418	416
14	No Access Found			153	160	7
				1333	1353	20
17	88	727	639	95	727	632
	774	1437	663	774	1437	663
18	33	755	722	0	901	901
19	No Access Found			16	252	236
23	1327	1457	130	No Access Found		
24	643	1500	857	726	1498	772

与导弹1和导弹2作相同的假设:导弹3和导弹4的自由段是在发射后的1min开始,落点时刻的前1min结束,所有子任务皆为实际子任务。按相似的

方法进行任务分解,其结果如表6-9所列。

表6-9 导弹3和导弹4任务分解结果

子任务编号	任务执行时间区间	导弹3子任务可用资源集	导弹4子任务可用资源集
1	[60,120]	8,18	8,13,18,19
2	[120,180]	1,8,17,18	7,8,13,17,18,19
3	[180,240]	1,8,17,18	1,7,8,13,17,18,19
4	[240,300]	1,8,17,18	1,7,8,13,17,18
5	[300,360]	1,8,17,18	1,7,8,13,17,18
6	[360,420]	1,8,17,18	1,7,8,13,17,18
7	[420,480]	1,8,17,18	1,7,8,17,18
8	[480,540]	1,8,17,18	1,7,8,17,18
9	[540,600]	1,7,8,17,18	1,7,8,17,18
10	[600,660]	1,7,8,17,18	1,7,8,17,18
11	[660,720]	1,7,8,17,18,24	1,7,8,17,18
12	[720,780]	7,8,24	7,8,18,24
13	[780,840]	7,8,17,24	7,8,17,18,24
14	[840,900]	7,8,17,24	7,8,17,18,24
15	[900,960]	7,8,17,24	7,8,17,24
16	[960,1020]	7,8,17,24	7,8,17,24
17	[1020,1080]	7,8,17,24	7,8,17,24
18	[1080,1140]	7,8,17,24	7,8,17,24
19	[1140,1200]	7,8,17,24	7,8,17,24
20	[1200,1260]	7,8,17,24	7,8,17,24
21	[1260,1320]	7,8,17,24	7,8,17,24
22	[1320,1380]	7,8,17,23,24	7,8,17,24
23	[1380,1440]	7,8,17,23,24	7,8,17,24

假设求解算法中,各个参数的取值与资源冗余条件下的取值相同,则利用本书所设计的基于动态优先级的启发式算法,求解资源无冗余条件下的初始调度问题模型,其结果如表6-10与表6-11所列,并可得出如下结论。

(1) 在资源无冗余条件下,低轨探测器不能满足每个导弹目标所有子任务的需求,因此有部分子任务不能被分配探测器组合进行立体跟踪。

(2) 根据补偿跟踪机制和动态优先级的定义,每个导弹目标均存在候控段,且子任务的动态优先级因导弹累积跟踪时间和跟踪状态的不同而异,从而确保导弹目标不被丢失,即持续跟踪缺失时间小于TH_t(190s)。

(3) 由于动态优先级的作用,使每个导弹目标的子任务均匀地被执行,从而避免了资源过于集中于某一个导弹目标的子任务,提高资源利用率。

(4) 从整个初始调度的目标函数值看,资源无冗余条件下的调度目标函数值大于有冗余条件下的。分析其原理,主要是由于候控段的存在,从而使子任务的动态优先级值减小,从而增加了子任务的调度目标函数。

表 6-10 4 个导弹目标初始调度问题模型求解结果(一)

	初始调度目标函数值			55.5073			
	程序运行时间			3.2430s			
	目标函数值		19.3595		目标函数值		46.0351
	目标是否丢失		否		目标是否丢失		否
	探测器组合	决策变量	动态优先级	目标函数	探测器组合	决策变量	动态优先级	目标函数

	探测器组合	决策变量	动态优先级	目标函数		探测器组合	决策变量	动态优先级	目标函数
导弹1	(13,19)	1	0.6000	1.1136	导弹2	(0,0)	0	0.5000	0.0000
	(0,0)	0	0.6261	0.0000		(8,18)	1	0.3421	2.8152
	(8,18)	1	0.4284	2.2379		(7,17)	1	0.5217	1.3322
	(7,13)	1	0.6522	0.9069		(0,0)	0	0.5435	0.0000
	(7,13)	1	0.6783	0.8890		(17,18)	1	0.3719	2.6493
	(0,0)	0	0.7043	0.0000		(7,8)	1	0.5652	1.3082
	(17,18)	1	0.4819	2.0429		(0,0)	0	0.5870	0.0000
	(0,0)	0	0.7304	0.0000		(17,18)	1	0.4016	2.4386
	(7,8)	1	0.4998	1.6220		(0,0)	0	0.6087	0.0000
	(0,0)	0	0.7565	0.0000		(8,17)	1	0.4165	2.4011
	(8,24)	1	0.5176	1.4734		(7,18)	1	0.6304	1.2846
	(0,0)	0	0.7826	0.0000		(0,0)	0	0.6522	0.0000
	(8,24)	1	0.5355	1.2559		(17,18)	1	0.4462	2.2410
	(0,0)	0	0.8087	0.0000		(0,0)	0	0.6739	0.0000
	(7,8)	1	0.5533	1.7142		(17,24)	1	0.4611	2.1687
	(0,0)	0	0.8348	0.0000		(0,0)	0	0.6957	0.0000
	(7,8)	1	0.5712	1.6906		(17,24)	1	0.4760	2.1010
	(0,0)	0	0.8609	0.0000		(0,0)	0	0.7174	0.0000
	(7,8)	1	0.5890	1.6977		(17,24)	1	0.4908	2.0373
	(0,0)	0	0.8870	0.0000		(0,0)	0	0.7391	0.0000
	(7,8)	1	0.6069	1.6478		(17,24)	1	0.5057	1.9774
	(0,0)	0	0.9130	0.0000		(0,0)	0	0.7609	0.0000
	(17,24)	1	0.6247	1.0675		(7,8)	1	0.5206	1.9209

第6章 天基低轨预警系统初始任务规划和资源调度技术

表6-11 4个导弹目标初始调度问题模型求解结果(二)

	目标函数值	64.3778			目标函数值	92.2568	
	目标是否丢失	否			目标是否丢失	否	
探测器组合	决策变量	动态优先级	目标函数	探测器组合	决策变量	动态优先级	目标函数
(0,0)	0	0.5500	0.0000	(8,18)	1	0.4500	1.9381
(1,17)	1	0.3763	2.1282	(13,19)	1	0.4696	1.3041
(0,0)	0	0.5739	0.0000	(1,19)	1	0.4891	1.3096
(1,8)	1	0.3927	2.5466	(17,18)	1	0.5087	1.8706
(0,0)	0	0.5978	0.0000	(1,8)	1	0.5283	1.2623
(1,17)	1	0.4090	2.4448	(13,18)	1	0.5478	1.5841
(0,0)	0	0.6217	0.0000	(1,8)	1	0.5674	1.4710
(1,8)	1	0.4254	2.3507	(0,0)	0	0.5870	0.0000
(0,0)	0	0.6457	0.0000	(1,17)	1	0.4016	2.4900
(1,18)	1	0.4418	0.8564	(0,0)	0	0.6065	0.0000
(0,0)	0	0.6696	0.0000	(1,17)	1	0.4150	2.4097
(7,8)	1	0.4581	2.1828	(18,24)	1	0.6261	1.5972
(0,0)	0	0.6935	0.0000	(0,0)	0	0.6457	0.0000
(7,24)	1	0.4745	0.4514	(8,17)	1	0.4418	2.2169
(0,0)	0	0.7174	0.0000	(0,0)	0	0.6652	0.0000
(7,24)	1	0.4908	0.6130	(8,17)	1	0.4551	2.1971
(0,0)	0	0.7413	0.0000	(0,0)	0	0.6848	0.0000
(7,17)	1	0.5072	1.7937	(8,24)	1	0.4685	2.1343
(0,0)	0	0.7652	0.0000	(0,0)	0	0.7043	0.0000
(17,24)	1	0.5236	1.5771	(7,8)	1	0.4819	2.0750
(0,0)	0	0.7891	0.0000	(0,0)	0	0.7239	0.0000
(17,24)	1	0.5399	1.3980	(7,8)	1	0.4953	2.0189
(0,0)	0	0.8130	0.0000	(0,0)	0	0.7435	0.0000

(左侧: 导弹3; 右侧: 导弹4)

根据如图6-14所示的优化结果分析图可知以下结论。

(1) 每个导弹目标的优化结果曲线中,总有部分子任务的探测器被选概率值为0,即未被分配探测器组合执行此任务,但连续不执行的子任务数不超过2个,即导弹目标不会被丢失。

(2) 所有被执行的子任务,其所选择的探测器组合的被选择概率值,大部分大于其平均概率值,即被执行的子任务其调度目标函数值会比较大。

若在初始调度问题模型中去除补偿跟踪机制的影响,利用相同的算法进行模型求解的结果如图6-15所示。由图可知,导弹1和导弹3会有多个连续子

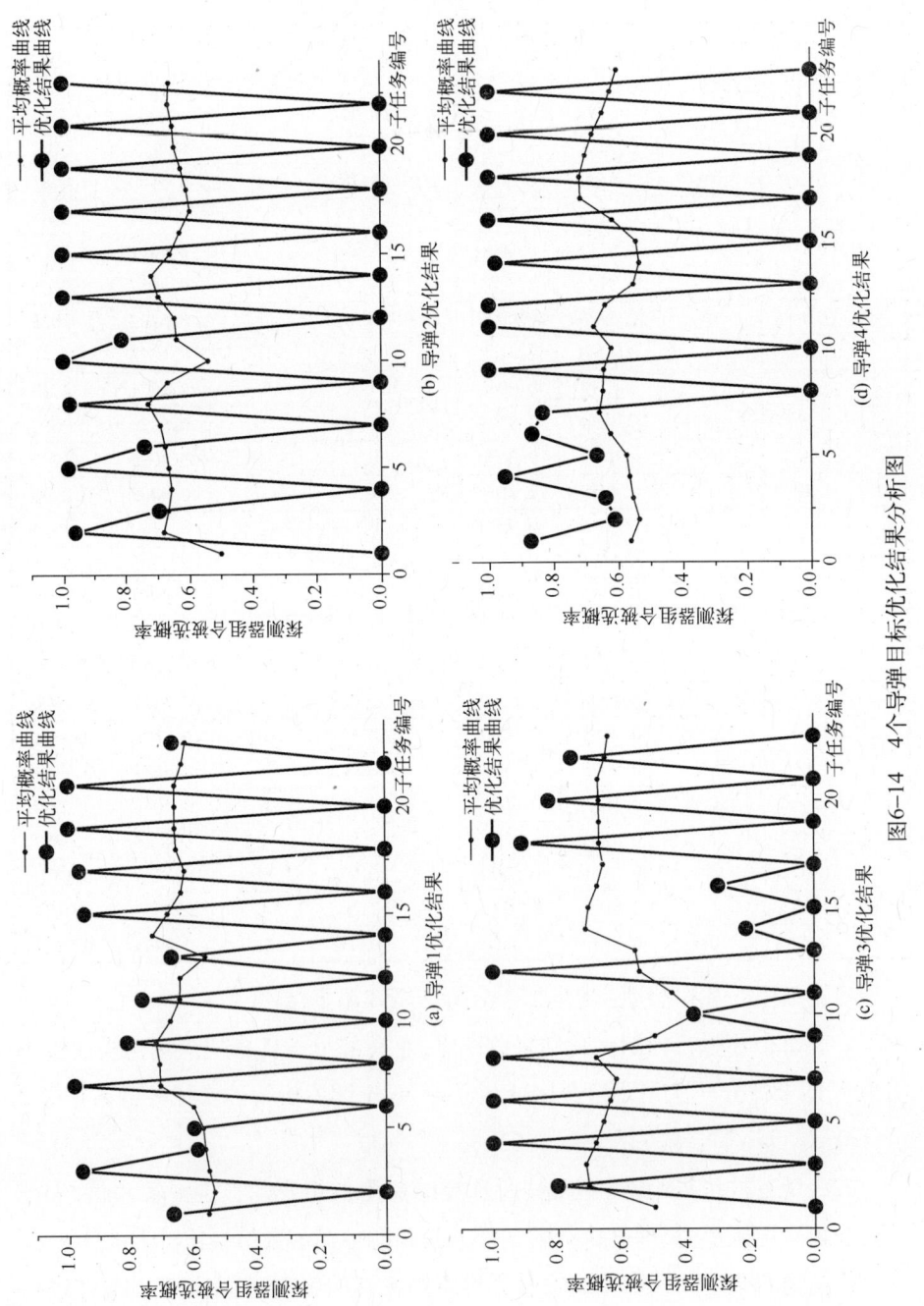

图6-14 4个导弹目标优化结果分析图

第6章 天基低轨预警系统初始任务规划和资源调度技术

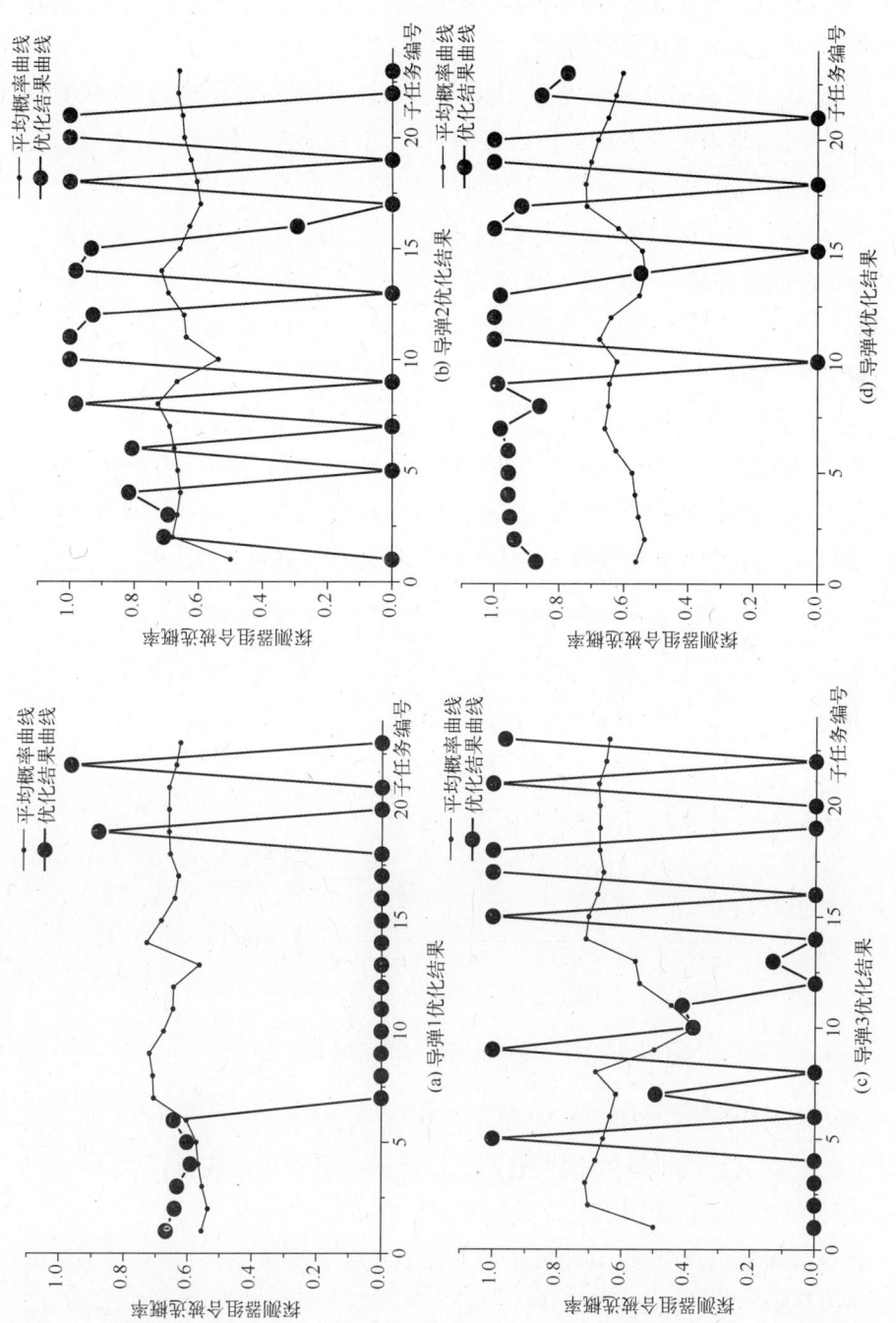

图6-15 无补偿跟踪优化结果分析图

任务不能被执行,其连续候控时间超过4min,会造成目标丢失;在有无补偿跟踪的条件下,任务完成率是相同的。

另外,在补偿跟踪机制作用下,针对4个导弹目标的调度方案存在探测器调度过于频繁,频繁地开关机或切换跟踪目标,不利于探测器的长期使用。可以通过修正某些参数改进:①对子任务的持续长度进行修正,从而促使某个探测器组合对同一个导弹目标稳定跟踪较长时间;②动态优先级中与累积跟踪时间和候控时间相关的系数参数 α 和 β,以及导弹目标的最大候控时间 TH,使用动态值。由于相关参数的确定必须依赖于相关研究领域的专家经评估而定,不作为本书研究的重点。

当导弹数目的增多,资源严重不足,无论考虑补偿跟踪机制与否,均会造成某些导弹目标的丢失。图6-16为6个导弹目标条件下,调度过程中各个子任务优先级变化的示意图,图中两条曲线为优先级最高和最低曲线。从图中可知,在第11个子任务以后,导弹6和导弹1的优先级为负值,即导弹目标被丢失。

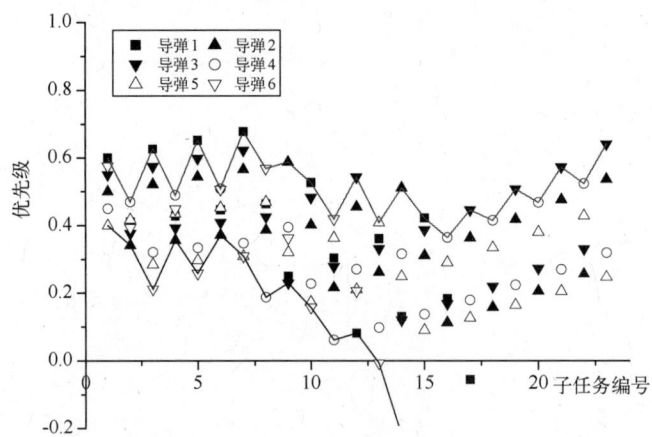

图6-16 6个导弹目标优先级变化示意图

每个导弹目标的任务执行情况如表6-12所列,从表中可知:导弹1和导弹6由于丢失后,其后续子任务不能被执行,因此其任务执行率较低;其余导弹目标由于补偿跟踪机制的作用,所完成的子任务数相差不大。

在资源无冗余条件下,利用粒子群算法对模型进行求解,由于补偿跟踪机制会造成目标函数的突变(当导弹目标丢失时),粒子的更新方向会被阻断。因此,粒子群算法不适用于资源无冗余条件下的初始调度问题模型求解。

表 6-12　6 个导弹目标的任务执行情况

导　弾	导弹 1	导弹 2	导弹 3	导弹 4	导弹 5	导弹 6
初始优先级	0.6	0.5	0.55	0.45	0.4	0.575
执行任务数	6	10	10	11	11	4
任务执行率/%	26.09	43.48	43.48	47.83	47.83	17.39

参 考 文 献

[1] 顾中舜.中继卫星动态调度问题建模及优化技术研究[D].长沙:国防科技大学,2007.

[2] 王铁兵,罗少华,吴京,等.低轨星座传感器资源实时调度方法[J].飞行器测控学报,2011,30(5):11-15.

[3] 孙晓雅,林焰.基于信息熵的免疫粒子群算法求解指派问题[J].微电子学与计算机,2010,27(7),65-68.

[4] 刘建华,杨荣华,孙水华.离散二进制粒子群算法分析[J].南京大学学报(自然科学版),2011,47(5),504-514.

[5] 赵阳,易先清,罗雪山.面向任务的天基预警系统应用体系结构研究[J].中国电子科学研究院学报,2008,3(3),247-251.

[6] 赵晨光,郑昌文.弹道导弹天基预警与探测手段分析[J].航天电子对抗,2008,24(4):9-11.

[7] 罗小明,等.弹道导弹攻防对抗的建模与仿真[M].北京:国防工业出版社,2009.

[8] 王博,许丹,等.低轨星座红外凝视传感器覆盖性能分析[J].湖南大学学报(自然科学版),2009,36(10):68-73.

[9] 罗开平,李一军.导弹预警卫星调度问题分析[J].现代防御技术,2009,37(6):5-11.

[10] 王军民,李菊芳,谭跃进,等.不确定条件下卫星鲁棒性调度问题研究[J].系统工程,2007,25(12):94-101.

第7章 天基低轨预警系统动态任务规划和资源调度技术

7.1 低轨预警系统动态任务规划分析

7.1.1 动态扰动因素分析和动态任务规划需求

在天基低轨预警系统任务规划中,由于预警卫星系统自身、任务的变化、运行环境以及用户需求的变化,均会对初始规划调度方案造成一定的扰动,使得初始方案不能正常执行。系统动态任务规划需求主要体现以下两个方面。

1. 预警资源状态的变化

预警卫星资源状态是指卫星及其凝视型传感器的可用情况。在初始方案的执行过程中,由于卫星资源自身原因、外部环境变化、外界干扰或者敌方的破坏等原因,导致传感器失效、某个部件失灵、卫星失控等状况,引起卫星资源的状态发生变化,使得卫星传感器资源不可用,导致初始规划方案中与之相关的任务无法继续执行。当预警卫星的能量供给、温度、信息、存储空间或是卫星数传时效性等达不到规定要求时,会使传感器的功能不能有效发挥。另外,系统中某些任务的完成或取消会释放相关预警资源,从而使得未执行的任务具有更多可选的预警卫星传感器资源。以上预警资源的变化都会对已经规划好的任务跟踪序列产生扰动影响。

2. 预警任务动态变化

由于敌方各导弹发射的时间、地点、数量和种类是不可预测的,即系统在执行初始规划调度指令的过程中随时可能插入新的导弹跟踪任务,这就要求系统能够动态地处理可能产生的新任务。另外,在导弹目标跟踪过程中会不断生成目标的更新信息,修正目标弹道轨迹,由于初始规划调度方案是在有误差的目标弹道预测基础上生成的,当误差足够大时,可能会使某些传感器资源在其时间窗口内对拟安排执行的任务目标不可见,导致不能完成对该目标的跟踪,此时需要根据目标更新信息对初始规划方案进行适当调整,以满足目标跟踪需求。

7.1.2 动态任务规划原则

在动态任务规划需求下,对初始规划调度方案动态调整需遵循一定的原则。

1. 任务优先原则

当任务队列中存在一些威胁程度较高的高优先级任务时,需要优先完成。相对于系统中已有任务,系统在执行任务过程中新插入的导弹目标任务优先级更高,需要优先及时完成,以保证对突发事件的响应能力。在高优先级的新任务插入下,必须考虑如何快速调整原有的计划方案,以最大化地满足这些高优先级的任务需求,在此基础上最大化完成其他任务。

2. 初始规划方案的最小变更原则

当需要对初始规划方案进行动态调整时,应尽量使得调整后的方案与初始方案的变化最小。①卫星应用是一个复杂的过程,卫星工作指令也需要专门的时间和设备进行上传;②传感器频繁开关机消耗较多能量,不利于传感器持续发挥作用;③当初始规划方案确定之后,如果对初始方案进行大规模调整,会影响进一步决策,造成不必要的资源浪费。以新任务到达情况下的动态规划为例,如图7-1所示。图7-1(a)表示初始规划调度方案,任务A、B、C分别由资源3、资源2和资源1执行。此时,有一个新任务D,需要对方案进行调整,如果完全重新求解,任务A、B、C都可能受到影响,如图7-1(b)所示进行的调整,只对任务A进行调整,其他任务不受影响。因此,在动态规划中,如果按照初始规划调度的方法重新生成方案,会对目前执行的任务和将要进行任务的准备工作造成较大影响,此时的规划调度应是在满足要求的基础上,尽可能小地改变原方案,这就是低轨预警系统任务动态规划要解决的问题。

3. 快速调整原则

当预警卫星资源以及任务发生改变时,需要对初始方案进行动态调整。在实际应用中,由于导弹目标的高速运动,对目标的探测跟踪实时性强,对于自由段目标长时间丢失就很难重新捕获,因此对初始方案进行调整的时效性要求较高,需要在原有方案的基础上,分析变化需求,对其快速调整,以满足资源与任务变更需求。

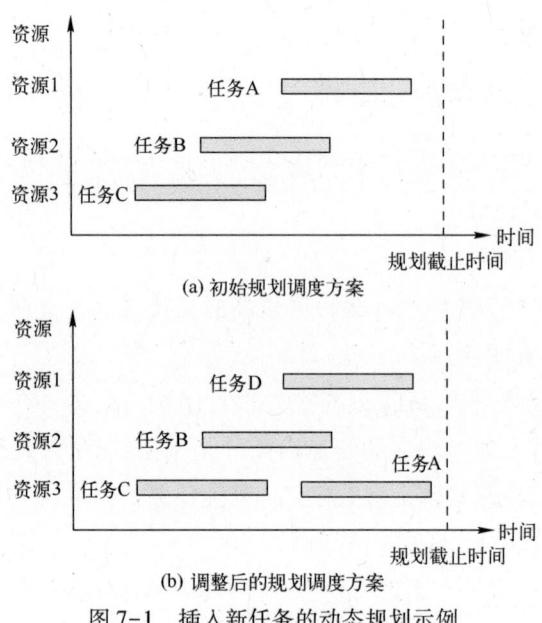

图 7-1 插入新任务的动态规划示例

7.1.3 动态重规划调度模式和策略

根据低轨预警系统任务动态规划需求和特点，系统动态任务规划模式如图 7-2 所示，包括动态重规划调度因素（动态规划需求）、动态重规划调度策略、动态重规划调度方法以及重规划调度效果 4 个层面。

在低轨预警系统动态任务规划中，重规划调度策略用于决定何时进行重规划调度以及选用哪种重规划调度方法。在动态重调度相关的研究中，通常采用 3 种类型的动态重规划策略，即周期型重规划调度、事件驱动型重调度以及混合型重规划调度。

周期型重规划调度策略是指根据低轨预警系统状态和跟踪任务的特点，按照一定的周期重新对任务分配资源执行。初始规划调度方案执行到下一个计划周期时段期间暂不考虑干扰事件的影响，其优点是可以较好地处理对目标估计不断积累的误差等变化量不明显的渐变性不确定性因素，当系统状态发生重大变化时，这种重规划调度决策方式性能较差。在实际的任务规划中，其难点是确定重规划调度周期的长度，重规划调度周期不一定是固定的，可以根据系

第7章 天基低轨预警系统动态任务规划和资源调度技术

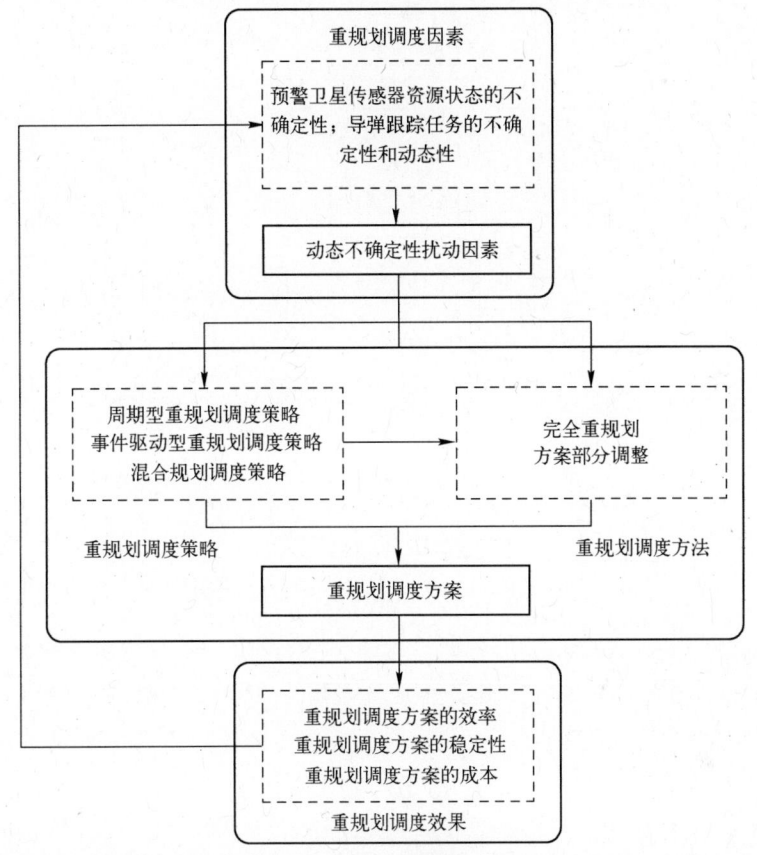

图 7-2 重规划调度模式

统执行情况动态调整其大小,以适应动态规划需求。图 7-3 是基于周期的任务规划过程,主要考虑对目标预测和跟踪误差的积累到一定程度而无法有效完成对目标的有效跟踪,因此在时间 T 时,重新构造预警卫星传感器和目标的观测活动,对传感器资源进行重调度,得出更优的低轨预警系统任务规划方案。在每一个规划调度周期 T 内,其调度是个相对静态的过程,系统按预先生成的跟踪方案序列执行。

事件驱动型重规划调度策略是指根据低轨预警系统状态,按照动态扰动事件的特性对任务重新分配传感器资源执行。相对于周期型重规划调度,事件驱动型重规划调度策略能及时响应低轨预警系统中突发的扰动事件(如新导弹跟踪任务的到达和资源的突然故障等),调整初始规划调度方案信息,但对于渐变

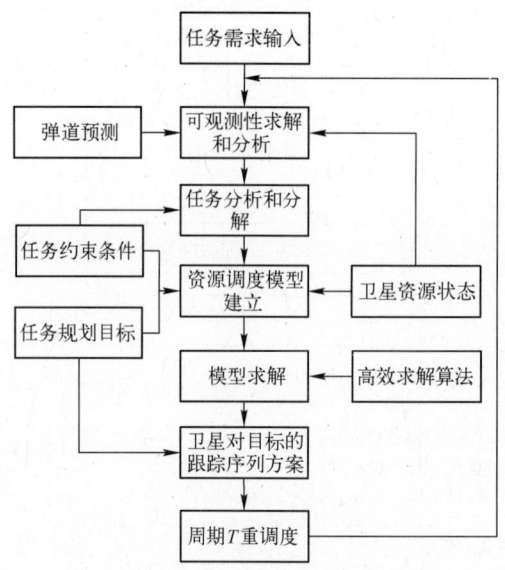

图 7-3 基于周期的任务规划过程图

性不确定因素(如误差的不断累积),完全的事件响应则会导致系统资源调度过于频繁,不利于方案的执行。图 7-4 是基于事件的任务规划过程,主要考虑当系统有新任务插入时,更新任务列表,构造卫星传感器与新目标的观测活动,对原有任务规划调度方案进行调整,满足对新任务和原有任务的跟踪需求。

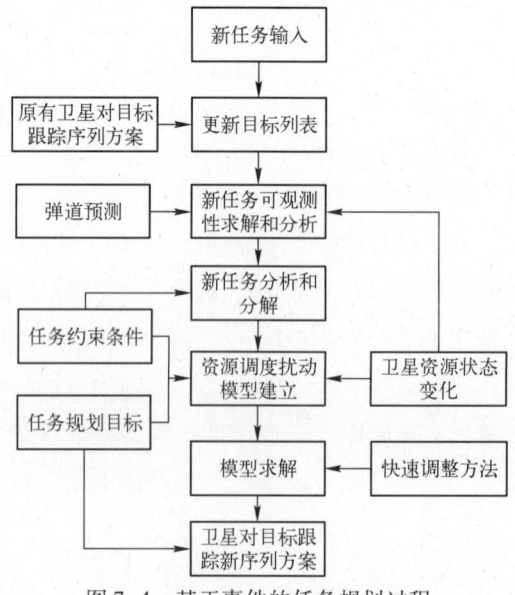

图 7-4 基于事件的任务规划过程

第7章 天基低轨预警系统动态任务规划和资源调度技术

结合以上两种策略的优点,混合型重规划调度策略在周期型重调度的基础上,当有突发性事件时进行事件型重规划调度,既能处理突变性不确定因素,也能处理渐变性不确定因素。在实际的低轨预警系统任务规划应用中,难点是如何将周期型策略和事件驱动策略有机结合起来。

基于以上重规划调度策略,可用于低轨预警系统任务动态规划问题的解决方法主要有两类:完全重规划和方案部分调整方法。完全重规划是基于当前预警卫星传感器状态、任务需求重新建立完整的任务规划模型,采用优化算法重新计算,得到一个优化解。相对于初始任务规划,约束和优化目标函数基本相同,建模和求解之前重新明确需要规划的任务和可用资源,得到的规划方案和初始方案差异会比较大。方案部分调整方法是根据当前传感器状态和跟踪任务新需求对初始规划方案进行局部调整,使之满足新任务的跟踪需求。部分调整方法是建立在原有规划方案的基础之上,求解速度较快,对初始方案的影响较小。在约束方面,增加了新目标任务的相关约束性描述和条件,目标函数需要增加保证初始规划调度方案调整最小的二级优化目标。

结合典型的动态重规划策略、过程和方法,低轨预警系统一次完整的任务规划过程如图7-5所示。在每个周期点 T 进行一次周期重规划过程,当系统中产生了一个因跟踪任务需求或预警资源状态变化引起的事件时,进行一次事件重规划过程。在周期点进行重规划调度求解时,可将其转化为事件重规划进行求解(新任务插入情形),对下一个周期内的调度序列进行优化。在进行事件重规划调度求解时,要求在尽量少改动现有规划调度方案的基础上,快速地实现对调度指令的更新,确保原预警跟踪任务的执行尽量不受新跟踪任务需求或资源状态变化的影响。

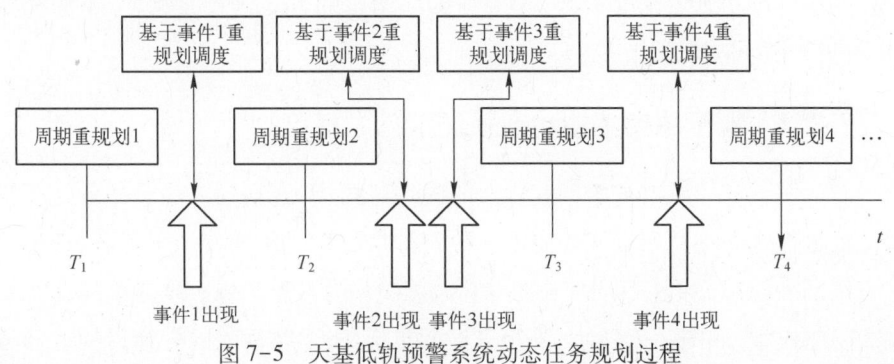

图7-5 天基低轨预警系统动态任务规划过程

7.2 动态规划和调度问题建模

7.2.1 基本假设

根据动态重调度策略研究中的相关内容可知,动态重调度问题模型的作用时间区间是从新导弹目标插入时刻起,至新插入导弹目标最晚的子任务的结束时刻。设动态重调度问题模型作用的开始时刻和结束时刻分别为 st^D 和 end^D,则几个关键时刻的先后关系为

$$\begin{cases} st^D = Dt_0 = st_{min}^{Ins}, Dt_1 = end^O, end^D = end_{max}^{Ins} \\ st^D < Dt_1 < end^D \end{cases} \quad (7-1)$$

式中,Dt_0 和 Dt_1 分别为扰动链开始和结束时刻;end^O 表示初始调度方案结束时刻;st_{min}^{Ins} 和 end_{max}^{Ins} 分别为新插入导弹目标最早的子任务开始时刻和最晚的子任务的结束时刻。

由式(7-1)可知,动态重调度的作用区间为 $[st^D, end^D]$,与新插入导弹目标的任务执行时间区间相同 $[st_{min}^{Ins}, end_{max}^{Ins}]$,包含了剩余的初始调度方案的作用区间 $[Dt_0, end^O]$。另外,动态重调度是一个约束条件众多、调度过程复杂的问题,其建模必须基于一定的假设和原则。

动态重调度问题建模的基本假设包括:①动态重调度过程中遵循初始调度问题模型中的所有约束条件,包括本质性约束和用户需求性约束;②动态重调度问题建模只针对新导弹目标插入的突变型扰动因素,形成扰动链的条件下,且采用事件型动态重调度策略;③采用局部调整的方式进行重调度,不对初始方案进行完全重调度。

7.2.2 基于冲突集的动态重调度问题模型

新的子任务插入对初始调度方案的影响可描述为:新插入的子任务执行所需的探测器资源在初始调度方案中已被安排执行该时段的其他子任务,即形成了资源调度的冲突集。因此,通过定义调度冲突集,建立基于冲突集的动态重调度问题模型,如图7-6所示,其基本框架包括:①由新插入的导弹目标经任务

分解后,获得插入任务集,并将初始调度方案中剩余任务集进行扩展,形成旧任务集;②将插入任务集与初始调度方案中的扰动发生后的旧任务集经对比分析,生成资源调度冲突集;③设计冲突消除的原则,从而生成动态重调度问题模型。

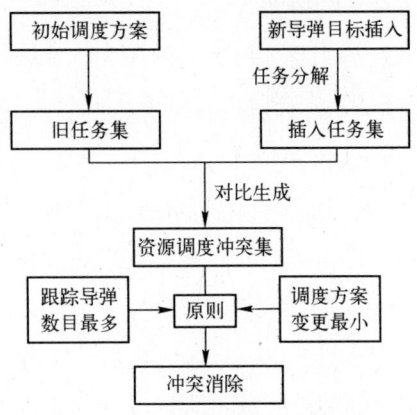

图 7-6 动态调度问题建模思路

1. 任务分解和扩展

任务分解和扩展的目的是新插入的导弹目标和已经存在的导弹目标,在动态重调度问题模型作用时间内,具有相同的子任务数,而且相同序号的子任务的执行时间区间是相同的。任务分解主要是针对新插入的导弹目标,而任务区间的扩展主要是针对存在于初始调度方案中的导弹目标。

新插入导弹目标的任务分解方法采用与初始调度方法研究中相同的方法,且每个子任务的持续时间相同,分解后每个新插入的导弹目标的子任务数为 M^{Ins}。对初始调度方案中已存在目标剩余的子任务进行重新编号,重新编号后的子任务在初始调度方案中的资源分配方案不变。由于初始调度方案中单个导弹目标剩余的子任务数等于扰动链的长度 D,小于新插入的单个导弹目标的子任务 M^{Ins},则利用生成虚拟子任务的方法,将初始调度方案中单个导弹目标的子任务数设为 M^{Ins}。任务分解和扩展的结果为:新插入的导弹目标与初始调度方案中导弹目标具有相同的子任务数 M^{Ins},且相同编号的子任务的执行时间区间相同。

2. 冲突集的定义

首先定义一个冲突节点。根据任务分解方法可知,不同导弹目标相同序号子任务的执行时间区间是相同的。在某一时刻,若新插入导弹目标的子任务执行所需要的探测器资源在初始调度方案中已经被占用,则形成了一个冲突节点。因此,新插入子任务的可用资源集可以分为两个部分,即空闲资源和已占用资源。空闲资源是指该子任务可以直接调用的,已占用资源是指在初始方案中已被安排执行其他子任务的资源。

设 $\text{Ttask}_{ij}^{\text{Ins}}$ 为新插入导弹目标 i 的第 j 号子任务, Resources^f 为能执行子任务 $\text{Ttask}_{ij}^{\text{Ins}}$ 的空闲资源集, Ttask_{*j}^{C} 表示初始方案中已占用 $\text{Ttask}_{ij}^{\text{Ins}}$ 可用资源的子任务集,则 $\text{Ttask}_{ij}^{\text{Ins}}$ 的冲突节点 c_{ij} 可定义为

$$c_{ij} = \{\text{Ttask}_{ij}^{\text{Ins}}, \text{Resources}^f, \text{Ttask}_{*j}^{C}\} \tag{7-2}$$

由新插入导弹目标在扰动链上的冲突节点组成一条冲突链,设扰动链的长度为 D,则新插入导弹目标 i 的冲突链定义为

$$c_{i*} = \{c_{i1}, c_{i2}, \cdots, c_{iD}\} \tag{7-3}$$

由所有新插入导弹目标的冲突链组成调度冲突集 C,设新插入的导弹目标数为 N^{Ins},则

$$C = \{c_{1*}, c_{2*}, \cdots, c_{N^{\text{Ins}}*}\} \tag{7-4}$$

3. 冲突消除原则指标设计

根据前面所述,冲突消除的原则主要有 3 个, p_1、p_2、p_3 分别对应 3 个原则的指标参数,下面介绍它们的设计过程。

(1) 原则一:任务优先。主要是保证新插入的导弹目标在动态重调度时不被丢失,而对其跟踪精度无特别要求,且初始调度方案中已存在的导弹目标在其末期可被丢失。针对初始调度方案中已存在的导弹目标而言,在末期可被丢失是指其在某个子任务之后,对其候控时间没有阈值限定,即从该时刻起给其分配的所有探测器资源均可被抢夺。

与初始调度方法研究中类似,可定义新插入导弹目标是否被丢失的 0 或 1 的变量,从而判定目标是否被丢失。设 X_i 表示新插入的导弹目标 i 是否被丢失的 0 或 1 变量,则

$$X_i = \begin{cases} 1, & f(s(i, M^{\text{Ins}}) < \text{TH}_t) \\ 0, & \text{其他} \end{cases} \tag{7-5}$$

式中, $s(i, M^{\text{Ins}})$ 为目标 i 在最后一个子任务结束时刻的候控时间; TH_t 为目标 i

的最大候控时间阈值。若 $X_i = 1$,则表示目标未被丢失;否则表示目标被丢失。若目标被丢失,则记录目标丢失时刻的子任务编号 lost_i:

$$s(i, \text{lost}_i) = \text{TH}_t \tag{7-6}$$

设新插入的导弹目标编号集和总数为 N^{Ins},初始调度方案中已存在的导弹目标编号集和总数为 N^O,则满足原则一的条件为

$$\text{bool} \begin{cases} N^{\text{Ins}} = \sum_{i=1}^{N^{\text{Ins}}} X_i, \forall i \in N^{\text{Ins}} \\ \text{lost}_i \geq \text{TH}_i^O, \forall i \in N^O \end{cases} \tag{7-7}$$

式中,TH_i^O 表示初始调度方案中已存在的导弹目标 i 从第 TH_i^O 个子任务开始,其探测器资源可在动态重调度时被连续抢夺。即该目标从该子任务开始可以被丢失(实际可能未丢失)。TH_i^O 可根据预警实际需求,以及导弹拦截计划等要素决定,可由相关决策者确定。若动态重调度满足以上条件,则可认为其遵循原则一,则原则一指标 p_1 可定义为

$$p_1 = \begin{cases} 1, & (\text{bool}) \\ 0, & \text{其他} \end{cases} \tag{7-8}$$

(2) 原则二:主要是指动态重调度后生成的新调度方案与初始调度方案的改变程度最小,即调度方案最小变更原则。初始调度方案的变更主要表现为各个子任务的执行方案的变化。例如,执行某一个子任务的探测器组合被抢夺,或者安排其他的探测器组合执行该子任务。若某一个子任务被删除,则可认为该子任务依然存在于任务集,但其执行资源被抢夺。因此,可以用初始调度方案中探测器组合分配方案变化的子任务占原有子任务总数的比重表示初始调度方案的变更程度。一个单位扰动链长度表示一个子任务执行时间区间,在一个子任务执行时间区间内有多个子任务,其数目等于该时段内存在的导弹目标数目,其中有部分子任务的执行方案发生变化。因此,设扰动链长度为 D,初始调度方案中的导弹目标总数为 N^O,第 d 个扰动链单位长度内执行方案发生变化的子任务数为 Δn_d,执行方案发生变化的子任务数的阈值为 TH_{Cha}^O,则调度方案变更指标 p_2 的定义为

$$p_2 = \begin{cases} 1, & \sum_{d=1}^{D} \Delta n_d < \text{TH}_{\text{Cha}}^O \\ 0, & \text{其他} \end{cases} \tag{7-9}$$

其中，TH_{Cha}^{O} 也由相关决策者确定。当初始调度方案中的每一个子任务的执行方案均未发生变化时，$p_2 = 1$。

(3) 原则三：快速调度原则。即动态重调度要在某些时间限定范围内完成。该原则主要依靠动态重调度模型的求解算法，快速高效的求解算法才能满足原则三的要求。因此，原则三的相关指标 p_3 利用动态重调度模型求解算法的运行时间来限定。设用户对动态重调度限定的时间阈值为 TH_{Tim}^{D}，则 p_3 定义为

$$p_3 = \begin{cases} 1, & (t < TH_{Tim}^{D}) \\ 0, & 其他 \end{cases} \quad (7-10)$$

综合各个原则指标的定义，各自的取值均为 0 或 1，即可设计冲突消除原则的综合指标 p，则

$$p = p_1 + p_2 + p_3 \quad (7-11)$$

若 $p = 3$，则认为动态重调度结果满足用户需求，达到动态重调度的目的。否则，采用局部调整的动态重调度方式失败，需要采用完全重调度的方法获得新的调度方案。

7.3 动态规划和调度模型求解

针对基于冲突集的动态重调度问题模型，模型求解就是一个冲突消除的过程。为了满足低轨预警系统资源调度问题实时性，以及动态重调度快速调度的原则，这里采用基于规则的启发式算法进行动态重调度问题模型求解。

7.3.1 模型求解预处理

在模型求解算法设计之前，首先要进行预处理操作，主要是指定义两个矩阵：①可直接分配资源的新插入的子任务矩阵；②被抢夺资源的初始子任务矩阵。可直接分配资源的新插入的子任务矩阵是指在不改变初始调度方案的基础上，即 $p_2 = 1$ 时，利用剩余探测器资源，可完成的新插入的子任务的阵列。被抢夺资源的初始子任务矩阵是指在初始调度方案中已存在的子任务中，哪些子任务的探测器资源在动态重调度时被抢夺。

设新插入的导弹目标总数为 N^{Ins}，扰动链长度为 D，则可直接分配资源的新

第7章 天基低轨预警系统动态任务规划和资源调度技术

插入的子任务矩阵 A 定义为

$$A = \begin{bmatrix} a_{11} & a_{12} & \cdots & a_{1D} \\ a_{21} & a_{22} & \cdots & a_{2D} \\ \vdots & \vdots & \ddots & \vdots \\ a_{N^{\mathrm{Ins}}1} & a_{N^{\mathrm{Ins}}2} & \cdots & a_{N^{\mathrm{Ins}}D} \end{bmatrix} \quad (7-12)$$

式中,a_{ij} 表示新插入的导弹目标 i 的第 j 个子任务是否能够在不改变初始调度方案的基础上直接分配探测器资源,若能立体跟踪其值等于1,只能分配一个探测器资源其值为0.5,无法分配探测器资源其值为0。

由矩阵 A 的定义可知,初始调度方案的鲁棒性越强,则矩阵 A 的所有元素之和 a 值就越大,则

$$a = \sum_{i=1}^{N^{\mathrm{Ins}}} \sum_{j=1}^{D} a_{ij} \quad (7-13)$$

设在 st^D 时刻,初始调度方案中的导弹目标数为 N^O,则被抢夺资源的初始子任务矩阵可表示为

$$S = \begin{bmatrix} s_{11} & s_{12} & \cdots & s_{1D} \\ s_{21} & s_{22} & \cdots & s_{2D} \\ \vdots & \vdots & \ddots & \vdots \\ s_{N^O 1} & s_{N^O 2} & \cdots & s_{N^O D} \end{bmatrix} \quad (7-14)$$

式中,s_{ij} 表示初始调度方案中的导弹目标 i 的第 j 个子任务的探测器资源是否被抢夺的决策变量,若对应的探测器组合资源均被抢夺为1,只抢夺一个探测器资源为0.5,不抢夺探测器资源为0。若在动态重调度生成新的调度方案后,获得矩阵 S 所有元素之和 s,即

$$s = \sum_{i=1}^{N^O} \sum_{j=1}^{D} s_{ij} \quad (7-15)$$

当 s 值越小,则初始调度方案中资源分配方案发生变化的子任务数越小,动态重调度对初始调度方案的变更幅度越小,初始调度方案的鲁棒性越强。

因此,矩阵 A 和矩阵 S 能够反映初始调度方案的鲁棒性,从而用于佐证初始调度问题建模中鲁棒性指标的有效性。另外,矩阵 S 还可用于反映动态重调度过程中初始调度方案的变更程度,进而计算动态重调度原则二指标 p_2 的取值。

7.3.2 基于冲突消除的启发式算法

动态重调度问题模型求解是一个冲突消除的过程，与初始调度问题模型求解方法类似，这里采用基于冲突消除的启发式算法对动态重调度问题模型进行求解。冲突消除的基本规则有两条：①优先利用初始调度方案后剩余的探测器资源对新插入的子任务进行执行；②最小的资源抢夺量完成动态重调度。

若能够利用初始调度方案后剩余的探测器资源完成新插入导弹目标的预警子任务，保证目标不被丢失。即在初始调度方案变更程度为 0，速度最快的情况下完成了动态重调度，必须优先考虑。若利用初始调度方案剩余资源不能保证新插入的导弹目标不被丢失，则输出导致新插入导弹目标丢失的关键子任务冲突节点集，即最小资源抢夺量的子任务集。再通过抢夺初始调度方案中已分配的探测器资源而使新插入导弹目标的关键子任务被完成，即以最小的资源抢夺量保证新插入的导弹目标不被丢失。因此，启发式算法所遵循的两条规则与动态重调度问题模型中前两条原则是相符合的，而基于规则的启发式算法本身就具有快速性，即可以采用基于以上两条冲突消除规则的启发式算法对所建立的动态重调度问题模型进行求解。

动态重调度问题模型求解算法流程如图 7-7 所示，$p=1$ 为动态重调度结果是否满足用户要求的判定依据，算法包括两个子流程：①以各个冲突节点处的空闲资源作为可用资源集，利用初始调度问题模型求解算法，对新插入的导弹目标进行任务分配；②对初始调度方案中已分配的探测器资源进行抢夺，以及对被抢夺资源的子任务进行资源再分配。两个子流程分别形成模型求解预处理中定义的两个矩阵，下面对两个子流程进行具体阐述。

子流程一的基本过程与初始调度问题模型中的求解算法类似，主要区别有两点：①各个时刻的可用资源集为初始调度方案中未被分配的探测器资源，即为剩余资源集；②致使导弹目标丢失的子任务被写入最小资源抢夺量的子任务集，并假设已被完成。即把导致候控时间大于其阈值的子任务写入最小资源抢夺量的子任务集，并假设其已被执行，将其他子任务按初始调度中的资源分配方法进行资源分配。子流程一的基本流程图如图 7-8 所示。在子流程一结束后，可根据新插入的导弹目标子任务的执行情况获得可直接分配资源的新插入的子任务矩阵 A 的各个元素，从而评价初始调度方法研究中所设计鲁棒性指标的有效性。

第 7 章　天基低轨预警系统动态任务规划和资源调度技术

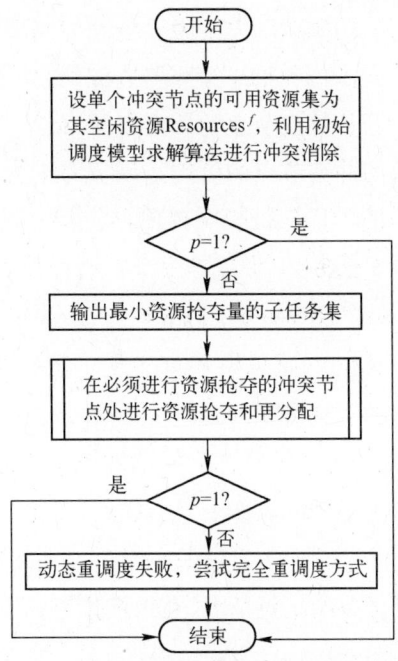

图 7-7　动态重调度问题模型求解算法流程图

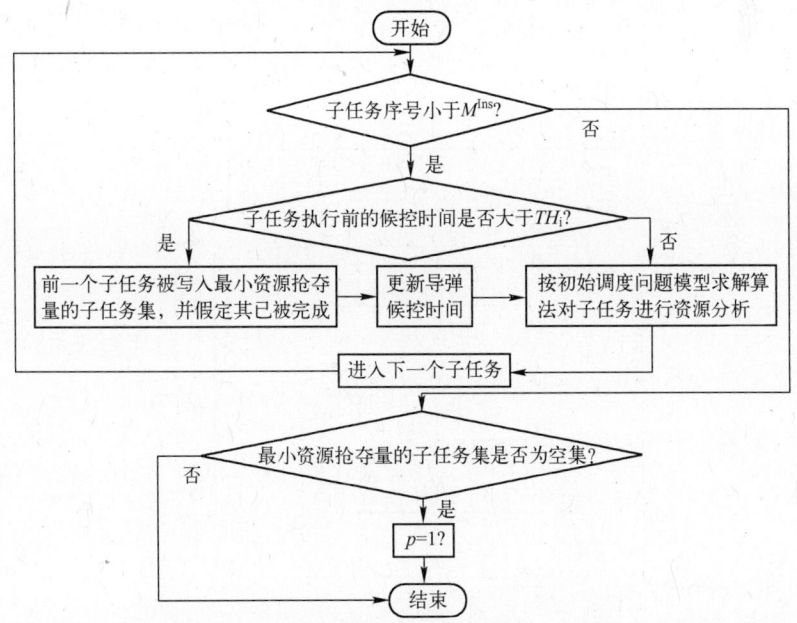

图 7-8　动态重调度问题模型求解算法子流程一

子流程二主要是指从初始调度方案中已分配探测器资源的子任务处,为最小资源抢夺量子任务集中子任务抢夺探测器资源,为被抢夺探测器资源的子任务再分配探测器资源。若从冲突节点的角度来看,最小资源抢夺量子任务集中的每一个子任务所形成的冲突节点的可用空闲资源集为空集,必须从初始调度方案已占用其可用资源的子任务处抢夺探测器资源。设 $\text{Ttask}_{ij}^{\text{Ins}}$ 为最小资源抢夺量子任务集中某一个子任务,其形成冲突节点 c_{ij} 必须满足如下条件:

$$c_{ij} = \{\text{Ttask}_{ij}^{\text{Ins}}, \text{Resources}^f, \text{Ttask}_{*j}^{C}\}, \text{Resources}^f = \varnothing \quad (7\text{-}16)$$

即子任务 $\text{Ttask}_{ij}^{\text{Ins}}$ 完成所需的资源必须来源于或部分来源于同一时刻初始调度方案已占用其可用资源的子任务集 Ttask_{*j}^{C}。另外,在资源抢夺时,优先抢夺优先级低的、可被重新分配资源的子任务的探测器资源。设最小资源抢夺子任务集中共有子任务 $M_{\min}^{\text{Ins}}$,Ttask_j 表示其第 j 个子任务,占用其可用资源集的子任务集和总数为 K_j^C,则子流程二的具体流程图如图 7-9 所示。在子流程二结束后,可根据被抢夺资源的子任务的统计情况,获得被抢夺资源的初始子任务矩阵 S,从而获得初始调度方案的变更幅度,以及调度方案变更原则指标 p_2。

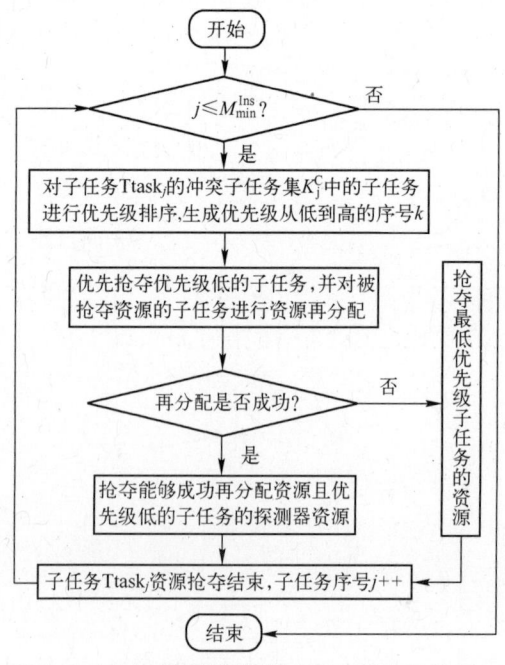

图 7-9 动态重调度问题模型求解算法子流程二

利用动态重调度问题模型求解算法对模型进行求解后,不一定能够生成用户满意的新调度方案,即 $p=1$。若不能获得用户满意的新调度方案,则必须采用完全重调度的方式进行重调度,或者舍弃次要目标,保证优先级高、威胁程度大的导弹目标的预警任务被圆满完成。

7.4 算例与分析

动态重调度方法仿真实例旨在验证本书所设计的动态重调度方法。本书以初始调度方法仿真实例中,资源冗余条件下两个导弹目标的调度方案作为最初的初始调度方案,并在此基础上插入其他导弹目标,形成扰动,并以动态重调度方法生成新的调度方案。

这里以两个导弹目标先后插入初始调度方案的仿真实例验证动态重调度方法的有效性。由于初始调度方案结束的调度方案可按初始调度方法生成,因此新生成的调度方案仅限于扰动链作用长度,即初始调度方案作用区间上,不生成新插入的导弹目标扰动链结束后的调度方案。设动态重调度须满足无新插入的导弹目标丢失、初始调度方案中资源分配变更的子任务所占比例小于50%,程序运行时间小于3s时,则认为生成的新调度方案满足用户要求。否则,采用局部调整的动态重调度方法失效,需要采用完全重调度的方法生成新调度方案。

1. 首次插入导弹目标的重调度实例

这里以初始调度方案中的导弹1推迟10min发射作为新插入的导弹目标1,经动态重调度后生成新的调度方案。首先,对新插入的导弹目标进行可见时间窗口求解,并进行任务分解,从而获得各个子任务区间的空闲可用资源集,如表7-1所列。

表7-1 新插入导弹目标1任务分解和可见时间窗口

子任务编号	子任务执行区间	初始调度方案		新插入导弹目标1	
				可见时间窗口	空闲资源集
1	[660,720]	(1,17)	(8,24)	7, 8, 12, 13, 17, 18	7,12,13,18
2	[720,780]	(7,18)	(8,24)	7, 8, 12, 13, 17, 18	12,13,17

(续)

子任务编号	子任务执行区间	初始调度方案		新插入导弹目标1	
				可见时间窗口	空闲资源集
3	[780,840]	(8,24)	(17,18)	7, 8, 12, 13, 17, 18	7,12,13
4	[840,900]	(7,8)	(17,24)	7, 8, 12, 13, 17, 18, 24	12, 13,18,
5	[900,960]	(7,8)	(17,24)	7, 8, 12, 17, 18, 24	12,18
6	[960,1020]	(7,8)	(17,24)	7, 8, 17, 18, 24	18
7	[1020,1080]	(7,8)	(17,24)	7, 8, 17, 18, 24	18
8	[1080,1140]	(7,8)	(17,24)	7, 8, 17, 24	空
9	[1140,1200]	(7,8)	(17,24)	7, 8, 17, 24	空
10	[1200,1260]	(7,8)	(17,24)	7, 8, 17, 24	空
11	[1260,1320]	(7,8)	(17,24)	7, 8, 17, 24	空
12	[1320,1380]	(7,17)	(8,24)	7, 8, 17, 24	空
13	[1380,1440]	(17,24)	(7,8)	7, 8, 17, 24	空

由表7-1中所示数据,可以获得可直接分配资源的新插入的子任务矩阵 A,即

$$A = [1\ 1\ 1\ 1\ 1\ 0.5\ 0.5\ 0\ 0\ 0\ 0\ 0\ 0] \quad (7\text{-}17)$$

若将初始调度方案生成中鲁棒性指标的权重值设为0.8(原为0.2),重新生成初始调度方案(表7-2),并与新插入导弹目标1的可见时间窗口进行对比,生成其空闲可用资源值,从而获得可直接分配资源的新插入子任务矩阵 $A_{0.8}$,即

$$A_{0.8} = [1\ 1\ 1\ 1\ 1\ 0.5\ 0.5\ 0\ 0\ 0\ 0\ 0.5\ 0.5] \quad (7\text{-}18)$$

表7-2 鲁棒性初始调度方案

子任务编号	时间区间	初始调度方案(0.8)	
		导弹1	导弹2
1	[660,720]	(1,17)	(8,24)
2	[720,780]	(7,18)	(8,24)
3	[780,840]	(8,24)	(17,18)
4	[840,900]	(7,8)	(17,24)
5	[900,960]	(7,8)	(17,24)

第7章 天基低轨预警系统动态任务规划和资源调度技术

(续)

子任务编号	时间区间	初始调度方案(0.8)	
		导弹1	导弹2
6	[960,1020]	(7,8)	(17,24)
7	[1020,1080]	(7,8)	(17,24)
8	[1080,1140]	(7,8)	(17,24)
9	[1140,1200]	(7,8)	(17,24)
10	[1200,1260]	(7,8)	(17,24)
11	[1260,1320]	(7,8)	(17,24)
12	[1320,1380]	(17,23)	(8,24)
13	[1380,1440]	(23,24)	(7,8)

由矩阵 A 和 $A_{0.8}$ 对比可知,鲁棒性指标权重值大的调度方案能够为新插入的导弹目标直接分配更多的资源。但是鲁棒性指标的作用不够明显,主要是由于系统能力决定。例如,子任务 8~11 执行时间区间内,对 3 个导弹目标具有可见时间窗口的探测器资源相同,均为 7、8、17、24,不可能同时完成 3 个导弹目标的立体跟踪。

对矩阵 A 中未能分配资源的子任务建立冲突节点,形成冲突链,并以动态重调度模型求解算法进行冲突消除,可获得新的调度方案,如表 7-3 所列,获取资源被抢夺的初始子任务矩阵为

$$S = \begin{bmatrix} 0 & 0 & 0 & 0 & 0 & 0 & 0 & 1 & 1 & 0 & 0 & 0 & 0 \\ 0 & 0 & 0 & 0 & 0 & 0 & 0 & 0 & 0 & 0 & 0 & 1 & 1 \end{bmatrix} \quad (7-19)$$

表 7-3 动态重调度生成新调度方案(一)

子任务编号	时间区间	新调度方案		
		导弹1	导弹2	新插入导弹目标1
1	[660,720]	(1,17)	(8,24)	(12,13)
2	[720,780]	(7,18)	(8,24)	(12,13)
3	[780,840]	(8,24)	(17,18)	(12,13)
4	[840,900]	(7,8)	(17,24)	(12,13)
5	[900,960]	(7,8)	(17,24)	(12,18)
6	[960,1020]	(7,8)	(17,24)	(0,0)

(续)

子任务编号	时间区间	新调度方案		
		导弹1	导弹2	新插入导弹目标1
7	[1020,1080]	(7,8)	(17,24)	(0,0)
8	[1080,1140]	(0,0)	(17,24)	(7,8)
9	[1140,1200]	(0,0)	(17,24)	(7,8)
10	[1200,1260]	(7,8)	(17,24)	(0,0)
11	[1260,1320]	(7,8)	(17,24)	(0,0)
12	[1320,1380]	(7,17)	(0,0)	(8,24)
13	[1380,1440]	(17,24)	(0,0)	(7,8)

由 S 可知，初始调度方案中有 4 个子任务的资源分配方案发生变化。由此获得 3 个原则指标 p_1、p_2、p_3 的值：由于新的调度方案中导弹目标的丢失，即 $p_1=1$；设调度方案变更程度阈值为 50%，则新调度方案中改变的初始调度方案中资源分配的子任务数为 4，调度方案变更程度为 15.38%，小于阈值，即 $p_2=1$；模型求解所需的时间为 1.5412s，满足用户要求，即 $p_3=1$。因此，动态重调度后生成的新调度方案满足动态重调度设定的 3 个原则，即 $p=1$，满足用户需求。

若利用鲁棒性指标权值为 0.8 的初始调度方案进行资源抢夺，则生成资源抢夺的初始子任务矩阵 $S_{0.8}$，则

$$S_{0.8}=\begin{bmatrix} 0 & 0 & 0 & 0 & 0 & 0 & 1 & 1 & 0 & 0 & 0.5 & 0 \\ 0 & 0 & 0 & 0 & 0 & 0 & 0 & 0 & 0 & 0 & 0 & 0.5 \end{bmatrix} \quad (7-20)$$

由矩阵 S 和 $S_{0.8}$ 的对比可知，虽然两种不同初始调度方案条件下发生资源抢夺的子任务数是相同的，但鲁棒性指标权重值较大的初始调度方案中对子任务资源抢夺的幅度较小。由鲁棒性指标权重值为 0.8 的初始调度方案，采用相同的动态重调度方法，获得的动态重调度方案如表 7-4 所列。

表 7-4 鲁棒性动态重调度方案

子任务编号	时间区间	初始调度方案(0.8)		动态重调度方案		
		导弹1	导弹2	导弹1	导弹2	新插入导弹目标1
1	[660,720]	(1,17)	(8,24)	(1,17)	(8,24)	(12,13)
2	[720,780]	(7,18)	(8,24)	(7,18)	(8,24)	(12,13)
3	[780,840]	(8,24)	(17,18)	(8,24)	(17,18)	(12,13)

第7章 天基低轨预警系统动态任务规划和资源调度技术

(续)

子任务编号	时间区间	初始调度方案(0.8)		动态重调度方案		
		导弹1	导弹2	导弹1	导弹2	新插入导弹目标1
4	[840,900]	(7,8)	(17,24)	(7,8)	(17,24)	(12,13)
5	[900,960]	(7,8)	(17,24)	(7,8)	(17,24)	(12,18)
6	[960,1020]	(7,8)	(17,24)	(7,8)	(17,24)	(0,0)
7	[1020,1080]	(7,8)	(17,24)	(7,8)	(17,24)	(0,0)
8	[1080,1140]	(7,8)	(17,24)	(0,0)	(17,24)	(7,8)
9	[1140,1200]	(7,8)	(17,24)	(0,0)	(17,24)	(7,8)
10	[1200,1260]	(7,8)	(17,24)	(7,8)	(17,24)	(0,0)
11	[1260,1320]	(7,8)	(17,24)	(7,8)	(17,24)	(0,0)
12	[1320,1380]	(17,23)	(8,24)	(0,23)	(8,24)	(7,17)
13	[1380,1440]	(23,24)	(7,8)	(23,24)	(0,8)	(7,17)

因此,从两种初始调度方案条件下,动态重调度过程中,可直接分配资源的新插入子任务矩阵和资源抢夺的初始子任务矩阵两类矩阵的对比分析得出两点结论:①初始调度方法研究中所设计的鲁棒性指标是有效的,使初始调度方案对动态重调度的适应性增强,有利于初始调度方案的稳定运行;②鲁棒性指标作用发挥受到低轨预警系统资源能力的限制。

2. 再次插入导弹目标的重调度实例

针对再次插入导弹目标的重调度实例而言,以首次插入的导弹目标后生成的新调度方案(表7-4)作为初始调度方案,与新插入的导弹目标1相同参数的导弹推迟5min后再发射1枚,作为新插入的导弹目标2,再次插入到初始调度方案中。

采用相同的动态重调度步骤,获得其任务分解和可见时间窗口,如表7-5所示,并获取可直接分配的空闲资源集,从而求得可直接分配资源的新插入的子任务矩阵 A,即

$$A = [1\ 1\ 1\ 1\ 1\ 0\ 0] \tag{7-21}$$

表7-5 新插入导弹目标2任务分解和可见时间窗口

子任务编号	时间区间	初始调度方案			新插入导弹2	
		导弹1	导弹2	新插入导弹目标1	可见时间窗口	空闲资源集
1	[1020,1080]	(7,8)	(17,24)	(0,0)	7,8,12,13,17,18,24	12,13,18

(续)

子任务编号	时间区间	初始调度方案			新插入导弹 2	
		导弹 1	导弹 2	新插入导弹目标 1	可见时间窗口	空闲资源集
2	[1080,1140]	(0,0)	(17,24)	(7,8)	6, 7, 8, 12, 17, 18, 24	6,12,18
3	[1140,1200]	(0,0)	(17,24)	(7,8)	6, 7, 8, 12, 17, 24	6,12
4	[1200,1260]	(7,8)	(17,24)	(0,0)	6, 7, 8, 12, 17, 24	6,12
5	[1260,1320]	(7,8)	(17,24)	(0,0)	6, 7, 8, 12, 17, 24	6,12
6	[1320,1380]	(7,17)	(0,0)	(8,24)	6, 7, 8, 17, 24	6
7	[1380,1440]	(17,24)	(0,0)	(7,8)	6, 7, 8, 17, 24	6

由矩阵 A 可知,新插入的导弹目标 2 可以在不改变初始调度方案的条件下直接插入,而不会导致导弹目标丢失,即矩阵 S 中所有元素值为 0。由此也可以反映出初始调度方案中鲁棒性指标对促进初始调度方案稳定运行的作用。由新插入的导弹目标的空闲资源集进行冲突消除,从而生成新的调度方案,如表 7-6 所列。

表 7-6 动态重调度生成新调度方案(二)

子任务编号	时间区间	新调度方案			
		导弹 1	导弹 2	新插入导弹目标 1	新插入导弹目标 2
1	[1020,1080]	(7,8)	(17,24)	(0,0)	(12,18)
2	[1080,1140]	(0,0)	(17,24)	(7,8)	(12,18)
3	[1140,1200]	(0,0)	(17,24)	(7,8)	(6,12)
4	[1200,1260]	(7,8)	(17,24)	(0,0)	(6,12)
5	[1260,1320]	(7,8)	(17,24)	(0,0)	(6,12)
6	[1320,1380]	(7,17)	(0,0)	(8,24)	(0,0)
7	[1380,1440]	(17,24)	(0,0)	(7,8)	(0,0)

由于初始调度方案的变更为 0,则指标 $p_2=1$;新的调度方案不会造成导弹目标的丢失,则指标 $p_1=1$;程序运行时间为 0.6327s,则指标 $p_3=1$。因此新生成的调度方案满足用户要求,即 $p=1$。

另外,新的调度方案中应该包括 1440s 以后,仅存在两个新插入的导弹目标的调度方案。由于该部分调度方案中最多仅存在两个导弹目标,且部分时段仅存在一个导弹目标,属于资源过度冗余条件下的初始调度问题,可采用第 6.4.2 节中相关步骤进行调度方案生成,此处不再赘述。

参 考 文 献

[1] 李玉庆. 动态不确定环境下航天器观测调度问题研究[D]. 哈尔滨:哈尔滨工业大学,2008.

[2] 简平,邹鹏,熊伟,等. 基于周期的低轨预警系统任务动态重规划策略[J]. 电讯技术,2013,(5):538-542.

[3] 孙晓雅,林焰. 基于信息熵的免疫粒子群算法求解指派问题[J]. 微电子学与计算机,2010,27(7),65-68.

[4] 刘建华,杨荣华,孙水华. 离散二进制粒子群算法分析[J]. 南京大学学报(自然科学版),2011,47(5),504-514.

[5] 王铁兵,吴京,安玮,等. 低轨星座传感器资源预分配管理方法[J]. 中国电子科学研究院学报,2011,6(5):467-472.

[6] 王博,刘海军,安玮,等. 基于粒子群优化的传感器预分配方法[J]. 信号处理,2010,26(4):486-491.

第8章 天基预警系统的定位与预报技术

8.1 通用目标观测和定位模型

8.1.1 观测模型

在卫星上的红外相机探测出飞行的目标,并成像在传感器上,经过处理后可以得到角度测量信息(俯仰角和方位角)。

在卫星平台上探测目标的星体观测坐标系可用 VVLH 坐标系表示,卫星探测器探测目标的方位用方位角和俯仰角(a,e)定义如图 8-1 所示。其中,矢量 S 表示目标在观测坐标系中的矢量。方位角 a 是矢量 S 在 XY 平面内投影与 X 轴方向的夹角;俯仰角 e 是由矢量 S 在 XY 平面投影绕向 Z 轴负方向到矢量 S 的夹角。

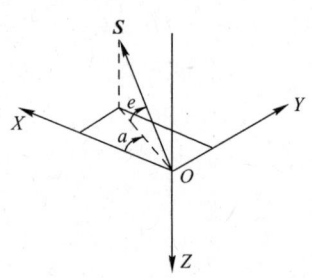

图 8-1 VVLH 中视线方位的定义

假设导弹被 N 个星载传感器依次观测到,则 $T_K(k=1,2,\cdots,M)$ 时刻导弹在 ECF 坐标系 $r(T_K)$,则 T_K 的角度测量量为

$$Z_K = h[r(T_K)] + W_K \tag{8-1}$$

式中,$h[*]$ 表示观测函数;W_K 为传感器测量噪声矢量,它是零均值高斯随机过程,其方差矩阵 R_K 为

$$R_K = \begin{bmatrix} \sigma_a^2 & 0 \\ 0 & \sigma_e^2 \end{bmatrix}$$

式中,σ_a 和 σ_e 分别为俯仰角和方位角的噪声方差。

假设每次角测量都是相互独立的,且 N 个传感器具有同样的测量误差方

差。$h(\cdot)$ 可以表示为

$$h(\xi,T_k)=(a_k,e_k)^{\mathrm{T}}=\boldsymbol{H}\{\boldsymbol{T}_{\mathrm{ECF}}^{\mathrm{VVLH}}[s(T_K)-r(T_K)]\} \quad (8-2)$$

式中,a_k 和 e_k 分别设 VVLH 坐标系下的方位及俯仰角;$\boldsymbol{T}_{\mathrm{ECF}}^{\mathrm{VVLH}}$ 为 ECF 坐标系到 VVLH 坐标系的转换矩阵;$\boldsymbol{H}(*)$ 为表示观测函数的雅可比矩阵;$s(T_K)$ 为 T_K 时刻卫星的位置。

由此,得到测量集 $Z_M=\{Z_K,K=1,2,\cdots,M\}$。

利用 a_k 和 e_k 的关系,$\boldsymbol{R}_k$ 应写成

$$\boldsymbol{R}_k=\begin{bmatrix}\dfrac{\sigma^2}{\cos^2 e_k} & 0 \\ 0 & \sigma^2\end{bmatrix} \quad (8-3)$$

8.1.2 定位模型

三维空间有三类子集:第一类是空间的线条,以及由于测量误差而必须考虑的线条附近的区域;第二类是空间的面,包括平面或曲面,同样也要考虑由于测量误差而必须包括它附近的区域;第三类则是由面为边界的某一块空间,我们把它称为形状(三维的具有一定体积的形状),同样由于测量误差,它将略大一点。可能用于定位的子集集合有以下几种。

(1) 三维空间的两条可能相交的线,不论是直线还是曲线,若只有一个交点,用 2 个子集将可以定位,如图 8-2(a)所示。

(2) 2 个平面的交集一般是一条直线,不可能形成在一个点附近的小的区域。因此,这样的 2 个子集不足以完成定位。3 个平面的交集,除了某些特殊状态会是直线外,一般将相交于一点。于是这样的 3 个子集将可以定位。

(3) 3 个简单的曲面(如二次曲面)的交集,或者其中有一两个为平面时,如果这 3 个曲面具有共同的平面为对称面,至少将出现对同一平面对称的两个点,将不能完成定位。这意味着一般需要 4 个曲面子集。但是,如果能够安排得比较巧妙,使 3 个曲面的交集变成一个很小的区域,或者在 3 个曲面只有两个交点的条件下,有其他因素可以明确地剔除多余的几个,仍将有可能利用 3 个子集进行定位。

(4) 一条线和一个面(图 8-2 (b)),如果有交集,虽然没有保证只有一个交点,但在工程应用中,有可能做到仅有一个交点。于是,这种情况一般只用两

个子集就可能进行定位。

（5）规律复杂的曲面，定位效果往往没有简单曲面那么容易，基本将需要4个子集才可能定位。

以上部分情况的示意图如图8-2所示。

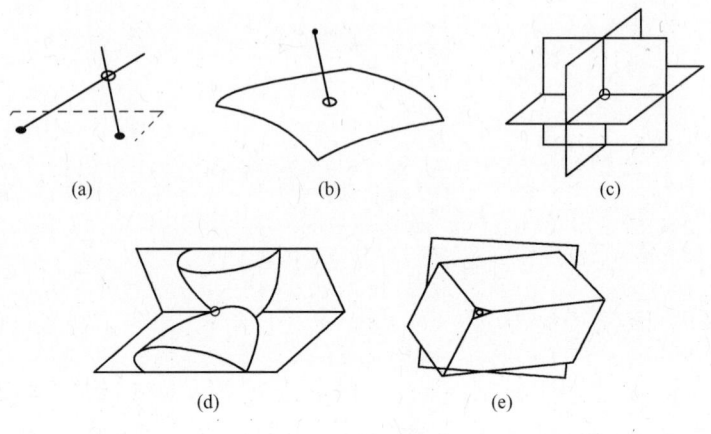

图8-2　定位模型

8.2　高轨预警卫星对主动段目标的定位技术

对弹道导弹的主动段跟踪是导弹防御中不可或缺的环节。天基红外高轨星座具有覆盖面广和发现目标迅速等特性，对导弹主动段预警起着重要作用，其主要任务是及时发现目标并获取目标详细的状态信息。通过对主动段目标的跟踪，不仅可以直接引导主动段弹道导弹拦截，还可以指示其他跟踪传感器（如低轨星座上的传感器）进行自由段探测与跟踪。

实际上，高轨卫星在部署上可以实现双重覆盖，并且这些卫星有一定的机动能力。在一定条件下，可以利用双星对目标实现监视。本节主要研究高轨卫星对目标的几何定位算法，包括双地球静止轨道卫星对目标定位、双大椭圆轨道卫星对目标定位以及高轨与低轨卫星的联合目标定位算法。

利用2枚高轨预警卫星同时观测的信息来确定飞行器的轨迹参数的方法，简称为双星定位。它本质上属于地面靶场试验中的光学测量双站视线交会定位。利用卫星探测器得到的目标俯仰角和方位角信息，再通过计算便可确定导弹某一时刻的运动状态。

设在 VVLH 坐标系中视线方位角和俯仰角 (a_i, e_i) 的单位矢量为 $\boldsymbol{\rho}_i^* = (a_i, b_i, c_i)^{\mathrm{T}}$，其中

$$\begin{cases} a_i = \cos e_i \cos a_i \\ b_i = \cos e_i \sin a_i \\ c_i = -\sin e_i \end{cases} \quad (8-4)$$

在不同的观测平台上，目标定位算法不同。根据静止轨道、大椭圆轨道和低轨卫星的不同状态特点，可分别应用相关的定位模型。

8.2.1 双静止轨道卫星对目标定位

静止轨道卫星位于地球赤道面上，设星下点地理经度为 lon。地球静止轨道的 VVLH 坐标系到 ECF 坐标系可经过两次旋转得到：首先保持 VVLH 坐标系的 Y 轴不动，OZX 按右手规则，旋转 $(\pi/2 + \mathrm{lon})$；然后保持新的 X 轴不动，OYZ 按右手规则旋转 $\pi/2$，即

$$T_{\mathrm{VVLH_{GEO}}}^{\mathrm{ECF}} = \begin{bmatrix} 1 & 0 & 0 \\ 0 & \cos(\pi/2) & \sin(\pi/2) \\ 0 & -\sin(\pi/2) & \cos(\pi/2) \end{bmatrix} \begin{bmatrix} \cos(\pi/2+\mathrm{lon}) & 0 & -\sin(\pi/2+\mathrm{lon}) \\ 0 & 1 & 0 \\ \sin(\pi/2+\mathrm{lon}) & 0 & \cos(\pi/2+\mathrm{lon}) \end{bmatrix}$$

$$(8-5)$$

ECF 坐标系下传感器与目标间的方位单位矢量为 $\boldsymbol{\rho}_{\mathrm{ECF}}^* = T_{\mathrm{VVLH_{GEO}}}^{\mathrm{ECF}} \boldsymbol{\rho}^*$。则在 ECI 坐标系下传感器与目标间的方位单位矢量为 $\boldsymbol{\rho}_{\mathrm{ECI}}^* = T_{\mathrm{ECF}}^{\mathrm{ECI}} T_{\mathrm{VVLH_{GEO}}}^{\mathrm{ECF}} \boldsymbol{\rho}^*$，其中 $T_{\mathrm{ECF}}^{\mathrm{ECI}}$ 为 ECF 坐标系到 ECI 坐标系的转换矩阵。

位于地球静止轨道的卫星 S_1、S_2，目标为 M，如图 8-3 所示。

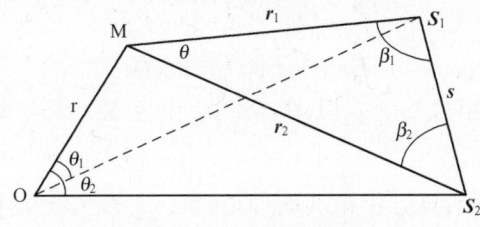

图 8-3 双星定位模型

设静止轨道卫星在 t 时刻的位置速度分别为 $\boldsymbol{P}_{G_I}=(x_i,y_i,z_i)^T$，$\boldsymbol{V}_{G_I}=(V_{x_i},V_{y_i},V_{z_i})^T$，$(i=1,2)$，视线 $\boldsymbol{\rho}_i^*$ 在(ECI)坐标系下的单位矢量为

$$\begin{cases} \boldsymbol{r}_1 = \boldsymbol{T}_{\text{VVLH}_{\text{GEO}}}^{\text{ECI}} \boldsymbol{\rho}_1^* \\ \boldsymbol{r}_2 = \boldsymbol{T}_{\text{VVLH}_{\text{GEO}}}^{\text{ECI}} \boldsymbol{\rho}_2^* \end{cases} \quad (8-6)$$

在(ECI)坐标系中由 S_1 指向 S_2 的单位矢量和由 S_2 指向 S_1 的单位矢量分别为 $\boldsymbol{u}_1 = \dfrac{\boldsymbol{P}_{G_1}-\boldsymbol{P}_{G_2}}{\|\boldsymbol{P}_{G_1}-\boldsymbol{P}_{G_2}\|}$ 和 $\boldsymbol{u}_2 = \dfrac{\boldsymbol{P}_{G_2}-\boldsymbol{P}_{G_1}}{\|\boldsymbol{P}_{G_2}-\boldsymbol{P}_{G_1}\|}$。两颗卫星之间的距离为 s，则双视线与卫星连线之间的夹角 β_1 和 β_2 分别为

$$\begin{cases} \beta_1 = \arccos\left(\dfrac{2-\|\boldsymbol{r}_1-\boldsymbol{u}_1\|^2}{2}\right) \\ \beta_2 = \arccos\left(\dfrac{2-\|\boldsymbol{r}_2-\boldsymbol{u}_2\|^2}{2}\right) \end{cases} \quad (8-7)$$

计算目标与低轨卫星的距离为

$$\rho = \dfrac{s}{\left(1+\dfrac{\tan\beta_1}{\tan\beta_2}\right)\cdot\cos\beta_1} \quad (8-8)$$

从而可以得到目标的位置矢量为

$$\boldsymbol{X}_m = \boldsymbol{P}_{S_1} + \rho_1 \boldsymbol{T}_{\text{VVLH}_{\text{GEO}}}^{\text{ECI}} \boldsymbol{\rho}_1^* \quad (8-9)$$

8.2.2 双大椭圆轨道卫星对目标定位

如图8-4所示，设大椭圆轨道卫星在 t 时刻的位置速度分别为 $\boldsymbol{P}_{H_I}=(x_i,y_i,z_i)^T$，$\boldsymbol{V}_{H_I}=(V_{x_i},V_{y_i},Z_{z_i})^T (i=1,2)$，则

$$\boldsymbol{P}_M - \boldsymbol{P}_{H_1} = \rho_1 \boldsymbol{T}_{\text{VVLH}_{\text{HEO}}}^{\text{ECI}} \boldsymbol{\rho}_1^* \quad (8-10)$$

$$\boldsymbol{P}_M - \boldsymbol{P}_{H_2} = \rho_2 \boldsymbol{T}_{\text{VVLH}_{\text{HEO}}}^{\text{ECI}} \boldsymbol{\rho}_2^* \quad (8-11)$$

三维矢量方程组含 6 个方程，$\boldsymbol{P}_M$、ρ_1、ρ_2 中包含 5 个未知数，可解出目标 M 的位置。

考虑噪声的影响，设方位角和俯仰角 (a_i,e_i) 的测量噪声分别为 σ_a 和 σ_e，则测角误差的协方差矩阵为

第8章 天基预警系统的定位与预报技术

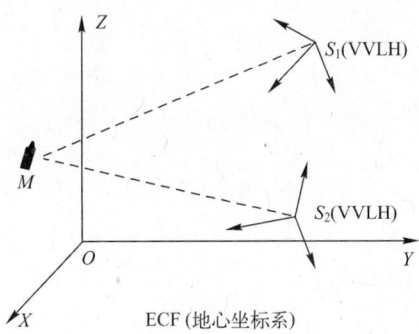

图 8-4 双大椭圆轨道卫星定位原理

$$\boldsymbol{R}_G = E\left\{ \begin{bmatrix} \sigma_a \\ \sigma_e \end{bmatrix} \begin{bmatrix} \sigma_a & \sigma_e \end{bmatrix} \right\} = \begin{bmatrix} \sigma_a^2 & 0 \\ 0 & \sigma_e^2 \end{bmatrix} \tag{8-12}$$

则将式(8-9)的求两射线交点的方程组变为求空间中某一点到两条直线距离最近点的方程,可用最小二乘法求解。

8.2.3 高轨与低轨卫星联合的目标定位

导弹发射时,高轨卫星扫描型探测器可迅速探测出导弹排出的尾焰,低轨卫星从高轨卫星那里获得导弹发射信息,那些平时指向热点区域的低轨卫星凝视型传感器,当接受到高轨卫星发现目标的指令后,会利用其凝视型传感器与高轨卫星联合对目标进行跟踪。

高轨卫星与低轨卫星联合目标定位中,由于高轨卫星监视导弹的作用距离一般在几万千米以上,很小的视线测量误差都会引起数万千米外定位的较大误差,而低轨卫星与目标的距离比较短,一般在几千千米,视线测量误差对定位的影响要小得多。所以在定位设计中要充分考虑视线误差对高轨卫星和低轨卫星测量数据的不同影响。

设已知高轨卫星和低轨卫星位置分别为 $\boldsymbol{P}_G = (x_G, y_G, z_G)^T$ 和 $\boldsymbol{P}_L = (x_L, y_L, z_L)^T$,(VVLH)坐标系中目标视线方位分别为 (a_G, e_G)、(a_L, e_L)。可得两测量坐标系下的单位视线 $\boldsymbol{\rho}_G^*$、$\boldsymbol{\rho}_L^*$。

两传感器的连线为

$$\boldsymbol{S} = \boldsymbol{P}_G - \boldsymbol{P}_L \tag{8-13}$$

单位化

$$S^* = \frac{S}{\|S\|} \tag{8-14}$$

视线在 ECI 坐标系下的单位矢量分别为

$$\begin{cases} \gamma_G^* = T_{VVLH_L}^{ECI} \rho_G^* \\ \gamma_L^* = T_{VVLH_L}^{ECI} \rho_L^* \end{cases} \tag{8-15}$$

则 S 与 γ_G^* 和 γ_L^* 的夹角分别为

$$\begin{cases} \beta_G = \arccos(\gamma_G^* \cdot S) \\ \beta_L = \arccos(\gamma_L^* \cdot S) \end{cases} \tag{8-16}$$

如式(8-8),计算目标与低轨卫星的距离为

$$\rho_L = \frac{S}{\left(1 + \dfrac{\tan\beta_L}{\tan\beta_G}\right)\cos\beta_L} \tag{8-17}$$

可解得目标的位置矢量为

$$P_M = P_L + \rho_L \gamma_L^* \tag{8-18}$$

8.3 低轨预警卫星对自由段目标的定位技术

弹道导弹在火箭发动机关机后,进入自由飞行段。自由段飞行时间长,是导弹监视和拦截的重要环节。由于自由段目标温度低,再加上地球热背景的影响,高轨卫星无法跟踪自由段目标,天基红外低轨星座正是为了弥补高轨星座的不足而设计的。低轨星座中的卫星可通过凝视型探测器在太空冷背景中使目标成像,从而获得目标红外辐射信号的方位信息(方位角、俯仰角)。通过低轨星座对目标的跟踪,可为防御系统提供比高轨星座主动段跟踪更为精确的目标状态信息,这给高效的自由段目标拦截和精确的落点预报提供了可靠的信息支持,但也对系统自由段目标定位跟踪性能提出了更高的要求。

本节将建立两种天基红外低轨星座对自由段目标的定位跟踪方法:①根据自由段目标的动力学特征,建立详细的多星联合跟踪目标的非线性滤波算法;②利用基于最小二乘的联合定位算法对目标定位,然后通过滤波平滑滤波对目标实现跟踪的算法。

8.3.1 基于 EKF 的目标跟踪算法

通常,对于天基红外系统下的数据处理,目标的状态方程是在笛卡儿坐标系下描述的,而测量方程是极坐标或球坐标下的,因而在同一坐标系下研究状态方程和量测方程不可能都是线性的。这样,数据处理中的目标跟踪面临着多传感器的非线性滤波数据融合问题。

为了实现最优非线性滤波的数据融合,需要充分考虑目标的运动状态和各传感器观测信息的联合跟踪方法。多传感器数据融合可采用多传感器联合概率数据互联算法,再结合经典的卡尔曼滤波进行滤波估计,可实现多星对自由段目标的非线性联合跟踪。

8.3.1.1 目标运动状态方程

在自由飞行段,由 3.3 节的知识可得到自由段目标简单的动力学模型。但式(3.54)只是简单地把目标在自由段的运动考虑为二体运动,实际飞行中的自由段目标要受到摄动影响。考虑到地球椭球模型引起的 J_2 摄动,可以得到高精度的弹道导弹自由段运动模型:

$$\begin{bmatrix} x' \\ x'' \\ y' \\ y'' \\ z' \\ z'' \end{bmatrix} = \begin{bmatrix} x'' \\ -\dfrac{GM}{r^3}\left(1+\dfrac{3J_2 r_e^2}{2}\left(1-5\left(\dfrac{z}{p}\right)^2\right)\right)x \\ y'' \\ -\dfrac{GM}{r^3}\left(1+\dfrac{3J_2 r_e^2}{2}\left(1-5\left(\dfrac{z}{p}\right)^2\right)\right)y \\ z'' \\ -\dfrac{GM}{r^3}\left(3+\dfrac{3J_2 r_e^2}{2}\left(3-5\left(\dfrac{z}{p}\right)^2\right)\right)z \end{bmatrix} \Leftrightarrow \dot{x}=f(x) \qquad (8-19)$$

式中,(x,y,z) 表示 ECF 坐标系中的目标位置,是时间 t 的函数;(x',y',z') 为坐标对时间的一阶导数,表示目标的速度;(x'',y'',z'') 表示卫星的加速度。地球引力常数 $GM = 3.98600436\times 10^5 \text{km}^3/\text{s}^2$;参考椭球长半轴 $r_e = 6378.136\text{km}$;地球动力学形状因子 $J_2 = 0.0010826361$。

可求得状态转移的雅可比矩阵为

$$\boldsymbol{\Phi}(k) = \frac{\partial \boldsymbol{f}}{\partial \boldsymbol{X}}\bigg|_{\hat{X}=X(k/k-1)} \qquad (8-20)$$

8.3.1.2 多传感器联合滤波算法

多传感器的联合滤波,即观测数据的融合,其实质都是在单个探测器只能获得有限信息的情况下,通过多方观测数据的融合,增强目标的定位跟踪性能。如图 8-5 所示,目标 M 在某一时刻处于 M_0 的位置,状态预测的目标的下一步预测位置为 M'_t,在预测位置解算的观测值与 t 时刻真实观测值的比较,得到卡尔曼滤波增益,从而估计出更合理的目标位置 M_t。在目标的定位跟踪中,如何提高数据的融合效率成为了关键问题。

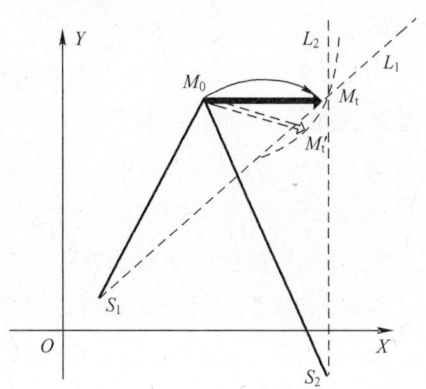

图 8-5 多星定位原理

在这种数据融合中,本节考虑传感器联合概率数据互联算法,力争从提高数据融合效率和降低算法复杂度这两方面考虑多星对自由段目标的跟踪问题。

根据传感器联合概率数据互联算法,N 个传感器在 k 时刻的组合观测矢量为

$$\boldsymbol{Z}(k) = [Z_1^1(k), \cdots, Z_{m_{k1}}^1(k), Z_1^2(k), \cdots, Z_{m_{k2}}^2(k), \cdots, Z_1^N(k), \cdots, Z_{m_{kN}}^N(k)]' \qquad (8-21)$$

则天基红外双传感器的观测矢量为

$$\boldsymbol{Z}(k) = [Z_1^1(k), Z_2^1(k), Z_1^2(k), Z_2^2(k), \cdots Z_1^N(k), Z_2^N(k)]' \qquad (8-22)$$

设 θ_{ji} 表示第 j 个传感器的第 i 与目标 M 互联的事件,则多传感器联合概率数据互联事件的概率为

$$\beta_{ji}(k) = \Pr[\theta_{ji} | \boldsymbol{Z}] \qquad (8-23)$$

设互联事件集合为 L,采用多传感器联合概率数据互联算法时目标 t 的条件状态可表示为

$$\hat{X}(k/k) = \sum_L \beta_{ji} \hat{X}_L(k/k) \qquad (8-24)$$

求和是在与目标 M 所有可能互联几何上进行的。$X(k)$ 的估计 $\hat{X}_L(k/k)$ 是基于 $\hat{X}_k(k/k-1)$ 和 N 个传感器对目标的"纠正"反馈得到的,其表达式为

$$\hat{X}_L(k/k) = \hat{X}(k/k-1) + \sum_{j=1}^{N} K_j(k)[Z_{l_i}^i(k) - H_j(k)X(k/k-1)]$$

(8-25)

式中,$\hat{X}(k/k-1) = \boldsymbol{\Phi}(k)X(k-1/k-1)$ 为 $X(k)$ 的预测;$K_j(k)$ 为第 j 个传感器测量的卡尔曼滤波增益。

对应于 $\hat{X}(k/k)$ 的协方差更新为

$$P(k/k) = \sum_L \beta_{jm}(k)[P_L(k/k) + \hat{X}_L(k/k)\hat{X}_L(k/k)'] - \hat{X}(k/k)\hat{X}(k/k)''$$

(8-26)

式中,$P_L(k/k)$ 为对应于 $\hat{X}(k/k)$ 的协方差。

如果把 N 个滤波增益 $K_j(k)$,测量量 $Z_j^i(k)$ 和观测矩阵 $H_j(k)$ 表示如下:

$$K(k) = [K_1(k)K_2(k)\cdots K_N(k)] \quad (8-27)$$

$$H(k) = [H_1^T(k)H_2^T(k)\cdots H_N^T(k)]^T \quad (8-28)$$

$$Z(k) = [(Z_N^1(k))^T(Z_{2N}'(k))^T\cdots(Z_{1N}^1(k))^T]^T \quad (8-29)$$

则式(8-25)可表示为

$$\hat{X}(k/k) = \hat{X}(k/k-1) + K(k)[Z(k) - H(k)\hat{X}(k/k-1)] \quad (8-30)$$

$$\hat{X}^t(k/k) = \sum_L \beta_{ji}\{\hat{X}(k/k-1) + K(k)[Z(k) - H(k)\hat{X}(k/k-1)]\}$$

$$= \hat{X}(k/k-1) + \sum_L [\beta_{ji}K(k)Z(k)] - K(k)H(k)\hat{X}(k/k-1)$$

(8-31)

式(8-31)中的第一项和第三项求积中利用了 $\sum_L \beta_{ji} = 1$ 这一事实,即

$$\sum_L [\beta_{jm}K(k)Z(k)] = K(k)\sum_L [\beta_{ji}Z(k)] = \sum_{j=1}^{N} K_j(k)\sum_L [\beta_{ji}Z_j^i(k)]$$

$$= \sum_{j=1}^{N} K_j(k)\sum_{i=1}^{2} \beta_{ji}Z_j^i(k) \quad (8-32)$$

式中,$Z_j^i(k) = [0,0,\cdots,Z_j^i(k),\cdots 0,0]$。

该滤波方法可以通过 N 组测量量实现。在实际解算中,为简单起见,可令

$\beta_{ij}(k) = 1/N$。

8.3.2 多星联合定位及目标定位平滑

利用角度信息估计目标的距离和速度是一个非线性状态估计问题。经典的扩展卡尔曼滤波(EKF)算法性能不稳定,在非线性、噪声较大时估计误差大,甚至发散。多站观测时,首先采用最小二乘法对目标位置进行粗估计,然后进行线性的卡尔曼滤波和自适应滤波,可实现较高精度的目标定位和跟踪。

8.3.2.1 最小二乘法目标定位

设某目标 M 的实际位置在 ECF 下的坐标为 (x_m, y_m, z_m),每个探测器 i 测得的方位角和俯仰角 (α_i, β_i) 可确定一条空间的方位线。由最小二乘法原理可知,到 N 条$(N \geq 2)$定位线距离和最短的点就是目标的估计位置,如图 8-6 所示。

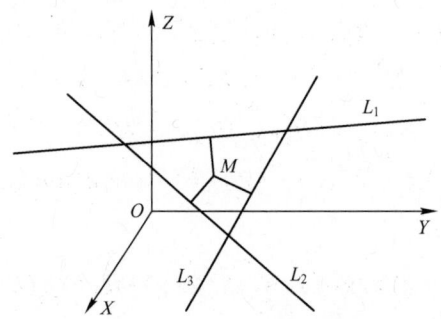

图 8-6 最小二乘法原理

L_i 表示由卫星 i 得到的定位线,则

$$\begin{cases} l_i = \cos e_i \cos a_i \\ m_i = \cos e_i \sin a_i \\ n_i = -\sin e_i \end{cases} \tag{8-33}$$

式中,l_i、m_i 和 n_i 表示 L_i 在 VVLH 坐标系中的方向余弦,通过对 VVLH 坐标系和 ECF 坐标系的旋转矩阵计算,L_i 在 ECF 坐标系中的方向余弦 l_i、m_i 和 n_i 为

$$(l_i, m_i, n_i)^T = T_{VVLH}^{ECF} \cdot (l_i', m_i', n_i')^T \tag{8-34}$$

则定位线 L_i 的方程为

$$\frac{x-x_{s_i}}{l_i}=\frac{y-y_{s_i}}{m_i}=\frac{z-z_{s_i}}{n_i} \qquad (8-35)$$

式中,$(x_{s_i},y_{s_i},z_{s_i})$ 为卫星 i 在 ECF 坐标系中的坐标。

可得到目标点到直线的距离为

$$d_i = \left\| \begin{matrix} i & j & k \\ l_i & m_i & n_i \\ x_m-x_{s_i} & y_m-y_{s_i} & z_m-z_{s_i} \end{matrix} \right\| \qquad (8-36)$$

目标相对于 N 条定位线 L_i 的距离的平方和为 $D=\sum_{i=1}^{N}d_i^2$,分别令 $\frac{\partial D}{\partial x_m}=0$, $\frac{\partial D}{\partial y_m}=0$ 和 $\frac{\partial D}{\partial z_m}=0$ 可得目标的估计位置可得目标的估计位置 $(\hat{x}_m,\hat{y}_m,\hat{z})$ 和目标位置估计的方差 $(\sigma_{x_m},\sigma_{y_m},\sigma_{z_m})$。

估计误差为

$$\Delta=[(x_m-\hat{x}_m)^2+(y_m-\hat{y}_m)^2+(z_m-\hat{z}_m)^2]^{1/2} \qquad (8-37)$$

8.3.2.2 动目标定位平滑

当目标运动时,把不同的时间求出的目标位置连接起来,应该就是目标的轨迹。但是,由于存在定位误差,且不同时刻的目标位置的误差随机性较大,几乎是相互独立的,简单的连接显然会给出很不真实的轨迹。这样,工程应用便提出了轨迹平滑问题。由于各点位置误差的随机性,在轨迹平滑时,这些误差可在一定意义上被滤除掉一部分,从而使定位的误差变得比仅仅对一个目标位置点定位时更小。下面分别从卡尔曼滤波平滑和自适应滤波平滑两个角度对这一问题进行阐述。

1. 卡尔曼滤波平滑

运动目标的位置可以看成是一个多维(三维或二维)的时变量。于是,首先可以用非常经典的卡尔曼滤波方法对轨迹进行平滑;然后用矩阵的方式书写离散变量的动态方程,简化的卡尔曼滤波的模型如下。

将最小二乘法估计出的目标位置用卡尔曼滤波做进一步的数据处理,以便提高系统定位性能。考虑到目标运动的机动性,采用机动目标统计模型能较好地描述目标机动范围和强度变化,特别适合于目标高度机动(扰动较大)的场合。卡尔曼滤波的方法描述如下。

为了简单起见，只考虑在单一坐标方向的目标模型，假设目标的离散状态方程可表示为

$$X(k+1) = \boldsymbol{\Phi}(k+1/k) \cdot X(k) + U(k)\bar{a} + W(k) \quad (8-38)$$

式中，$X(k) = [x(k) \quad \dot{x}(k) \quad \ddot{x}(k)]^T$；$\boldsymbol{\Phi}(k+1,k) = \begin{bmatrix} 1 & T_s & (\rho T_s + e^{-\rho T_s} - 1)/\rho^2 \\ 0 & 1 & (1 - e^{-\rho T_s})/\rho \\ 0 & 0 & e^{-\rho T_s} \end{bmatrix}$；$\rho$ 为机动时间常数的倒数，通常的经验值是在大气扰动条件下 $\rho = 1$；T_s 为间隔时间；$U(k)$ 为与 ρ、T_s 有关的常数矩阵；$\bar{a}$ 为机动加速度均值，取 $\bar{a}(k) = \ddot{x}(k/k-1)$。

$W(k)$ 为均值为 0 的白噪声，且方差为

$$Q(k) = E[W(k) \cdot W^T(k)] = 2\rho \sigma_a^2 \boldsymbol{Q}_0 \quad (8-39)$$

式中，$\boldsymbol{Q}_0$ 为与 ρ、T_s 有关的常数矩阵；σ_a^2 为加速度方差。

观测方程为

$$Y(k) = H(k)X(k) + V(k) \quad (8-40)$$

式中，$H(k) = [1 \quad 0 \quad 0]$；$Y(k)$ 为均值为零、方差为 $R(k)$ 的高斯观测噪声。

该算法对加速度协方差采用自适应调整，将式(8-39)和式(8-40)代入式(8-38)，可得卡尔曼滤波方程为

$$\begin{cases} \hat{X}(k) = \hat{X}(k/k-1) + K(k)[Y(k) - H(k)\hat{X}(k/k-1)] \\ \hat{X}(k/k-1) = \boldsymbol{\Phi}_1 \hat{X}(k-1/k-1) + D\bar{a} \\ P(k/k-1) = \boldsymbol{\Phi}(k,k-1)P(k-1/k-1)\boldsymbol{\Phi}^T(k,k-1) + Q(k-1) \\ P(k/k) = [I - K(k)H(k)]P(k/k-1) \\ K(l) = P(k/k-1)H^T(k)[H(k)P(k/k-1)H^T(k) + R(k)]^{-1} \end{cases} \quad (8-41)$$

式中，$\boldsymbol{\Phi}_1(T_s) = \begin{bmatrix} 1 & T_s & T_s^2/2 \\ 0 & 1 & T_s \\ 0 & 0 & 1 \end{bmatrix}$；$D = \begin{bmatrix} [-T_s + \rho T_s^2/2 + (1 - e^{-\rho T_s})/\rho]/\rho \\ T_s - (1 - e^{-\rho T_s})/\rho \\ 1 - e^{-\rho T_s} \end{bmatrix}$。

式中，$K(k)$ 为卡尔曼增益系数；$R(k)$ 为观测噪声方差。

利用上述的滤波算法，将观测噪声方差 $R(k)$ 通常假设与目标的距离的平方成正比，直接用最小二乘目标位置估计的方差 σ_M 作为 $R(k)$，减少了人为干预。另外，根据目标可能的最大速度和加速度对速度和加速度的估计值加以修

正,使其更合理。

上述是一维滤波算法,对于三维目标可以在 X、Y 和 Z 方向分别进行滤波,将上述滤波方程推广到三维。

利用上述通用的算法,就可以推导出卡尔曼滤波的计算公式,得到经过滤波后的平滑的位置输出。同时,还可以清楚地看到,目标速度的变化越大,观察的间隔越大,式(8-41)给出的非预期偏差就越大,也就是 Q 越大,结果误差的协方差就越大。或者说,在上述模型下,可以预期卡尔曼滤波在目标偏离匀速直线运动时会比目标接近匀速直线运动时给出偏大的误差。如果所提出的状态方程和观察方程的模型比上述的更完善,则有希望在目标发生机动的非匀速直线运动时仍然保持较小的误差。完善的模型实际上要求模型的维数增加,因此,误差的减少是以计算量的增加为代价的。

2. 自适应滤波平滑

在信号处理中,估计一个受到加性噪声污染的信号通常的做法是:让受污染的信号通过一个旨在抑制噪声而让信号保持相对不变的滤波器。卡尔曼滤波算法虽然可以去除噪声,然而它的参数是时变的,只有在对信号和噪声的统计特性已知的情况下,这种滤波器才能获得最优的滤波性能。自适应滤波利用前一时刻已获得的滤波参数,自动地调节当前时刻的滤波器参数,以适应信号和噪声未知的或随机变化的统计特性,从而实现最优滤波。图 8-7 所示的滤波方法可有效去除宽带加性噪声。

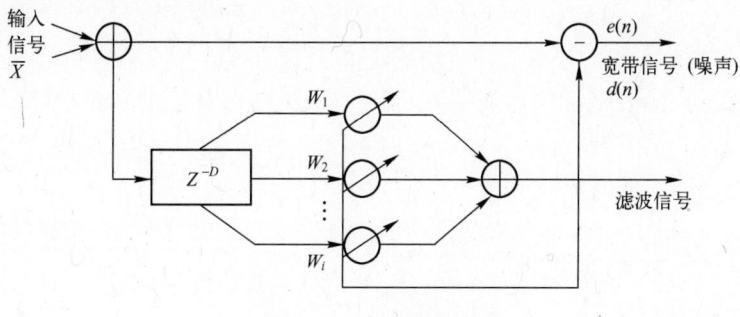

图 8-7 自适应滤波

当输入信号可分解为周期信号和宽带噪声时,为分离这两种信号。一方面可以将该信号送入 d 端;另一方面把它延迟足够长时间后送入调节端,经过延迟后宽带成分已与原来的输入不相关,而周期信号得以分离。由图8.7可见,将输入信号做延时处理,通过加权处理,通过延时信号与原输入信号作差,可以得到宽带噪声,当宽带信号均方差最小时,即可获得自适应的最佳滤波。

设宽带噪声

$$e(n) = d(n) - \sum_{i=1}^{M} \omega_i x_i(n) \tag{8-42}$$

令

$$\boldsymbol{X}(n) = [x_1(n), x_2(n), \cdots, x_M(n)]^{\mathrm{T}}, \boldsymbol{W} = [\omega_1, \omega_1, \cdots, \omega_M]^{\mathrm{T}}$$

则

$$e(n) = d(n) - \boldsymbol{W}^{\mathrm{T}} \boldsymbol{X}(n) \tag{8-43}$$

$$E(e^2(n)) = E\{d^2(n) - 2d(n) \cdot \boldsymbol{X}^{\mathrm{T}}(n) \cdot \boldsymbol{W} + \boldsymbol{W}^{\mathrm{T}} \cdot \boldsymbol{X}(n) \cdot \boldsymbol{X}^{\mathrm{T}}(n) \cdot \boldsymbol{W}\} \tag{8-44}$$

将式(8-44)对矢量$\boldsymbol{W}$求导,使得均方误差的梯度最小,便可解得最佳权矢量$\boldsymbol{W}_{\mathrm{opt}}$。这种算法是对多个观测量进行线性迭代对位置估计进行优化,而卡尔曼滤波只是使用了最近时刻的状态估计迭代,因此自适应法比卡尔曼法具有更高的精确度和更平稳的估算曲线,但它的收敛速度取决于算法所选择的迭代阶次的多少,阶次多估计性能优越但收敛速度较慢。

8.4 关机点估计和落点预报

在天基预警系统中,由于系统采用红外测量,数据采样率较低,很难直接获得关机点的高精度观测值。需要通过最后一次红外系统的观测时刻预测关机点时刻,进而采用插值法估计出关机时刻的位置和速度,然后根据关机时刻的状态估计进行落点预报。

8.4.1 关机点估计

由于在关机前,相关测量设备可以获得轨道参数,采样时刻一般是固定的,如果有关机时间落在采样时刻上的先验信息,那么这时的关机时间后无疑是精确的,实际上这几乎不可能的。大部分情况是关机时间在一个采样间隔内,还有些情况是在多个采样间隔外,此时又可以分为两种情况:①关机时刻在两个有效观测时间间隔内;②关机时刻在最后一次观测时刻外。图 8-8 所示为几种可能的关机时刻分布。

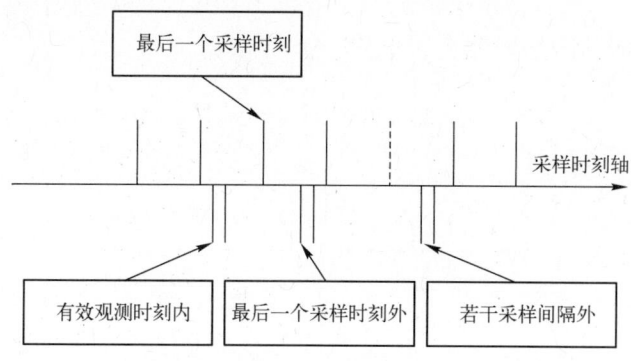

图 8-8 几种可能的关机时刻分布

1. 关机时刻在两个有效采样时间区内

这种情况下,由于关机点时刻在两个有效的时刻内,估计相对准确些,可以内插数据,假设关机点后飞行器自由飞行,则可以以较高的精度估计内插点的位置和速度,从而可以估计关机时间。

设最后两个有效采样 T_{last-1} 和 T_{last},关机点时刻初值 T_0,满足 $T_{last-1}<T_0<T_{last}$,又假设该点处对应的位置速度参数为 $X_0(T_0)=(x_0,y_0,z_0,\dot{x}_0,\dot{y}_0,\dot{z}_0)$,自由段运动方程为

$$\frac{dX(t)}{dt}=F(t,X(t)) \tag{8-45}$$

因为 T_{last} 时刻是自由段观测区内,那么若 T_0 是关机点时刻,则用上述方程从 T_0 时刻运动 $T_{last}-T_0$ 时刻后的轨迹参数应该与 T_{last} 时刻的轨迹参数误差很小,根据这个条件就可以利用采样龙格-库塔(Runge-Kutta)法解方程式(8-45),从而可以得到关机时刻的估计。

2. 关机时刻在最后一个观测时刻外

这种情况是常见的一种。对于这种情况,可采用概率估计方法,即假设关机点时刻服从均匀分布。

设采样率为 h,实际关机点时刻为 T_0,最后一个观测时刻为 T_{last},$T_{last}<T_0$,记 $T_{interval}=T_0-T_{last}$ 为关机点时刻与最后一个观测时刻的差距。

假设 $T_{\text{interval}} < h$，关机时刻分布示意图如图 8-9 所示。则带估计的关机时刻看成一个随机变量 ξ，ξ 服从均匀分布 $U[T_{\text{last}}, T_{\text{last}} + h]$。则可以用 $\widetilde{T} = T_{\text{last}} + \dfrac{h}{2}$ 作为关机时刻的一个估计，那么估计误差为

$$\Delta T = \widetilde{T} - T = T_{\text{last}} + \frac{h}{2} - T \tag{8-46}$$

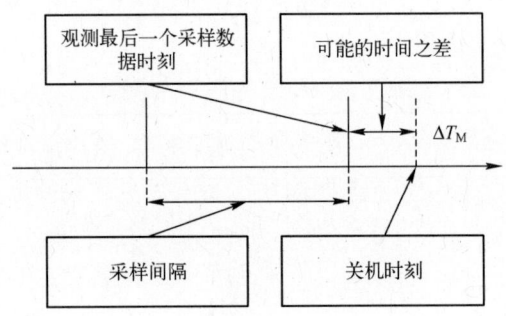

图 8-9 关机时刻分布示意图

另一种情况假设 $T_{\text{interval}} > h$，如图 8-10 所示。不妨设 $T_{\text{interval}} = nh + \Delta T_M$，其中，$n > 0$，$\Delta T_M = 0 \sim h$。这时采用概率估计方法，误差将会很大，需要其他估计方法，这里运用运动方程前移 nh 时刻，按最小方差估计 n 的大小，然后再用概率法估计 ΔT_M，从而就能够估计出关机时刻参数。

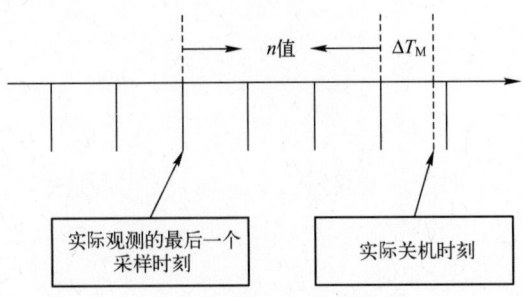

图 8-10 关机时刻分布图

其中关键是如何确定 n 值，这里采用轨迹拟合的方法。

（1）拟合已有的轨迹参数，在关机点附近的轨迹变化比较平缓，故可以采用低阶多项式来拟合。

（2）外推一个采样间隔，得到该采样时刻的轨迹参数。

第8章 天基预警系统的定位与预报技术

（3）由所得到的轨迹参数按自由段运动方程生成一段轨迹参数，计算轨迹参数的残差。

（4）由步骤（2）再外推一个时刻，重复步骤（3），这样就可以得到一系列残差，寻找残差最小的那个时刻，把它作为 n 的估计，如果找不到，就取 $n=1$。

通过上述4个步骤，可以粗略估计 n 值，进而可以估计关机时刻。

在得到关机点时刻后，可以通过数据插值的方法得到关机时刻的目标位置和速度，用于落点预报。

8.4.2 落点预报

首先由关机点参数，根据位置和速度与轨道根数的转换公式，求得轨道根数。然后由轨道方程求与地球的交点即可求得具体的落点，具体求解流程如图8-11所示。

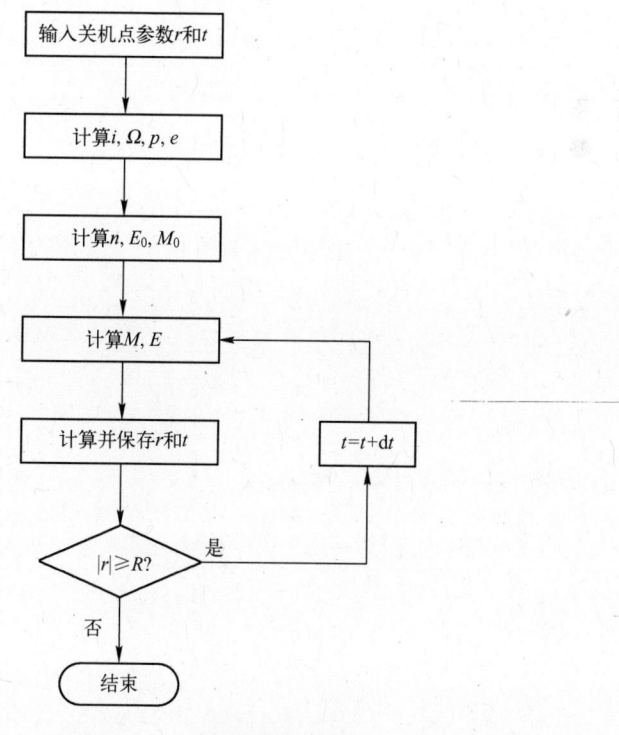

图8-11 导弹轨道求解流程

1. 弹道参数计算理论

研究资料表明,求得关机点 K 时刻导弹在惯性坐标系的位置矢量 $\boldsymbol{r}_k(X,Y,Z)$ 和速度矢量 $\dot{\boldsymbol{r}}_K(\dot{X},\dot{Y},\dot{Z})$ 后,即可按下列公式求解椭圆轨道参数和任意时刻导弹的位置、速度矢量。

(1) 导弹面参数——i, Ω:

$$i = \arctan\left(\sqrt{\frac{A_K^2 + B_K^2}{C_K^2}}\right) \tag{8-47}$$

$$\Omega = \tan\left(-\frac{A_K}{B_K}\right) \tag{8-48}$$

式中,$A_K = Y\dot{Z} - Z\dot{Y}$;$B_K = Z\dot{X} - X\dot{Z}$;$C_K = X\dot{Y} - Y\dot{X}$。

(2) 椭圆轨道参数——p, e:

$$p = r_K v_K \cos^2 \Theta_K \tag{8-49}$$

$$e = \sqrt{1 + v_K(v_K - 2)\cos^2 \Theta_K} \tag{8-50}$$

其中

$$v_K = \frac{v_K^2 r_K}{\mu} = \frac{v_K^2}{\mu/r_K}$$

式中,v_K^2 为导弹关机点速度;$\mu = 3.928 \times 10^{14}$;$v_K$ 为一个无量纲的量,它表示关机点即主动段末端的 2 倍动能与导弹移至地心无穷远处的位能增量之比,故称 v_K 为动能参数。

(3) 近升角距——ϑ:惯性坐标系中椭圆轨道近升角距 ϑ 的计算公式为

$$\vartheta = \arctan\left(\frac{Z_K/\sin i}{X_K \cos \Omega + Y_K \sin \Omega}\right) - f_K \tag{8-51}$$

式中,f_K 为关机点 K 的真近点角。

根据椭圆轨道方程 $r = p(1 + e\cos f_K)$,可得的关机点真近点角 f_K 的计算公式为

$$\begin{cases} \cos f_K = 1/e\left(\dfrac{p}{r_K} - 1\right) \\ \sin f_K = \sqrt{1 - \cos^2 f_K} \\ f_K = \arctan \dfrac{\sin f_K}{\cos f_K} \end{cases} \tag{8-52}$$

2. 导弹位置计算公式

在惯性坐标系 $O\text{-}XYZ$ 中,导弹沿椭圆轨道运行,在 t 时刻导弹位置矢量为 $\boldsymbol{r}$,则有

$$\boldsymbol{r}=a(\cos E-e)\boldsymbol{P}+a\sqrt{1-e^2}\sin E\boldsymbol{Q} \tag{8-53}$$

若导弹位置矢量 $\boldsymbol{r}$ 和单位矢量 $\boldsymbol{P}$、$\boldsymbol{Q}$ 在惯性坐标系中的分量分别为 (X,Y,Z)、(P_X,P_Y,P_Z) 和 (Q_X,Q_Y,Q_Z),则

$$\boldsymbol{r}=\begin{bmatrix}X\\Y\\Z\end{bmatrix}=a(\cos E-e)\begin{bmatrix}P_X\\P_Y\\P_Z\end{bmatrix}+a\sqrt{1-e^2}\sin E\begin{bmatrix}Q_X\\Q_Y\\Q_Z\end{bmatrix} \tag{8-54}$$

其中

$$\begin{cases}P_X=\cos(\boldsymbol{P},\boldsymbol{X})=\cos\vartheta\cos\Omega-\sin\vartheta\sin\Omega\cos i\\P_Y=\cos(\boldsymbol{P},\boldsymbol{X})=\cos\vartheta\sin\Omega+\sin\vartheta\cos\Omega\cos i\\P_Z=\cos(\boldsymbol{P},\boldsymbol{Z})=\sin\vartheta\sin i\\Q_X=\cos(\boldsymbol{Q},\boldsymbol{X})=-\sin\vartheta\cos\Omega-\cos\vartheta\sin\Omega\cos i\\Q_Y=\cos(\boldsymbol{Q},\boldsymbol{Y})=-\sin\vartheta\sin\Omega-\cos\vartheta\cos\Omega\cos i\\Q_Z=\cos\vartheta\sin i\\a=p/(1-e^2)\end{cases} \tag{8-55}$$

3. 轨道和落地计算

这里要注意的系统提供的关机点的导弹运动参数,包括位置矢量和速度矢量,位置矢量在惯性坐标系,其中速度矢量可能是非惯性坐标系下的量,所以在研究导弹轨道之前,必须首先将速度矢量转化到惯性坐标系,然后根据公式计算导弹的 6 个参数,之后求偏近点角。

平近点角:

$$M=nt+M_0$$

式中,$M_0=E_0-e\sin E_0$ 相当于 $t=0$ 时的平近点角。$E_0=2\arctan\left(\sqrt{\dfrac{1-e}{1+e}}\tan\dfrac{f_K}{2}\right)$,在 M 已知的条件下,微分迭代求解求 E,$\mathrm{d}E-e\cos E\mathrm{d}E=\mathrm{d}M$,即 $\mathrm{d}E=\dfrac{\mathrm{d}M}{1-e\cos E}$。

首先赋初值:

$$E_0 = M$$

迭代公式：

$$\begin{cases} \mathrm{d}M = M - E_i + e\sin E_i \\ E_{i+1} = E_i \dfrac{\mathrm{d}M}{1 - e\cos E} \end{cases}$$

收敛条件：

$$|E_{i+1} - E| \leq \varepsilon$$

在求得轨道参数和偏近点角的基础上，可以按照式(8-54)求得导弹在任意时刻的位置矢量(导弹轨道)，显然导弹轨道的最后一个点即为导弹的落地，图中 R 表示地球半径。

参 考 文 献

[1] Dr. Kelso T S. Orbital Coordinate System, Part I [Z]. Statellite Times, 1995.

[2] 王瑞,熊伟. 天基红外无源定位跟踪技术研究[D]. 北京:装备指挥技术学院,2009.

[3] 胡来招. 无源定位[M]. 北京:国防工业出版社,2004.

[4] 陈富生.从 DSP 到 SBIRS:美国导弹预警卫星系统的发展[J]. 现代军事,2001,(5):35-37.

[5] 徐增. 基于天基预警系统的弹道导弹自由段和再入段跟踪算法研究[D].哈尔滨:哈尔滨工业大学,2006.

[6] 谢凯,天基红外低轨星座对目标的定位与跟踪[D]. 长沙:国防科技大学,2006.

[7] Department of The Air Force Space and Missile Systems Center. Space based infrared system -low space and missile tracking system brilliant eyes [EB/OL]. [2007-09-28]. http://www.globalsecurity.org/ space/lebrary/report/1998/sbirs-brochure/part08.htm.

[8] 钟荣焕. 美国导弹防御系统中使用的红外技术[J]. 激光与红外,2006(36):771-775.

[9] David L Hall, James Linas. Handbook of Multisensor Data Fusion [M]. America:CRC Press CRC, 2001.

[10] 谢凯,薛模根,等. 天基红外低轨星座对目标的跟踪算法研究[J]. 宇航学报,2007,28(3):186-193.

第8章 天基预警系统的定位与预报技术

[11] 何友,王国宏,等. 多传感器信息融合及应用[M]. 北京:电子工业出版社,2007.
[12] 刘向东,程翔,张河. 三维纯角度机动目标跟踪算法[J]. 测控技术,2005,24(1):67-69.
[13] 谢代华,张伟,张明友,等. 地球自转对弹道导弹轨道和落点影响分析[J]. 航空兵器,2016(1):18-21.

第 9 章 天基预警系统的等效模拟系统设计

天基预警系统的等效模拟系统可以模拟导弹的整个飞行过程,模拟导弹的形态特性、辐射特性和运动特性,模拟整个预警卫星的网络系统、探测系统和测控系统,模拟预警卫星的覆盖特性,模拟预警卫星探测系统中不同波段的探测,模拟不同视场探测系统的探测能力,模拟扫描型和凝视型探测系统的探测能力。该系统的实现对于天基预警系统进行仿真、模拟、评估和性能预测有着重要意义。

9.1 总体设计

9.1.1 系统的主要功能

天基预警系统等效模拟系统的主要功能如下:
(1)加载模拟导弹的整个飞行过程;
(2)模拟整个预警卫星网络系统的运行过程;
(3)可灵活配置更改导弹的形态特性、辐射特性、运动特性;
(4)可灵活配置更改预警卫星网络的组成及运行特性;
(5)模拟预警卫星网络各个卫星的探测特性、扫描形式及探测结果;
(6)模拟预警卫星网对导弹的探测处理;
(7)可在线监视仿真过程的关键参数;
(8)评估整个整个导弹红外预警卫星系统的覆盖特性和探测能力;
(9)通过视景演示的方式直观展现导弹红外预警卫星系统的探测预警过程;
(10)仿真系统的仿真初始化参数及想定可通过数据库加载;
(11)仿真过程数据可备份存储;

第9章 天基预警系统的等效模拟系统设计

(12) 可通过数据回放的方式再现仿真全过程。

9.1.2 系统的主要组成

天基预警系统的等效模拟系统由仿真任务管理分系统、导弹模拟分系统、预警卫星模拟分系统(包含同步轨道预警卫星星座模拟子系统、大椭圆轨道预警卫星星座模拟子系统和低轨预警卫星星座模拟子系统)、数据处理模拟分系统、通信传输模拟分系统、视景仿真分系统、数据库分系统和评估分析分系统组成,是一个集中调度管理的异构分布式并行仿真系统,如图9-1所示。

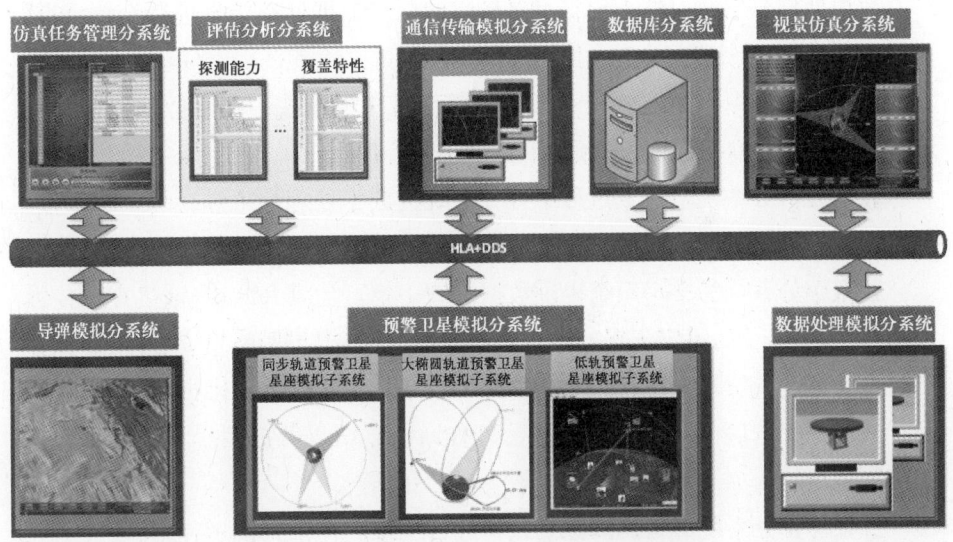

图9-1 天基预警系统的等效模拟系统组成

仿真任务管理分系统是全系统仿真运行的关键,提供方便的控制操作界面,通过人机交互,操作员控制试验进程。分系统具有系统管理、仿真控制、状态管理及数据收集与发布的功能。通过任务管理系统可以配置本次仿真的初始化参数、装订导航弹道、配置预警卫星网络、选择探索扫描方式。

导弹模拟分系统用于模拟导弹的飞行过程。导弹的飞行过程可分为主动段、自由飞行段和再入段,弹道数据可在仿真初始时刻由数据库分系统提供注入。

同步轨道预警卫星星座模拟子系统用于模拟同步轨道预警卫星星座中各卫星的在轨运行状态、探测方式、扫描方式和覆盖能力等。卫星星座分布可由仿真任务管理分系统设置。

大椭圆轨道预警卫星星座模拟子系统用于模拟大椭圆轨道预警卫星星座中各卫星的在轨运行状态、探测方式、扫描方式、覆盖能力、发现预警等。卫星星座分布可由仿真任务管理分系统设置。

低轨预警卫星星座模拟子系统用于模拟低轨预警卫星星座中每颗卫星的在轨运行状体、探测方式、扫描方式、覆盖能力、发现预警等。卫星星座分布可由仿真任务管理分系统设置。

数据处理分系统对整个预警卫星星座的探测数据处理结果进行汇总,包括对导弹弹道定位、定轨、关机点探测和落点预报等。

通信传输模拟分系统首先对天基预警系统中的测控通信和数据通信进行链路仿真,同时模拟地面站对预警卫星星座的管控。

评估分析分系统将仿真过程中各分系统的数据处理结果进行综合的评估,进行预警卫星星座的探测能力评估分析和探测覆盖特性分析。

数据库分系统为整个系统提供数据管理中枢。仿真开始前,通过查询检索数据库,可将需要的特定工况的仿真初始参数、预警卫星网络星座分布、导弹弹道数据装订注入仿真系统;仿真过程中可将仿真系统的仿真运行结果、运行状态存入数据库备份存储;仿真结束后,可查询仿真结果数据用于评估分析和视景演示再现。

视景仿真分系统对仿真试验全过程进行三维立体效果演示,多角度展示导弹及预警卫星在轨运行全过程、相对运动关系;可实现场景的交互与切换、视点的调整及不同关注对象的切换;仿真数据和图像分辨率、帧频与在轨设置一致;具有外部数据接口,可由外部数据驱动;具有试验数据管理功能,具备全参数图表、曲线显示与输出能力,仿真试验结果可事后查询回放。

9.1.3 系统的总体框架

天基预警系统的等效模拟系统本身规模庞大、结构复杂,是一个复杂系统。所以选用的软件与硬件平台必须是经过应用验证的成熟系统。

仿真开始前,仿真任务管理分系统查询数据库,配置本次仿真的初始化参

第9章 天基预警系统的等效模拟系统设计

数、装订导航弹道、配置预警卫星网络、选择探索扫描方式。将查询结果装订入预警卫星网络分系统和导弹飞行模拟分系统。

仿真过程中导弹模拟分系统实时输出导弹的飞行轨迹；预警卫星网络（同步轨道、大椭圆轨道、低轨）分系统根据各卫星的在轨运行状态解算与导弹的相对位置关系，根据探测扫描方式和装订的导弹外形、红外特性解算输出探测结果；数据处理分系统将各卫星的探测结果进行汇总，并进行导弹弹道预测分析及再入点解算；评估分析分系统将仿真过程中各分系统的数据处理结果进行综合的评估；视景仿真分系统需要接收数据信息进行视景展示和图表曲线显示；数据库分系统接收试验数据入库备份。这就要求在各分系统之间有一套通信机制完成上述信息传输，同时能够协调上述各分系统之间的同步运行。采用基于 HLA/RTI 和 DDS 的分布式交互仿真技术可以解决上述问题。根据天基预警系统的等效模拟系统总体设计，采用基于 HLA/RTI 和 DDS 相结合的架构构建仿真系统。

分布式交互仿真技术是计算机技术的进步与仿真需求不断发展的结果，广泛应用于各个领域。而 HLA/RTI 和 DDS 作为当今分布式交互仿真的标准，更是仿真研究的热点和前沿。HLA/RTI 和 DDS 为复杂系统建模与仿真提供了公共的技术支撑框架，在解决异构、分布、协同的仿真模型和仿真系统的互操作与可重用方面取得了重大进展，它具有以下特点。

1. 可提高仿真系统的可扩展性

仿真的可扩展性表现在仿真系统规模的可扩展性，基于 HLA/RTI 和 DDS 的仿真系统使用了一种类似于"数据总线"的仿真架构，所有的仿真成员均以标准的接口形式，以对等的地位运行在仿真系统中，每个仿真成员可以有适合自己的独立的仿真步长，各成员间可以通过 RTI 提供的公共接口进行通信。当用户需要加入一个新的成员时，只要遵循标准的接口，就可以较为独立地开发自己的仿真子模块，然后再接入 RTI 构造的数字的"数据总线"上，就可以加入仿真系统，从而扩展了整个仿真系统的规模与功能。

2. 可提高仿真系统的开发效率

HLA/RTI 和 DDS 仿真架构为仿真系统提供了标准的数据交互接口，基于这种标准的开发模式，可以把一个大的仿真系统分解为几个小的组成部分，然后根据专业分工进行工作分解，各个专业的程序开发人员均可较为独立地在自己熟悉的领域开展工作。只要其开发的模型遵循标准接口关系,就可以无缝地嵌入到大的仿真系统中,形成一个完整的闭环仿真系统。

各开发人员还可以根据实际仿真情况不断提高自己所管理的仿真子模块的软件成熟度,使得整个仿真系统的成熟度/可靠性/稳定性也得到不断的提高。每个仿真模块在保证符合标准接口的前提下,其功能可以进行独立的修改,大大提高了仿真系统的灵活性。

3. 可提高仿真系统的运行效率

基于 HLA/RTI 和 DDS 的仿真系统底层提供了完善的数据互联机制,所以,各子模块的仿真运行部署可以灵活地部署在一台或多台计算机上,可以根据各仿真计算子节点的运算量,平衡分配各仿真计算机上运行的成员数量,实现分布式的并行仿真,这样可以提高仿真系统的运行速度。

4. 可满足多仿真对象管理需求

HLA/RTI 和 DDS 仿真平台为仿真系统提供了完整的服务功能,从而解耦了成员之间的交互,使得每个成员均变成一个较为独立的应用,对于生成新的同类型成员,仅需要对已有类型的成员进行复制,同时修改成员的仿真参数,并相应地扩充修改数据交互表,即可方便地复用已有仿真模型,达到快速扩展仿真系统的目的。

5. 可满足递进实现精确"仿真"需求

为实现精确"仿真",仿真系统的实现过程必将是一个由粗变精、逐步完善的过程。HLA/RTI 和 DDS 仿真平台是一个开放互联的分布式仿真系统平台。利用 HLA/RTI 和 DDS 仿真平台的这一优势,根据对目前仿真系统不断提高精度的任务需求,可将仿真系统的各组成单元分割独立,分包给其他更为专业的单位设计实现,从而方便、快捷地达到提高系统精度的需求。

综上所述,天基预警系统的等效模拟系统框架主要采用一个分布的、可扩展的、基于标准的仿真集成框架和一些可灵活组装的、支持复杂系统仿真的仿真组件,解决异构、分布、并行、开放、互联等系统仿真问题。建立等效模拟系统框架如图 9-2 所示,这种体系架构既有利于系统业务功能的专注聚合,又保证系统的自由裁剪和扩展性,从而可以进行多节点、大规模分布式仿真。

第9章 天基预警系统的等效模拟系统设计

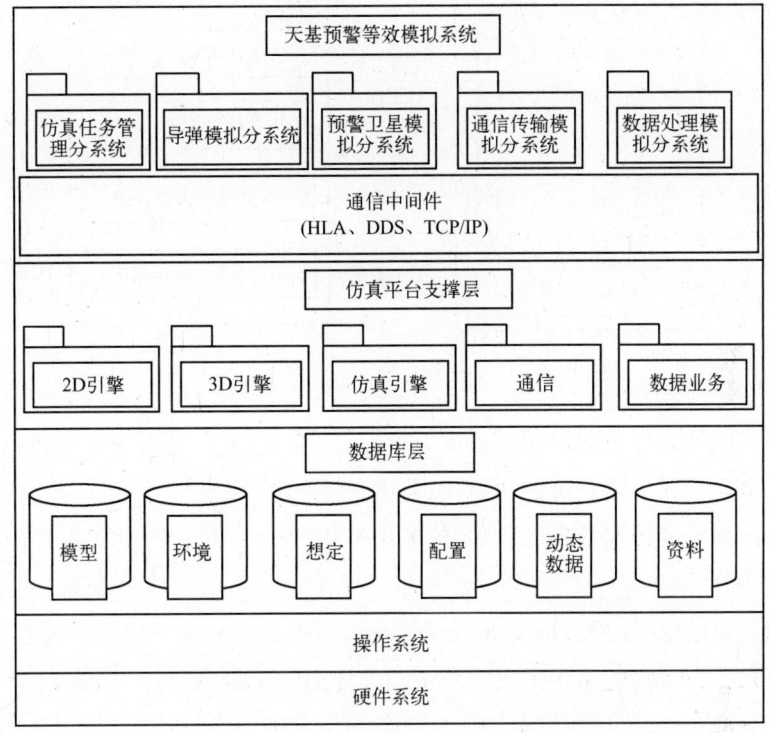

图 9-2 天基预警等效模拟系统框架示意图

9.2 各分系统功能设计

9.2.1 仿真任务管理分系统

仿真任务管理分系统主要负责对天基预警系统的等效模拟系统的运行控制和仿真数据记录进行管理,包括仿真管理单元和数据记录单元。仿真管理单元是整个仿真系统的控制中心,主要负责管理、控制仿真系统的运行以及发布仿真系统运行的初始化信息;数据记录单元主要记录仿真系统运行过程中的对象、交互的发布情况,用于系统的调试和仿真后数据分析。仿真任务管理分系统中的仿真管理单元与数据记录单元之间的关系以及它们与外部功能模块之间的接口关系,如图9-3所示。

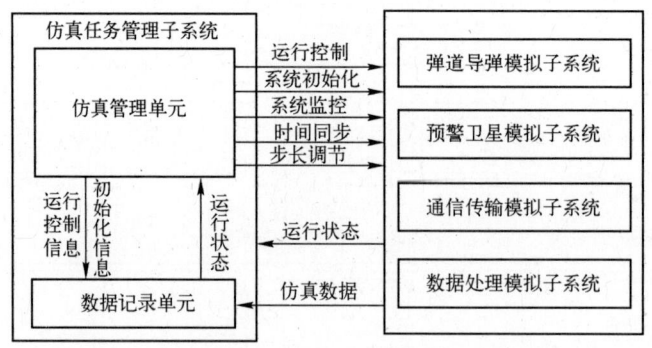

图 9-3 仿真任务管理子系统的接口关系图

(1) 仿真管理单元(Simulation Manager,SM)是仿真系统的运行控制核心。本单元负责完成仿真系统的初始化,监视、控制仿真系统的运行过程。

从仿真成员开发的角度考虑,任务仿真管理单元在整个仿真联邦中的仿真流程,如图 9-4 所示。

(2) 数据记录单元(Data Recorder,DR)主要记录仿真系统运行过程中的对象、交互的发布情况,用于系统的调试。其详细的功能包括:① 数据记录与显示功能,记录仿真系统中所发布的所有对象和交互的信息,并将其显示在界面上;② 成员运行控制功能,加入、暂停、恢复、退出联邦执行,并向仿真管理节点反馈成员运行状态;

(3) 态势数据生成单元,从数据记录获取态势显示所需信息,生成态势数据文件,发送给态势展示系统使用。

9.2.2 导弹模拟分系统

导弹模拟分系统主要仿真模拟弹道导弹的整个飞行过程,用于提供预警卫星模拟分系统进行探测的对象目标,导弹模拟分系统可单独仿真一枚弹道导弹,也可同时仿真多枚弹道导弹,具体导弹数量可通过人机交互界面进行配置,弹道数据可在仿真初始时刻由仿真任务管理子系统进行初始化。导弹模拟分系统的接口关系如图 9-5 所示。

导弹模拟分系统主要由飞行状态模拟、诱饵配置和射表计算等模块组成,各主要模块的功能如下。

第9章 天基预警系统的等效模拟系统设计

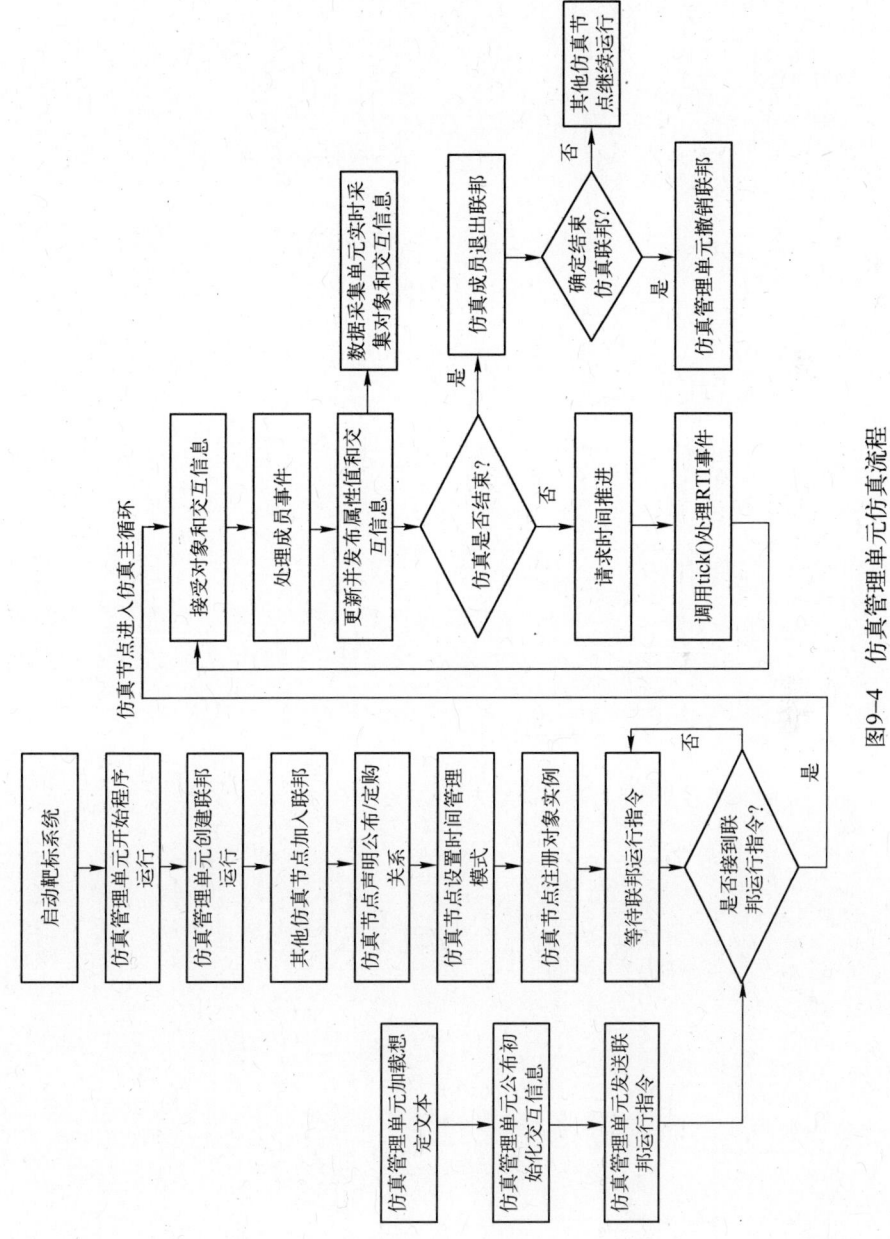

图9-4 仿真管理单元仿真流程

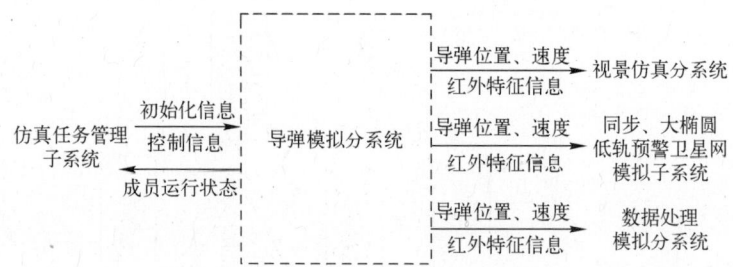

图 9-5 导弹模拟分系统接口关系图

1. 飞行状态模拟模块

飞行状态模拟模块主要功能是进行弹道积分计算,模拟助推器、母舱/弹头、弹头或诱饵的弹道特性(位置、速度、四元数姿态),飞行状态模拟模块工作流程如图 9-6 所示。

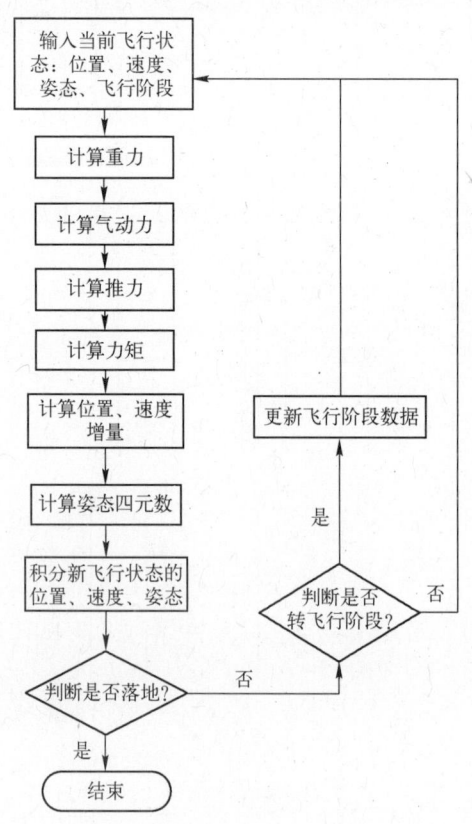

图 9-6 飞行状态模拟模块工作流程

第9章 天基预警系统的等效模拟系统设计

具体工作流程如下：

（1）首先通过模块接口输入当前飞行状态：位置、速度、姿态、飞行阶段（主动段、自由段）等。

（2）根据飞行状态中的位置数据和地球重力模型计算在发射坐标系内的重力大小及分量；

（3）根据飞行状态中的位置、速度、姿态数据计算弹体坐标系中的气动力；

（4）根据飞行状态中飞行阶段数据计算推力：当飞行阶段为自由段时，推力为0，当飞行阶段为主动段时，根据主动段的飞行参数计算其推力，并根据推力计算飞行位置数据；

（5）根据已计算出的重力、气动力、推力及其对应的作用距离计算作用在重心上的力矩；

（6）根据重心上的重力、气动力、推力之和计算当前飞行状态的速度增量，根据当前飞行状态的速度计算当前飞行状态的位置增量；

（7）根据四元数微分方程和弹体坐标系内的力矩和计算四元数增量；

（8）通过龙格-库塔积分计算新的飞行状态的位置、速度、姿态；

（9）根据新的位置数据判断是否已经落地，如果落地则输出对应的飞行状态并退出模块；

（10）判断是否需要进行转阶段飞行，即由主动段转为自由段或由主动段某一级飞行转为下一级飞行，如果是则更新飞行阶段数据；

（11）从模块开始重复计算过程，直到落地退出。

2. 诱饵配置模块

诱饵配置模块主要功能是根据用户输入的诱饵构型参数计算诱饵释放速度和诱饵释放时刻的弹头姿态。诱饵配置模块工作流程如图9-7所示。

模块运行具体过程如下：

（1）首先通过模块接口输入诱饵构型参数（在坐标系内相对弹头的位置、高度、弹道时间）及释放时刻。

（2）根据释放时刻和对应的弹道时间计算诱饵释放速度。

（3）计算释放时刻的弹头姿态（俯仰角和偏航角）。

（4）判断是否完成所有诱饵的配置参数计算，如果是则退出模块并返回计算结果，否则重复上述计算过程。

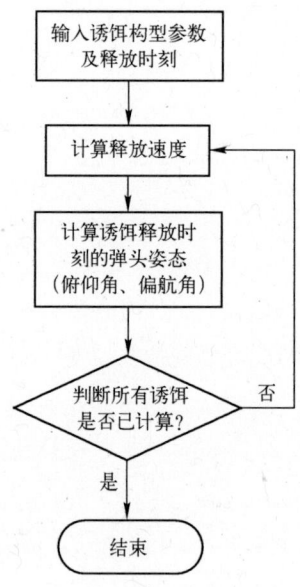

图9-7 诱饵配置模块工作流程

3. 射表计算模块

射表计算就是通过给定的发射点和目标点输入参数计算导弹的射向和程序角参数,射表计算一般通过计算大量的不同发射点纬度、瞄准射向、程序角理论弹道数据,建立射程、落点方向与发射点纬度、瞄准射向、程序角的对应关系,对于给定的发射点和落点,通过射程、落点射向、发射点纬度对瞄准射向和程序角进行插值。射表计算模块工作流程如图9-8所示。

模块运行具体过程如下:

(1) 首先通过模块接口输入射表计算参数,如果是生成射表需要输入助推器参数、射表计算步长,如果是插值射表则需要输入射表文件名称、发射点及落点地理位置。

(2) 判断是重新生成新的射表还是根据已有射表进行插值,根据判断结果分别执行不同的程序分支。

(3) 如果是生成新的射表则根据输入的射表计算步长(发射点纬度步长、射向步长、最大理论攻角步长)循环计算对应的实际弹道,将弹道计算输出的射向和射程写入射表文件,计算完毕则退出射表计算模块。

(4) 如果是插值射表则首先根据输入的发射点和落点计算实际的射程和射向。

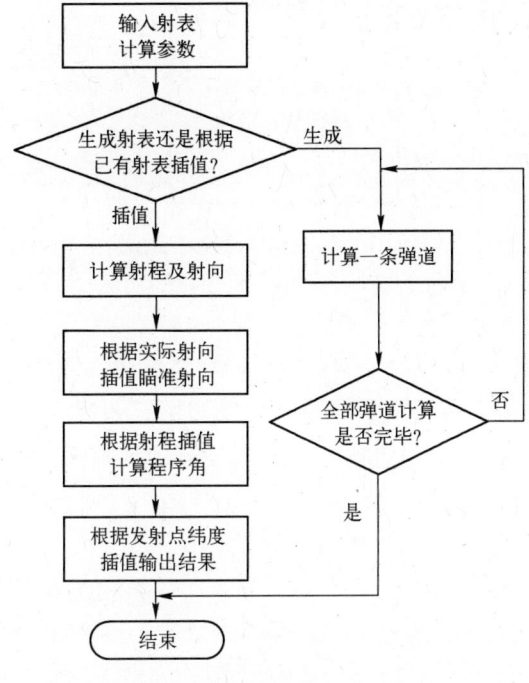

图 9-8 射表计算模块工作流程

（5）根据实际射向插值对应的瞄准射向。

（6）根据射程插值计算程序角。

（7）根据发射点的纬度插值对应的输出结果（瞄准射向、最大理论攻角）。

9.2.3 预警卫星仿真分系统

预警卫星模拟分系统模拟预警卫星星座的轨道特性、弹道导弹相对于预警卫星探测器的测角数据以及预警卫星探测弹道导弹的关键点参数。根据预警卫星星座的组成和功能，将其划分为同步轨道预警卫星星座模拟子系统、大椭圆轨道预警卫星星座模拟子系统和低轨预警卫星星座模拟子系统。

1. 同步轨道预警卫星星座模拟子系统

同步轨道预警卫星星座模拟子系统：首先模拟同步轨道预警卫星的轨道运动规律，输出为地球惯性坐标系下卫星的位置和速度；其次根据导弹和同步轨道预警卫星的相对位置确定导弹与观测卫星探测载荷的方位角和关键点参数。同步轨道预警卫星星座模拟子系统接口关系如图 9-9 所示。

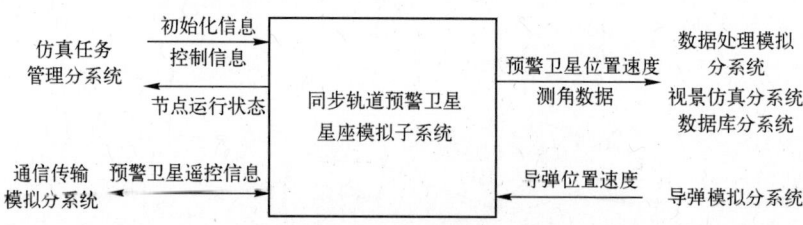

图 9-9 同步轨道预警卫星星座模拟子系统接口关系图

2. 大椭圆轨道预警卫星星座模拟子系统

大椭圆轨道预警卫星星座模拟子系统：首先模拟大椭圆轨道预警卫星的轨道运动规律，输出为地球惯性坐标系下卫星的位置和速度；其次根据导弹和大椭圆轨道预警卫星的相对位置确定导弹与观测卫星探测载荷的方位角和关键点参数。其接口关系如图 9-10 所示。

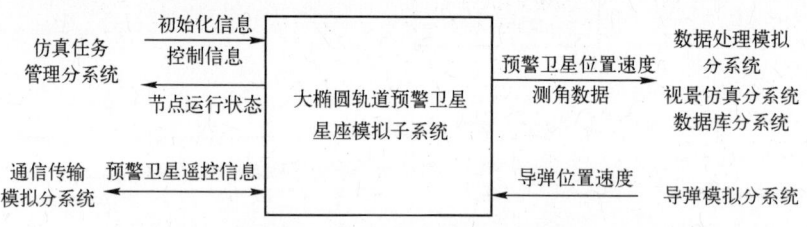

图 9-10 大椭圆轨道预警卫星星座模拟子系统接口关系图

3. 低轨预警卫星星座模拟子系统

低轨预警卫星星座模拟子系统：首先模拟低轨预警卫星（SBIRS-low）的轨道运动规律，输出为地球惯性坐标系下卫星的位置和速度；其次根据导弹和低轨预警卫星的相对位置来确定导弹与观测卫星探测载荷的方位角和关键点参数。其接口关系如图 9-11 所示。

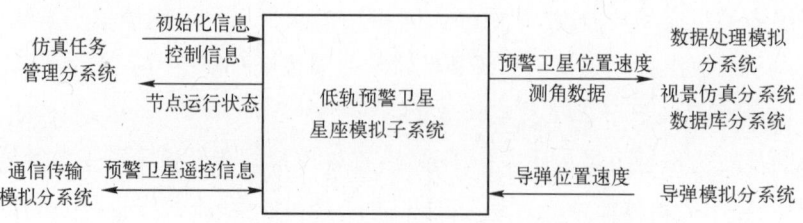

图 9-11 低轨预警卫星星座模拟子系统接口关系图

9.2.4 数据处理分系统

数据处理分系统主要依据接收到的导弹飞行状态数据和预警卫星相关的探测性能参数,对当前状态预警卫星能否发现导弹以及对导弹的预警定轨、关机点探测、落点预报等内容进行处理分析。因此数据处理分系统主要由导弹发现预警模块、导弹预警定轨模块、导弹关机点探测模块和导弹落点预报模块等组成。

1. 导弹发现预警模块

弹道导弹在整个飞行过程中,主要经历了助推段(主动段)、自由飞行段和再入段。由于导弹不同飞行阶段中,红外探测器的工作波段各不相同,因此,为实现对导弹的有效跟踪,导弹发现预警模块考虑采用多光谱信息融合技术实现预警。特别地,在导弹助推段,考虑利用 $2.7\mu m$、$4.3\mu m$ 两个波段导弹的红外辐射来进行预警,即采用中波和短波相结合的红外预警手段实现对导弹目标的发现与预警。在导弹进入飞行自由飞行段后,由于在助推火箭关机后,助推段飞行器(母舱)在弹道上升过程中不断地释放无源诱饵、有源干扰机及其他有效载荷,形成包括真弹头、发射碎片、箔条云、各种诱饵和假目标的威胁目标群,它们以大致相同的速度沿导弹的预定弹道惯性飞行,形成长达几十米的威胁"管道",构成复杂的目标环境。因此,单纯利用弹道目标的空间信息和时间信息已不能有效解决弹道导弹中段拦截过程中点源成像目标的识别问题。由于弹头、导弹碎片和气球诱饵在表面材料、内热和质量等方面的不同,导致导弹在弹道中段飞行过程中的温度变化速率和亮度变化幅度存在差异,因此在导弹自由飞行段飞行过程中,导弹发现预警模块拟利用这些差异对上述目标进行有效识别。

2. 导弹预警定轨模块

弹道式导弹发动机一旦关机,进入被动飞行后,如果忽略摄动力的影响,弹道式导弹的弹头在再入大气层之前的自由飞行段将遵循二体运动规律,如果能获得在自由飞行段某一时刻的运动状态,其以后的运动状态也确定了。导弹预警定轨模块主要根据上述原理对弹道导弹的自由飞行段单独进行估计,从而确定导弹的飞行轨迹。

3. 导弹关机点探测模块

预警卫星一次测量只有两个角度值，无法计算导弹关机点位置和速度 6 个量，因此，导弹关机点探测模块主要根据多次测量估计关机点状态。导弹关机点探测模块通过建立导弹运动模型和测量模型把不同时刻导弹的状态联系起来，然后运用关机点状态估计模型对导弹关机点进行估计。

4. 导弹落点预报模块

导弹落点预报模块根据预警卫星提供的导弹运动状态参数，采用解析计算公式计算，不需数值积分或迭代算法，通过计算被动段射程角和被动段飞行时间，非常迅速地预报出弹头的再入点或落点。

导弹红外预警探测处理分系统与其他分系统之间的接口关系，如图 9-12 所示。

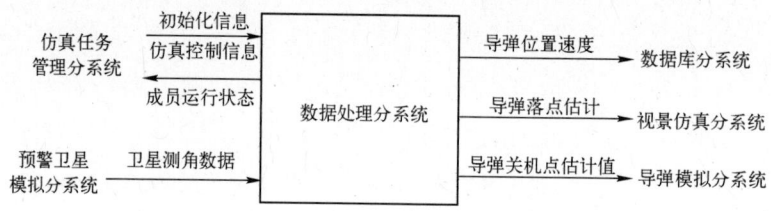

图 9-12 数据处理分系统接口关系图

9.2.5 信息传输仿真分系统

天基预警系统中的通信包括测控通信和数据通信，以及对预警卫星星座的管控，因此划分为测控通信单元、数据通信单元和预警卫星管控单元。测控通信单元接口关系如图 9-13 所示。

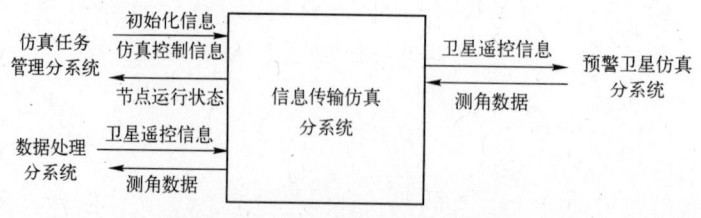

图 9-13 测控通信单元接口关系图

1. 测控通信单元

测控通信单元主要完成地面管控系统与预警卫星之间遥控信息和测控信息的传输。

第9章 天基预警系统的等效模拟系统设计

2. 数据通信单元

数据通信单元主要负责将预警卫星探测载荷所获取的预警信息传输至地面信息处理系统。

3. 预警卫星管控单元

主要负责预警卫星的管控，发送遥控信息，经测控通信成员传输下达给预警卫星星座。

9.2.6 数据库分系统

数据库分系统由数据库和用户界面构成，在仿真过程中记录仿真数据，并在仿真结束后自动将日志文件和试验数据文件导入数据库。可以对历次的试验信息进行查询、数据分析和处理、统计、曲线显示、报表生成等，同时可以提供视景仿真分系统所需的试验数据进行试验过程的视景回放。数据库分系统的接口关系如图9-14所示。

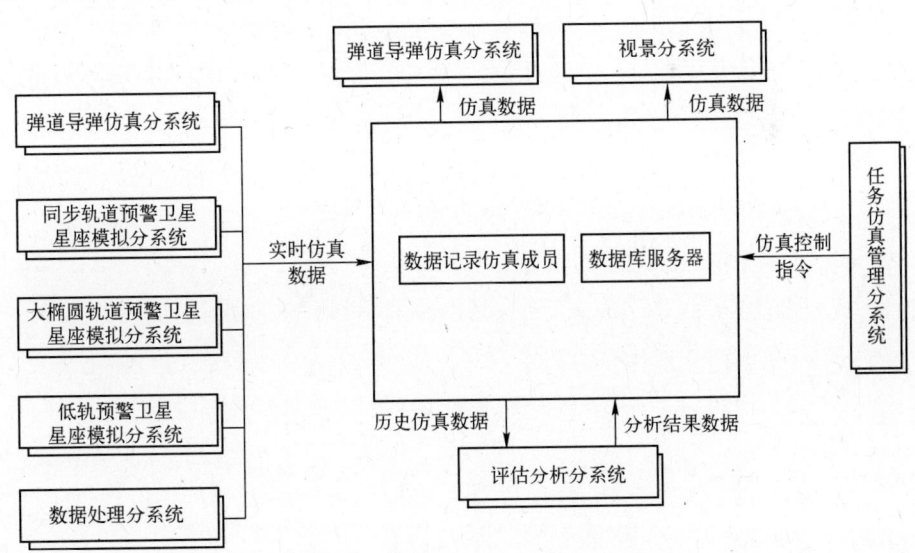

图9-14 数据库分系统的接口关系图

其核心是一个建立在Oracle数据库服务器上的仿真记录数据库，通过数据记录成员界面与RTI连接，从而在仿真过程中实现对所有成员产生的仿真数据的记录和存储。评估分析分系统通过TCP/IP网络可以访问仿真记录数据库，并利用查询语言(SQL)实现对仿真数据的查询,从而支持仿真任务的评估分析,并将分析结果存储到数据库;视景仿真分系统也可以通过历史仿真数据的查询实现仿真回放功能。

数据库设计中,数据的物理存储可以根据任务需求设计表,尽可能减少数据冗余,提高存储效率,优化性能。为了兼顾各种需求,采用了浏览器/服务器(B/S)与客户端/服务器(C/S)混合的方式。它主要包括数据服务器、Web 服务器、数据浏览客户端、数据分析客户端、存储系统等组成部分。数据服务器、Web 服务器、数据浏览客户端三者构成一个 B/S 结构。数据服务器作为数据库管理子系统的控制中心,也是工作最复杂、最繁重的部分,负责完成数据的维护工作。Web 服务器作为数据浏览客户的代理,根据数据浏览客户端的请求,从数据服务器中获取数据,并以 Web 页面的方式提供给数据浏览客户端。数据浏览客户端通过 Web 服务器,以网页方式访问数据服务器,进行数据浏览和查询操作。在构成B/S结构的同时,数据服务器和数据分析客户端构成 C/S 结构,数据分析客户端利用 TCP/IP 通信和远程数据库访问机制,从数据服务器获取数据进行复杂的在线分析。在底层的数据库层,设计了表结构、触发器、存储过程和索引。存储系统是数据库单元的物理存储空间,存储容量大于 4TB,具有数据备份、重复数据删除、支持主流协议等功能。数据库管理的模型、数据信息包括仿真系统的各种仿真模型、天基预警仿真试验过程中的仿真数据、仿真分析数据等内容。

数据记录成员主要功能如下:

(1) 自动网络连接功能:自动实现与任务管理计算机的网络连接,同时将试验过程中的交互信息形成日志文件。

(2) 试验数据管理功能:提供管理界面,可以根据需要调整数据库结构和数据表结构。

(3) 试验数据查询功能:可以通过动态参数、预警数据等进行查询,具有定位查询页的功能。

(4) 试验数据显示功能:试验数据能以曲线、图表、文本等方式进行显示,用户可以根据需要对曲线、图表、文本等进行设置。

(5) 试验数据导入:将试验过程产生的数据文件、数据记录和日志文件自动快速地导入到数据库中,保证数据的完整、正确。

(6) 试验数据导出:将用户查询的数据信息以 txt、dat、xls 等文件格式导出。

(7) 系统管理功能:通过提供的管理界面,实现对操作用户、数据模型、数据源等信息的增加、删除和修改。

(8) 数据库备份功能。

(9) 界面设计人性化:界面的布局、设计和导航符合用户的预测,界面上的内容意义明确,或通过帮助、提示作进一步说明。界面保持一致性,且主界面必须有到所有子界面的路径。

9.2.7 视景仿真分系统

视景仿真分系统由图形工作站和投影系统构成,主要体现为综合场景仿真,综合场景仿真将从不同的视点角度,以三维图形的方式显示全局预警卫星探测预警全过程。视景仿真分系统的接口关系如图9-15所示。

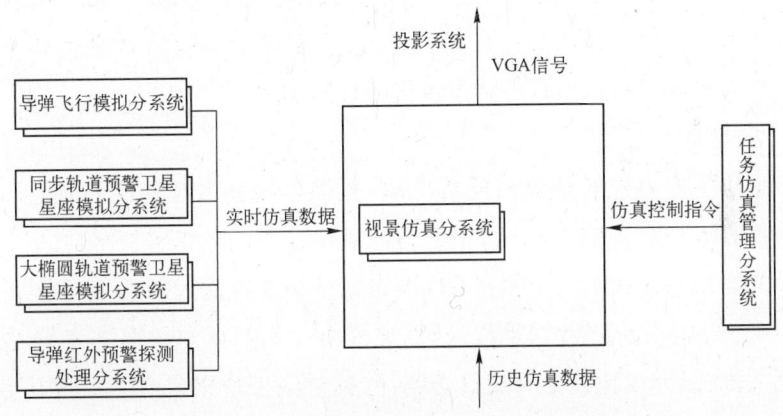

图 9-15 视景仿真分系统成员接口关系图

在仿真过程中,通过 RTI 获取实时仿真数据进行在线视景仿真;在仿真结束后,可从数据库查询仿真数据或直接打开本地记录的仿真数据文件,实现回放视景仿真。视景仿真分系统是单一的数据接收成员,不产生仿真数据。

视景仿真分系统实现可采用的技术途径主要包括 STK、Vega Prime 以及 OpenSceneGraph 等。其中 STK 方案的优势在于实现简单,缺点是所能实现的效果受软件功能限制;Vega Prime 方案的优势是实现方法较为灵活,视景效果优于 STK,缺点是开发工作量稍大;OpenSceneGraph 方案实现方法最为灵活,实景效果最好,其缺点是开发工作量稍大,本书采用 Vega Prime 方案。

视景仿真分系统可采用分层设计的思想,如图9-16所示。

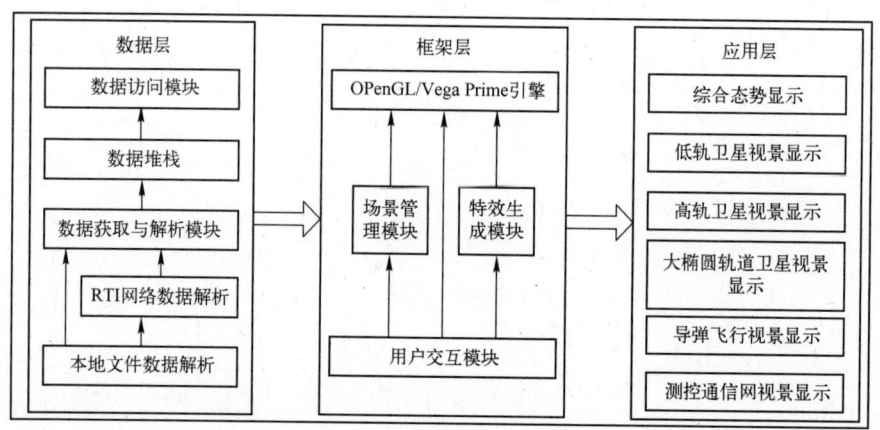

图 9-16 视景仿真分系统设计结构

视景仿真系统主要由数据层、框架层以及应用层三部分组成。其中,数据层主要供底层通信支持和数据准备;框架层主要提供通用的表现框架;而应用层则是针对不同飞行器的任务特点进行的具体实现。

1. 数据层

数据层主要由数据获取与解析模块、数据堆栈和数据访问模块三部分组成。数据获取与解析模块为不同的数据源提供通用的数据解析接口,通过对接口的不同实现完成从本地文件和 RTI 网络以及仿真数据库的数据获取,在对数据进行解析后将其存入数据堆栈;数据堆栈由一系列双向数据链表构成,以便于数据的堆栈、弹栈和数据的随机访问;数据访问模块则定义了对堆栈数据进行访问的通用接口。此外,数据层还要完成数据插值、仿真推进等任务。

2. 框架层

框架层主要由场景管理模块、特效生成模块和用户交互模块三部分组成。场景管理模块负责管理场景中的各种元素,包括实体对象、视点控制对象、特效对象、环境对象等,这些对象最终将被送入 Vega Prime 的渲染通道进行渲染;特效生成模块用以满足一些特殊对象的可视化生成,如发动机尾焰、信息链路、轨迹线与姿态球绘制以及汉字标注等,这些特效往往需要进行底层 OpenGL 命令调用;用户交互模块则负责人机交互控制,接收用户操作命令并送到表现引擎对虚拟表现进行相应的更新。此外,框架层还需要根据显示环境的不同完成多通道渲染管理、立体显示管理等任务。

第9章 天基预警系统的等效模拟系统设计

3. 应用层

应用层针对轨道器的具体任务特点，对场景诸元参数进行具体设置，控制场景表现。

视景仿真演示分系统的主要功能如下：

（1）仿真全过程的综合三维显示；

（2）预警探测全过程关键动作的细节三维显示；

（3）场景的立体显示支持；

（4）数据回放显示。

视景仿真模块运行在图形工作站上，根据用户选择的启动响应三维模型，接收来自任务管理分系统和预警卫星模拟分系统、导弹模拟分系统、数据处理分系统的数据，解包后取部分数据用于三维模型的驱动。视景仿真模块流程图如图9-17所示。

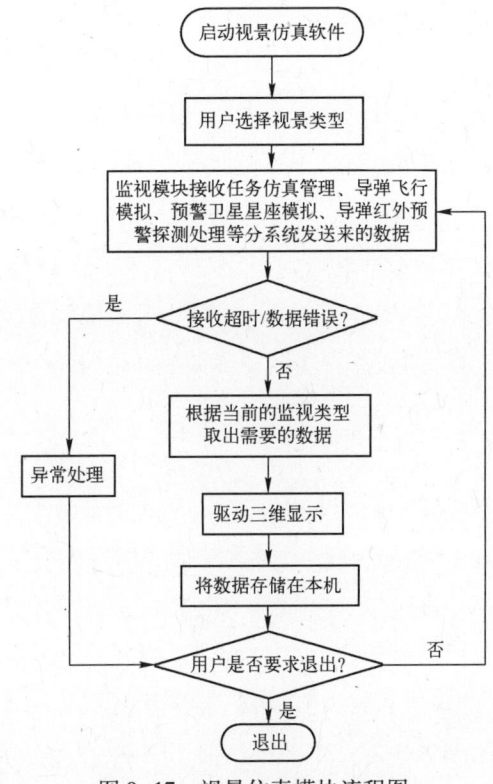

图9-17　视景仿真模块流程图